面向公共安全的宽带移动通信系统

[德] Rainer Liebhart [美] Devaki Chandramouli
[美] Curt Wong [德] Jürgen Merkel 著
林思雨 蔡 杰 乔晓瑜 宋甲英 译

中国科学技术出版社
·北 京·

图书在版编目（CIP）数据

面向公共安全的宽带移动通信系统 /（德）雷纳·利布哈特（Rainer Liebhart）等著；林思雨等译 . -- 北京：中国科学技术出版社，2021.4

书名原文：LTE for Public Safety

ISBN 978-7-5046-8465-3

Ⅰ. ① 面… Ⅱ. ① 雷… ② 林… Ⅲ. ①移动通信—安全技术 Ⅳ. ① TN929.5

中国版本图书馆 CIP 数据核字（2019）第 238990 号

著作权合同登记：01-2019-7410

Original title：LTE for Public Safety

By Rainer Liebhart, Devaki Chandramouli, Curt Wong, Jürgen Merkel

ISBN: 9781118829868

策划编辑	单　亭　宋甲英
责任编辑	单　亭　崔家岭
装帧设计	中文天地
责任校对	邓雪梅
责任印制	马宇晨

出　　版	中国科学技术出版社
发　　行	中国科学技术出版社有限公司发行部
地　　址	北京市海淀区中关村南大街16号
邮　　编	100081
发行电话	010-62173865
传　　真	010-62179148
网　　址	http://www.cspbooks.com.cn

开　　本	787mm × 1092mm　1/16
字　　数	290千字
印　　张	17.25
版　　次	2021年4月第1版
印　　次	2021年4月第1次印刷
印　　刷	河北鑫兆源印刷有限公司
书　　号	ISBN 978-7-5046-8465-3 / TN · 54
定　　价	69.00元

（凡购买本社图书，如有缺页、倒页、脱页者，本社发行部负责调换）

序

人们都非常喜欢 LTE 技术。截至 2014 年 10 月全球已经有 2.8 亿 LTE 用户，LTE 的用户增长速度超越了其前一代移动技术。预计 LTE 系统达到 10 亿用户的时间约为7年，而为达到这一用户数量，3G系统花费了11年，GSM花费了12年。LTE 也拥有最大和增速最快的设备产业链。目前在 112 个国家有 331 个商用 LTE 网络和 600 多个运营商承诺将 LTE 系统作为其首选技术。我相信 LTE 将超越其他技术，成为无与伦比的移动宽带结构，这要归功于其丰富的功能、广泛的频谱可用性和规模经济。

LTE 作为一项宽带移动通信技术，由于具有许多特性，因此可以扩展到基本的移动宽带以外的业务。LTE 不仅对无线接入技术进行了改进使其空中接口峰值数据速率超过 150 Mbps、具有可扩展的带宽和低延迟，而且还具有非常简化的基于 IP/ 基于互联网的两层架构。因此，LTE 在将来不仅提供公众宽带移动通信业务，而是一个提供包括基于 LTE 的公共安全、基于 LTE 的电视广播、未授权和 UHF 频段的 LTE、基于 LTE 的 M2M 通信、基于 LTE 的 D2D 通信、基于 LTE 的车联网和飞机通信等多种应用业务的平台。

基于 LTE 技术发展公共安全网络，将使公共安全网络极大受益。其不仅满足诸如鲁棒性和低延迟等紧急业务的特定通信需求，而且支持全球用户已在使用的商用蜂窝系统。同样重要的是，基于 LTE 的公共安全标准化工作还会受益于 3GPP 全球标准化过程中所体现出的卓越能力。这一点从 LTE 技术的发展过程就可以得到证明，因为 LTE 是目前最快速和稳定的标准，并且在其第一个版本中就满足了用户的需求。

诺基亚网络（Nokia Networks）正在积极推动 3GPP 的公共安全标准化工作，

并且是 3GPP SA/CTWGs 组通信的主要报告人，这是公共安全网络的一项重要功能。由本书作者 Rainer Liebhart、Devaki Chandramouli、Curt Wong 和 Jürgen Merkel 所领导的部门已经在提升公共安全 LTE 方面发挥了重要作用，使其从面临很大阻力的小众议题转变为 3GPP R12 版本中获得支持最多的系统级工作。

我相信 LTE 是发展移动宽带公共安全网络的正确技术，其可以为公共安全人员未来进行通信提供全新的、更有效的方式。我非常感谢作者提供本书，这将有助于读者详细了解 LTE 公共安全背后的技术以及频谱、体系结构、功能、互通和部署方案等相关方面的技术和知识。

Dr. Hossein Moiin

诺基亚网络部执行副总裁，技术与创新总监

网络选择采用 3GPP LTE 技术标志着公共安全网络的根本性转变，远离过去的诸如 LMR 等小众通信技术，开始转向采用已经被市场证明的先进通信技术。这种转变将使公共安全可以获得数倍于 LMR 市场规模的收益。诸多优势中最重要的一点是它可以获得持续的技术更新，这对于窄带语音系统是绝无可能的。

公共安全网络决定采用 LTE 技术，3GPP 在其中起到了重要作用。目前针对公共安全的关键任务语音需求方面，LTE 所能提供的相关功能已经取得了显著进展。具体来说，在 3GPP 中创建的 ProSe 将允许公共安全用户设备在没有基础设施的情况下进行通信，而美国公共安全委员会认为这是关键任务技术的基础。同样，增加 LTE GCSE_LTE 将提供高效的组通信，这是第一个响应人员进行群组通信的主要方法。3GPP 还为公共安全组织做出了额外承诺，他们将成立一个新的工作组，负责应用和服务工作，其首要工作就是 MCPTT 相关规范。

因此，全球的公共安全团体首次聚集在一个标准开发组织中，围绕单一技术，与商业移动网络运营商和设备提供商合作，推出全球统一的公共安全通信网络。该网络将可以更有效地支持急救人员履行保护生命财产的重要使命。

本书详细介绍了 3GPP 在推进这项重要工作方面取得的最新成果。特别描述了公共安全专用功能 ProSe 和 GCSE_LTE。作者深入参与 LTE 公共安全系统标准化的工作，并且能够提供有关 3GPP 的有价值的第一手见解和相关技术细节。

Andrew Thiessen

美国商务部公共安全通信研究项目执行经理

作者简介

Rainer Liebhart 在电信领域拥有 20 余年的从业经验。他曾在西门子固定和移动网络部门担任多个职务，目前就职于诺基亚网络部门。他以软件工程师的身份开启了职业生涯，后来担任第三代合作伙伴计划（3GPP）和欧洲电信标准化协会（ETSI）中 IP 多媒体子系统（IMS）领域的标准化专家，接管全球微波互联接入（WiMAX）及移动分组核心网系统架构师，目前领导着诺基亚网络部门的移动宽带核心网标准化团队。他是诺基亚网络在 3GPP SA2 工作组中的主要代表，重点关注长期演进计划 / 系统架构演进（LTE/SAE）。他（与其他人合作）撰写了 50 多项电信领域专利。雷纳 · 利布哈特拥有德国路德维希 – 马克西米利安 – 慕尼黑大学数学硕士学位。

Devaki Chandramouli 在电信领域拥有超过 14 年的从业经验。她早期就职于北电网络公司，目前就职于诺基亚网络部门。在北电公司，她专注于为码分多址（CDMA）网络设计和开发应用嵌入式软件的解决方案。接着她代表北电公司参与了 WiMAX 论坛，并致力于 WiMAX 架构和协议开发。在诺基亚公司，她的重点领域包括针对 3GPP 接入的 5G 研究和标准开发，LTE/SAE 相关主题的架构开发。她也是 3GPP 标准的积极参与者和贡献者。她已经（合作）撰写了 40 多项无线通信专利。她在马德拉斯大学（印度）获得计算机科学学士学位，在得克萨斯大学阿灵顿分校（美国）获得计算机科学硕士学位。

Curt Wong 在电信领域拥有超过 18 年的从业经验。他从 1995 年开始就职于诺基亚网络公司并担任多个职位，包括研发、互操作性测试、产品管理和新技术标准化等。近几年来，他主要关注无线系统级开发领域，重点关注蜂窝网络基础设施。目前他活跃在 LTE 语音服务方面，包括 IMS、紧急业务、LTE 组通信以及

与传统 2G 和 3G 网络的互通。他是 3GPP 标准的积极参与者和贡献者。他拥有得克萨斯大学奥斯汀分校的电子工程学士学位以及得克萨斯州达拉斯南卫理公会大学的电信硕士学位。

Jürgen Merkel 在电信领域拥有超过 20 年的从业经验。他在阿尔卡特公司开始了自己的职业生涯，曾在系统设计、产品管理、业务发展和战略等方面担任职位——始终与 ETSI 移动通信特别小组（SMG）以及 3GPP 标准化等工作紧密联系。他是诺基亚公司移动宽带标准化团队成员，专注于业务和业务要求工作。他领导诺基亚网络代表团参加 3GPP SA1，同时也是 3GPP 群组通信方面的积极贡献者和推动者。约尔根·默克尔拥有德国斯图加特大学电子工程硕士学位。

前　言

LTE 因其先进的技术、丰富的商业价值而获得了巨大的成功。在编写本书时，全球已经部署了超过 300 个 LTE 网络。可用的 LTE 用户设备的数量已接近 1900 种［以上数据取自全球移动供应商协会（GSA）］。LTE 技术可以满足广泛的市场需求，包括全球移动通信系统（GSM）、通用移动通信系统（UMTS）网络运营商以及码分多址（CDMA）运营商，甚至包括提供融合固定和移动网络服务的运营商。LTE 提供 GSM/EDGE 无线电接入网络（GERAN）、通用陆地无线电接入网络（UTRAN）、CDMA、无线局域网（WLAN）以及固定宽带接入的互联互通内置支持。借力于第三代合作伙伴计划（3GPP），LTE 得到了标准化组织的大力支持。基于所有主要设备和基础设施供应商之间达成的共识，LTE 系统的修正和改进可以快速执行。另外，LTE 可以运行在各种频段上，未来甚至可能会支持非授权频段。所有的这些努力为 LTE 技术本身以及标准化进程提供了强有力的信心，同时对所有参与者（运营商和供应商）而言也可以将成本控制在合理范围。因此 LTE 不仅在美国或欧洲等特殊市场，且在全球范围内都将成为公共安全网络未来移动宽带无线技术自然的选择。LTE 有可能取代目前正在使用的现有窄带陆地移动无线电（LMR）系统，为公共安全人员提供除语音之外的各种新生的和复杂的业务。

本书的主要目的是解释 LTE 何以成为推动公共安全网络发展的技术引擎。为此，我们专注于描述在 3GPP R12 中进行标准化的基于 LTE 的公共安全相关功能。本书并不要求所有读者都对 LTE 及其基本概念了如指掌，因此只对该技术以及一些与 LTE 相关的重要业务进行了概述，并详细阐述了 LTE 技术对未来公共安全网络的适用性。读者可以在本书引言部分的目录中找到更详细的说明。

本书适用于各类读者，如学生、提供公共安全业务的 LTE 网络运营商或为公共安全服务部署服务的专用 LTE 网络运营商。本书也适用于计划在其产品中实施公共安全功能的基础设施和设备供应商，以及希望了解更多关于 LTE 及其在公共安全领域应用的监管机构。我们希望对本书内容感兴趣的每一位读者都能从中获益。

致　谢

本书受益于众多专家的深入探讨以及他们提出的改进建议。作者对以下人士对本书做出的探讨和贡献表示诚挚的谢意：Gerald Görmer、Vesa Hellgren、Silke Holtmanns、Peter Leis、Zexian Li、Cassio Ribeiro、Mani Thyagarajan、Gabor Ungvari、Gyorgy Wolfner、Steven Xu 和 Robert Zaus。

作者全权负责本书内容。

感谢威利（Wiley）出版社的 Sandra Grayson、Mark Hammond、Clarissa Lim、Liz Wingett、Lincy Priya 及其团队在本书编辑过程中给予的大量支持。

最后同样重要的是，感谢家人们在本书写作过程中付出的耐心和支持。

欢迎有利于修正和提高本书内容的任何意见和建议，可以直接发送到 rainer.liebhart@nsn.com，devaki.chandramouli@nsn.com，wong.curt@gmail.com，juergen.merkel@nsn.com。

引　言

简而言之，本书详释了 LTE 是如何作为技术引擎推动公共安全网络发展的，例如，如何在 LTE 上构建公共安全网络。我们使用术语 LTE 作为同义词描述由无线接入网和核心网络［也可以称为演进分组系统（EPS）］组成的整个系统。本书假定读者熟悉移动网络尤其是 LTE 方面的基本概念。本书在第 1 章和第 2 章中以 LTE 技术概述、历史、网络架构和主要特点为起点，对呼叫流程的细节感兴趣的读者请查阅附录。第 1 章和第 2 章的内容浅显易懂，因而本书并没有详细地综述 LTE。本书的各个章节都为进一步阅读提供了线索，提供了相关的 3GPP 规范文献。在完成第 1 章的阅读后，读者应该对 LTE 的发展过程有所了解，并对主要架构、所使用的接口、移动性管理的目的、LTE QoS 概念、LTE 承载的目的以及其建立方式、LTE 安全性能等有所了解。此外，第 1 章介绍了一些与公共安全直接或间接相关的功能，例如 LTE 多媒体广播多播系统（MBMS）中的语音 / 短信和网络共享等功能。

第 2 章重点介绍了 LTE 中的监听功能和优先级服务。其中包括对紧急服务的支持、对公共告警信息的支持、合法监听以及增强的多媒体优先业务。由于这些功能在公共安全网络中同样很重要，因此在本章中进行了概述。第 1 章和第 2 章可以使得读者很好地理解 LTE 的丰富功能。

第 3 章中解释了公共安全网络的特殊性以及为什么选择 LTE 作为下一代公共安全网络技术。第 4 章和第 5 章是本书的核心内容。第 4 章中介绍了 ProSe 业务以及其对 LTE 无线接入和系统设计的影响。这一功能使两个 LTE 设备能够相互发现并直接通信，即在没有网络覆盖的情况下也能进行通信。由于目前两个 LTE 设备只能通过网络进行通信，因此该技术实际上是引入了使用标准 LTE 技术的全

新通信形式。

第 5 章中介绍了如何实现基于 LTE 进行组通信业务。除设备间通信外，一组设备间的高效通信是公共安全网络中的另一项重要业务。组通信解决了同时向许多 LTE 设备提供相同内容等所有方面的问题。此业务主要应用于对讲（PTT）应用，即其中一个组成员在特定时间进行讲话时将内容群发给所有其他组成员的业务。阅读第 5 章需要首先了解第 1 章中给出的有关 MBMS 的一些知识。到目前为止，3GPP 或其他组织尚未对使用此类功能的应用程序进行说明。然而，3GPP 已经开始在第 13 版本中开发了 MCPTT 应用程序。

在第 6 章中，介绍了已进行的 MCPTT 相关工作。此外，在该章中解释了为什么我们认为 LTE 是未来公共安全网络技术的正确选择，并展望了 3GPP 即将开展的工作。

最后，在附录中提供了最重要的呼叫流程的详细信息，包括移动性管理、会话管理、MBMS 程序以及关于本书中所使用到的 3GPP 参考点的回顾。

目　录

第1章 LTE/SAE介绍

1.1 3GPP介绍

3GPP（the 3rd Generation Partnership Project，中译名：第三代合作伙伴计划）是一个国际标准组织，最初由北美的电信工业解决方案联盟（Alliance for Telecommunications Industry Solutions，ATIS）、欧洲电信标准化协会（European Telecommunications Standards Institute，ETSI），以及亚洲的日本无线工业及商贸联合会（Association of Radio Industries and Businesses，ARIB）和电信技术委员会（Telecommunication Technology Committee，TTC）、韩国电信技术协会（Telecommunications Technology Association，TTA）、中国通信标准化协会（China Communications Standards Association，CCSA）等组织在1998年12月联合创立。参加的组织也被称为组织合作伙伴。3GPP的工作范围是基于演进的GSM技术GPRS/EDGE，制订一个新的全球范围移动无线通信系统标准。2G时代欧洲发起使用GSM，北美发起使用CDMA，互不兼容。3GPP形成了第三代通用移动通信系统（Universal Mobile Telecommunications System，UMTS）标准，包括无线技术宽带码分多址接入（Wideband Code Division Multiple Access，WCDMA），以及支持电路域语音话务和分组域数据业务的核心网。UMTS作为通用标准，允许用户在全球范围内通过运营商间的漫游协议，使用支持UMTS的移动终端和服务。UMTS取得了巨大的成功，至2015年已经拥有大约14亿WCDMA用户。

3GPP在UMTS之后并未停止工作，之后几年又形成了演进的UMTS，例如高速分组接入（High-Speed Packet Access，HSPA/HSPA+），新的业务例如多播/广播传输、定位服务以及IP多媒体子系统（IP Multimedia Subsystem，IMS）。3GPP最新发展的技术是基于正交频分复用技术（Orthogonal Frequency Division

Multiplexing，OFDM）的 LTE 接入网，以及全 IP 核心网络架构。

3GPP 分为不同工作组，负责 3GPP 系统的不同部分。目前，3GPP 设立 3 个技术规范组（TSG），下设 16 个工作组（WG）（见图 1.1）[①]。无线接入网络组（RAN）定义无线接入部分，如物理层、无线接入协议。GSM/EDGE 无线接入网络（GERAN）组的具体工作是维护和推动 GSM/EDGE 接入技术。系统架构组（SA）和核心网与终端组（CT）负责整体架构，如架构、安全、计费等，以及非接入部分的协议，包括终端与网络间、网络内和网络间。2015 年 1 月开始工作的 SA6 工作组，成立之初即致力于制定 3GPP 的关键任务一键通（Mission Critical Push To Talk，MCPTT）标准。关于 MCPTT 细节，请参考第 5 章。

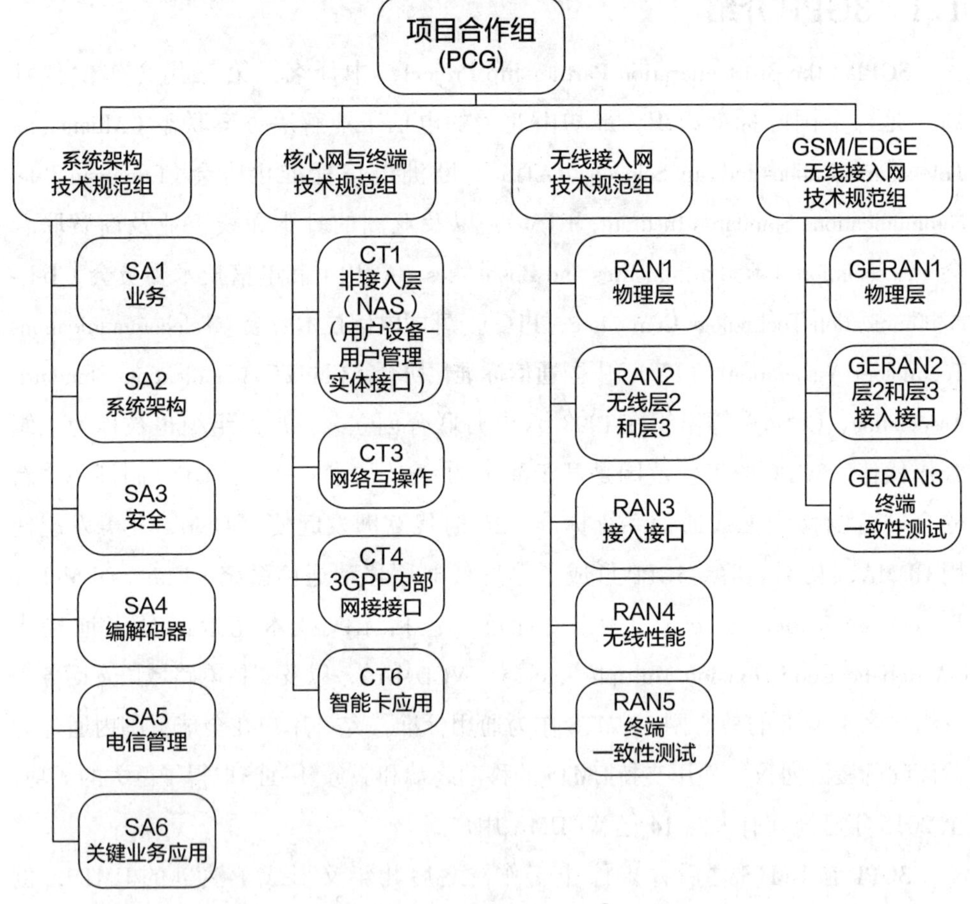

图 1.1　3GPP 组织架构 [①]

① 3GPP 组织与原书成书时相比发生了变化。GSM/EDGE 无线接入网（GERAN）技术规范组已经关闭，它们的具体工作是维护和推动 GSM/EDGE 接入技术。

3GPP 的工作按阶段进行，通过系统版本的更新推进工作，制定了系统版本内的一系列技术规范（Technical Specifications，TS）。技术规范包括标准化要求，芯片、终端设备、网络设备的供应商都必须执行。3GPP 正在进行的工作的阶段性成果一般呈现在非标准化的技术报告（Technical Report，TR）中。测试规范也由 3GPP 制定（主要是用户设备在网络通信中的测试用例）。注意，3GPP 只定义功能和协议，这些功能如何在具体的网络节点实施，以及某些功能是否在同一节点实施，取决于网络设备供应商。3GPP 标准化过程中一个基本设计原则是新特性与已有特性的后向兼容性。这保证网络引入新特性时，不需要同时升级全部相关网络或该网络中的全部其他节点。

表 1.1 概述了到 Release 12 为止，3GPP 各版本的日期和里程碑。关于 3GPP 历史和结构的更多信息，可以访问 3GPP 官方网站 http://www.3gpp.org/about-3gpp。

表 1.1　3GPP 标准化的里程碑（至 3GPP Release 12 为止）

版　本	年　份	主要内容
第一阶段	1992，1995	基本GSM功能
R96，R97，R98，R99	1996，1997，1998，1999	GPRS，HSCSD，EDGE，UMTS
Release 4	2001	MSC服务器分离架构
Release 5	2002	HSDPA，IMS
Release 6	2004	HSUPA，MBMS，蜂窝网络对讲功能（PoC）
Release 7	2007	HSPA，EDGE演进
Release 8	2008	LTE，SAE
Release 9	2009	LTE/SAE增强，公共警报系统（PWS），基于LTE/HSPA的IMS紧急会话
Release 10	2011	LTE- A，本地IP接入（LIPA），选择性IP业务迁移（SIPTO）
Release 11	2012	异构网络支持，协同多点传输（CoMP）
Release 12	2014	公共安全，机器通信，HSPA/LTE载波聚合

1.2　LTE 的历史

移动网络演进的主要驱动通常是空口更大的带宽，以及更高的频谱效率（也就是在给定带宽上传输的信息速率）。3GPP 对 WCDMA 中的这些关键因素提升了数年，造就了 HSPA 及其演进 HSPA+ 的标准化。2004 年 3GPP 标准组织开始评估新的接入技术以取代 WCDMA。开始这项工作的目标是更高的峰值数据速率（下行高于 100Mbit/s，上行高于 50Mbit/s），更低的时延以及其他提升。这项工作被命名为 LTE。由于没有找到更好的名称和缩略语，LTE 在大多数正式出版物中被用作空口名称。在 3GPP 内部，新的无线接入网络被称为 Evolved UMTS Radio Access Network（E-UTRAN），取意于该技术的演进路径，即从第二代网络（second-generation networks，2G）GERAN（GSM/GPRS/EDGE），到第三代网络（third-generation networks，3G）UTRAN（WCDMA/HSPA），最后到第四代网络（fourth-generation networks，4G）E-UTRAN（LTE）。注意，LTE 最初并不满足 ITU 对 IMT-advanced 峰值数据速率 1Gbits/s 的要求，而这一要求是判断网络技术是否为 4G 的标准。只有 LTE-A 能支持该数据速率。因此严格来说，将 LTE 称为 4G 是不正确的。但由于美国市场竞争，4G 被当作 LTE 的同义词，并且 ITU 决定，提供向 IMT-A 演进路径的任何技术都被允许称为 4G。与空口工作并行，3GPP 开始研究 2G/3G 分组核心网演进，以应对 LTE 的新要求。核心网研究被称为系统架构演进（System Architecture Evolution，SAE），形成技术报告 TR 23.882［1］。这项工作的最终成果是在 3GPP release 8 阶段设计了新的分组核心网（Evolved Packet Core，EPC），形成技术标准 TS 23.401［2］和 TS 23.402［3］，GPRS 具体部分形成技术标准 TS 23.060［4］。3GPP Release 8 于 2009 年 3 月正式完成。EPC 支持连接 LTE、GERAN/UTRAN、非 3GPP 接入系统例如 WLAN、WiMAX、CDMA，以及安装在家庭、办公室和小校园区域的 3GPP 兼容家庭小基站接入点（通过 DSL 或 TV 电缆等用户链路链接到 EPC 的 GERAN/UMTS/LTE 射频小站）。由于美国和日本的 CDMA 网络运营商要求从 2010 年开始尽早引入 LTE，特别强调了 LTE 和 CDMA2000 eHRPD（Evolved High Rate Package Data，演进的高速分组网络）接入的优化切换流程。EPC 和与其连接的接入网、UE 被称为演进的分组系统（Evolved Packet System，EPS），本文也会使用 LTE/SAE 来表示。与 2G、3G 系统相比，EPS 不再包括电路交换（Circuit-Switched，CS）提供传统话务网络连接（即 EPS 缺少为 CS 语音通话的优化和专用射频承载），只包括分组交换（Packet-Switched，PS）提供数据连接（关于 CS 和 PS 的描述请参考章节 1.13.2）。因此，在 EPS 中支持语音，以及提供 2G/3G 语音和短信服务（Short Message Service，SMS）到 EPS 语音和短信服务的平滑迁移，对于新系统被接受来说非常重要。上述问题在 R8、R9 阶段进行了大量具体方案研究，后续还将继续进行，得到的结论包括电路域回落、基于 SGs 接口的短消息业务、基于 MME 的短信机制、IMS 集中服务、单待无线语音呼叫连续性（Single Radio Voice Call Continuity，SRVCC）等。

如前所述，EPC 作为 3GPP 系统架构演进，实现了全 IP 网络。EPC 与 IMS 协力实现多种业务，如 VoIP、SMS、视频通话、图片共享、即时消息、呈现业务等。EPC 和 IMS 支持与现有 2G/3G 无线网络、与固网的切换，以实现网络间的平滑迁移、互操作和业务连续性。随着 P2P 业务、在线游戏、移动电视、智能交通控制、智能电网等机器间网络部署等，这些业务对更大带宽和更低时延的需求快速增长，作为全 IP 网络，LTE/SAE 的主要应用将会类似于“互联网”。

LTE/SAE 被设计为应对日益增长的宽带移动市场的挑战：单用户更多数据、高质高可靠的随时在线、泛在连接、网络效率、更多无人设备、全 IP 连接的需求。

截至 2014 年 12 月，已有 100 多个国家的 300 多家运营商商用了 LTE 业务，全球有近 1.6 亿 LTE 订阅用户，同时活跃着近 1900 个支持 LTE 的设备。LTE 已被断定为全球移动宽带通信的事实标准，在不久的将来为数亿用户提供宽带多媒体业务。这些业务无论由互联网或移动网络提供，可通过终端用户标准设备（智能手机、平板电脑、笔记本电脑等）接入，质量不输于固定宽带网络。

1.3 发展 LTE 的驱动力

如前所述，有很多需求促使我们开展新空口技术和核心网架构的研究工作，例如，需要 LTE/SAE 提供更高数据速率，明显降低控制面时延和用户面往返时延，以支持未来高质量宽带业务。LTE 工作开始后，3G 标准也得以进一步发展，目前提供 300M 以上的峰值数据速率。由于巨大增长的移动数据业务，更高数据速率是必需的：当时预测显示，移动数据业务在 2011—2016 年将增加 18 倍（比固定 IP 业务增长快 3 倍），到 2016 年约占全部 IP 业务的 60%。随着邮件、网页浏览、在线聊天、社区应用等互联网业务在移动网络中快速增长，2G/3G 网络的局限性变得很明显。向终端用户提供高质量（在网络连接或切换中最小时延）随时在线体验，需要降低控制面时延。控制面消息时延和较大的往返时延被多家运营商视为传统 2G/3G 系统的缺点。另外，全 IP 简化架构的射频和核心网络节点更少，可降低成本（OPEX 和 CAPEX）。最后，在诸如 3G 系统为了支持分组业务（因为 3G 无线承载为了 CS 话音业务必须优化）必须做出一定折中，这样的情况下，全 IP 架构为引入分组域优化的系统提供了可能。

EPC的另一个重要设计原则是后向兼容性，以及连接到WLAN、WiMAX、cdma2000等非3GPP系统的能力。当无线接入在2G、3G和LTE之间转变时，EPC和EPS基于GTP（GPRS Tunneling Protocol，GTP）协议或PMIP（Proxy Mobile IP，PMIP）协议，提供内在机制支持设备的切换。对于WLAN或WiMAX等非3GPP接入系统，LTE/SAE通过使用IETF中定义的通用切换协议支持切换，也就是IETF RFC 5213［5］中的PMIPv6和IETF RFC 5555［6］中的DSMIPv6（Dual-Stack Mobile IP）。对于cdma2000 eHRPD切换到LTE，通过在EPC中增加特殊的控制面和用户面接口，在实际切换发生之前，从一个接入系统向另一个传递信息，从而加速切换过程。设计EPC时，该核心网架构支持2G/3G、LTE和非3GPP接入系统是另一个重要目标。

对于网络运营商，成本降低是其部署LTE/SAE的主要动力。对于终端用户，其收益是时延优化（最小化延迟和往返时延、给高质量实时业务带来TCP业务高吞吐量、UDP/RTP业务低抖动）和承载短时间建立带来的快速业务可得性。这些收益增加了对新技术的接受度，并将回报运营商、终端厂商和设备厂商的投资。

LTE/SAE是标准化的宽带无线分组系统，并通过3GPP标准化工作不断进化以满足工业需求。这使得公共安全工作人员可以利用先进的无线分组系统和对新应用的广泛支持，进行实时信息共享、应急合作和日常运营，改善了情境感知，提高了现场救护人员和公众的安全性。基于LTE/SAE的公共安全网络可以在任意情境下（包括移动和静止）高质可靠地使用任意类型的多媒体业务、语音、视频、文字、图像/文件共享、基于位置的业务等。网络共享和广播消息传输等内在特性在公共安全网络部署中易于再用。进一步将采用IMS基于LTE提供关键任务一键通（Mission Critical Push to Talk，MCPTT）和任意类型的多媒体业务，最终实现完全标准化的、可互操作的LTE公共安全网络，可与其他移动或固定网络轻易连接，提供规模经济效益。

1.4 EPS与GPRS和UMTS的对比

对比E-UTRAN和UTRAN、GERAN，除了采用无线技术OFDM外，一个明显的区别是E-URAN只有一个网元eNB（Evolved NodeB），UTRAN有多个网元NodeB、RNC（Radio Network Controller），GERAN有多个网元BTS（Base Transmitter Station）、BSC（Base Station Controller）。简化E-UTRAN架构的主要原因是在数据

吞吐量增长的同时，降低了复杂性、时延和成本。

核心网侧，明显的区别是 GPRS 核心网（也就是 2G/3G 核心网）包括网元 SGSN（Serving GPRS Support Node）和 GGSN（Gateway GPRS Support Node），EPC 实现了严格的控制面用户面分离（CU 分离）。GPRS 可以使用直接隧道（Direct Tunnel）技术使用户面数据直接在 RNC 和 GGSN 之间传输，不再经过 SGSN；而 EPC 从开始就设计为 CU 分离。CU 分离设计的主要原因是将负责业务的基础设施与负责控制的基础设施分开，以易于适应日益增长的用户业务需求。用户面有两个功能网元 S-GW（Serving Gateway）和 P-GW（Packet Data Network Gateway）；控制面增加了一个网元 MME（Mobility Management Entity）。因此 EPS 用户面路径有最少两个（eNodeB 和 combined S-GW/P-GW）、最多三个节点（eNodeB、S-GW 和 P-GW），比 2G/3G 少了一到两个节点。这带来了高度的简单性、更高吞吐量、更小时延。除了支持传统的 2G/3G 接入系统和 LTE 外，EPC 还支持可信和非可信非 3GPP 接入系统。意味着 EPC 提供方法对使用非 3GPP（non-3GPP）接入系统的用户进行认证、授权、收费；用户面安全路由到 EPC，并经过 EPC 到 PDN。3GPP 和非 3GPP 系统之间的切换锚点部署在 EPC（P-GW）。传统 2G GPRS 不支持这种增强的对非 3GPP 系统互操作的支持。

在 2G/3G，UE 附着在网络不需要建立任何分组数据协议（Packet Data Protocol，PDP）上下文（例如，没有分配 IP 地址给 UE）。随着 LTE 在用户注册到网络的任意时间，对用户提供一直在线连接性这一能力的引入，上述特点发生了改变。在 LTE，UE 初始附着时建立一个缺省承载；当最后一个承载去激活时，UE 从网络分离。因此，默认 UE 至少有一个承载的上下文，以使 UE 附着在 LTE 网络时能够收发数据。

一个容易被忽略的技术细节是网络触发承载建立。这一概念很晚才引入 2G/3G，对于通常流程来说是个特例。在此之前，承载 / 上下文建立都是由 UE 触发。在 LTE/SAE 中网络触发承载建立是建立专用承载的主要机制。UE 触发承载资源请求流程在 LTE/SAE 中仍然存在，但被看作特例。

为了减少 UE 和核心网之间的信令消息的数量，引入了跟踪区（TA）列表概念，分配给 UE。列表中每个 TA 包括一个或多个小区（cell）。同一区域的不同用户分配不同的 TA 列表，降低了当大量 UE 同时从一个 TA 移动到另一个时，同时更新 TA 的概率。而且，每个 UE 单独分配一个 TA 列表，降低了 UE 进行 TA 更新的需求，但也导致了更大的寻呼区域。

1.5 对频谱的考虑

为使 LTE 在全球范围适用，必须考虑技术灵活、可用，且适合全球不同国家的频谱要求。为此 LTE 被设计为可部署在多种频带。表 1.2 是支持 LTE 的频分双工（Frequency Division Duplex，FDD）和时分双工（Time Division Duplex，TDD）频段，摘自 3GPP TS 36.104［7］。

表 1.2 LTE FDD/TDD 频带

频段	上行频带（UL）BS接收，VE传输（MHz）		下行频带（DL）BS传输，VE接收（MHz）		双工方式
1	1920	1980	2110	2170	FDD
2	1850	1910	1930	1990	FDD
3	1710	1785	1805	1880	FDD
4	1710	1755	2110	2155	FDD
5	824	849	869	894	FDD
6	830	840	875	885	FDD
7	2500	2570	2620	2690	FDD
8	880	915	925	960	FDD
9	1749.9	1784.9	1844.9	1879.9	FDD
10	1710	1770	2110	2170	FDD
11	1427.9	1447.9	1475.9	1495.9	FDD
12	699	716	729	746	FDD
13	777	787	746	756	FDD
14	788	798	758	768	FDD
15	预留		预留		FDD
16	预留		预留		FDD
17	704	716	734	746	FDD
18	815	830	860	875	FDD
19	830	845	875	890	FDD
20	832	862	791	821	
21	1447.9	1462.9	1495.9	1510.9	FDD
22	3410	3490	3510	3590	FDD
23	2000	2020	2180	2200	FDD
24	1626.5	1660.5	1525	1559	FDD
25	1850	1915	1930	1995	FDD
26	814	849	859	894	FDD
27	807	824	852	869	FDD
28	703	748	758	803	FDD

续表

频段	上行频带（UL）BS接收，VE传输（MHz）		下行频带（DL）BS传输，VE接收（MHz）		双工方式
29	N/A	N/A	717	728	FDD[2]
30	2305	2315	2350	2360	FDD
31	452.5	457.5	462.5	467.5	FDD
…					
33	1900	1920	1900	1920	TDD
34	2010	2025	2010	2025	TDD
35	1850	1910	1850	1910	TDD
36	1930	1990	1930	1990	TDD
37	1910	1930	1910	1930	TDD
38	2570	2620	2570	2620	TDD
39	1880	1920	1880	1920	TDD
40	2300	2400	2300	2400	TDD
41	2496	2690	2496	2690	TDD
42	3400	3600	3400	3600	TDD
43	3600	3800	3600	3800	TDD
44	703	803	703	803	TDD

注：1. Band 6不适用。
2.当配置频谱聚合（carrier aggregation）时，只限于E-UTRA。

一旦在某个国家出现商业需求，该国可以将更多频谱用于 LTE。虽然一些频段目前被其他技术占用，但 LTE 可以与这些技术共存。

为公共安全部署分配 LTE 频谱的进程在进行中。由于对 LTE 等具体技术的频谱分配不仅涉及技术，也要考虑经济、商业等因素，频谱相关讨论在全球不同地区分别进行。一些国家已经对于哪些频谱分配给基于 LTE 的公共安全网络做出了决策。在美国，中产阶级税收减免职位增加法案（tax relief and job creation act）给公共安全重新分配了 700 MHz D 区（D-Block）频谱，并为全国范围 LTE 网络增加了 70 亿美元联邦基金。澳大利亚公共安全通信部门（Australian Public-Safety Communication Officials，APCO）公布了第 16 号建议，基于 LTE 技术发展 4.9GHz 频段全国公共安全移动宽带网络。澳大利亚通信和媒体部门（Australian Communication and Media Authority）在 800MHz 频段上增加了 60M 频谱以促进用于澳大利亚公共安全部门的高速全国移动宽带网络的部署。在欧洲、多个亚太国家和南美部分地区，目前 400MHz 频段用于公共安全机构的陆地集群通信和专用数字集群通信系统。将同样频段用于基于 LTE 的公共安全网络，可以通过重复利用现存站点和资产，最小化投资成本。这些频段在 ITU-R Res 646 中列出，并推荐用于公共安全。实际频谱使用情况最终由各地区政策决定。

1.6 网络架构

1.6.1 接入网和核心网

移动网络通常分为接入网 RAN 和核心网 CN。3GPP 具体描述了网元。本书后续章节中阐述（例如 1.6.5）LTE 相关的网元。

接入网包括 UE 和网络通过空口建立、保持和拆除连接必需的所有网元。接入网包括遍布全国服务区域的基站及其天线。

核心网包括用户鉴权和授权，建立语音通话或数据连接，支持移动性、计费、合法侦听等必需的所有网元。核心网还提供到其他移动或固定网络，以及到因特网或企业内部网等数据网络的接口。用户数据存储在归属用户服务器（Home Subscriber Server，HSS）。

1.6.2 架构原则

LTE/SAE 由 2G/3G 分组域演进而来，特别是 EPC 根源于 GPRS 核心网。控制面用户面分离（CU 分离）是 EPC 设计的一个关键，因此 EPC 主要包括三个网元。一个是 MME，属于 EPC 控制面。MME 可以看作是 GPRS 中 SGSN 控制面功能的演进。S-GW 与 GPRS 中 SGSN 用户面功能相关。上行下行的所有用户面的数据包都经过 S-GW，S-GW 作为本地移动性锚点，能够在切换中缓存下行数据包。P-GW 是全局 IP 移动性锚点，对应 GPRS 中的 GGSN。P-GW 给 UE 分配 IP 地址，并提供到因特网或移动运营商的业务域等分组数据网（Packet Data Networks，PDN）的接口。P-GW 还包括 PCEF（Policy Enforcement Function）以监测业务数据流、执行策略（如丢包）以及计费（参照章节 1.6.12）。上述网元都是逻辑网元，实际部署中，两个或更多网元（如 S-GW 和 P-GW）可以部署在同一物理硬件平台。eNB 为新会话选定 MME，MME 通过运营商域名系统（Domain Name System，DNS）构建和解析特殊域名，选择 S-GW 和 P-GW。下面的章节将描述非漫游和漫游的 EPS 架构，以及与 2G/3G 互操作的架构。网元描述在章节 1.6.5。

1.6.3　非漫游架构

图 1.2 综述了非漫游场景 LTE/SAE 逻辑架构，非漫游时用户由归属 PLMN（HPLMN）服务。在图 1.2 和架构图 1.3 中，控制面接口用虚线表示，用户面接口用实线表示。

附录中对 EPS 主要参考点及其作用、协议进行了综述。

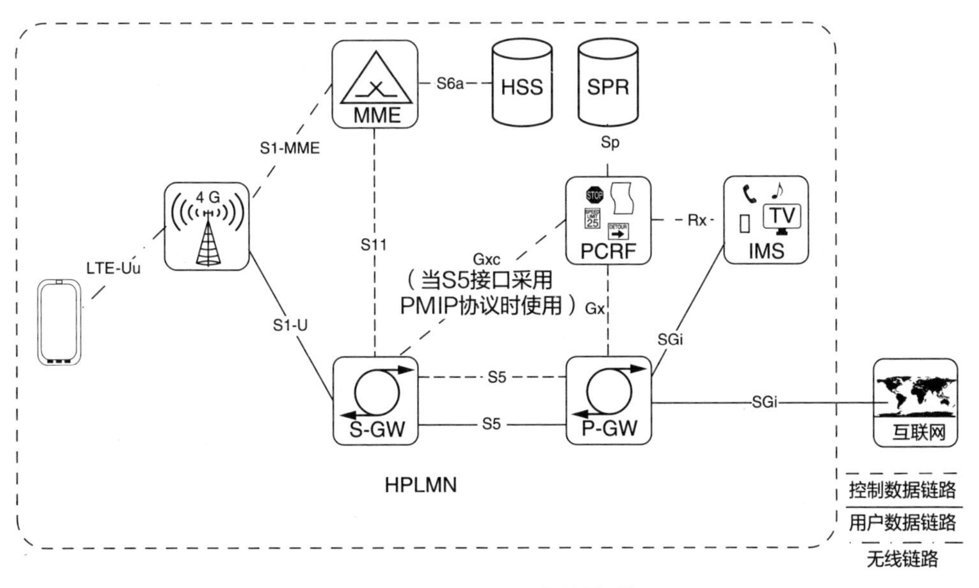

图 1.2　LTE/SAE 无漫游架构

1.6.4　漫游架构

1.6.4.1　归属路由漫游架构

漫游场景用户由访问 PLMN（VPLMN）服务，漫游架构与非漫游架构并无很大区别，主要区别是在漫游场景，S-GW 在 VPLMN，P-GW 通常在 HPLMN，这是由于大部分业务是归属路由业务。只有使用本地疏导时，P-GW 可以在 VPLMN，但该场景要求运营商之间的特殊安排，例如使用专门接入点名称（APN），从 VPLMN 向 HPLMN 提供计费信息，并且用户必须订阅了该业务。因此，归属路由业务在不远的将来可能也将是分组域业务的主要场景。图 1.3 是归属路由漫游架构。

漫游场景，接口 S8 代替了 S5，实际上二者提供了几乎同样的功能。类似的还有 Gn/Gp 接口（参考 TS 29.060［8］）。类似 S5，S8 基于 GTP 或 PMIP。但 S8

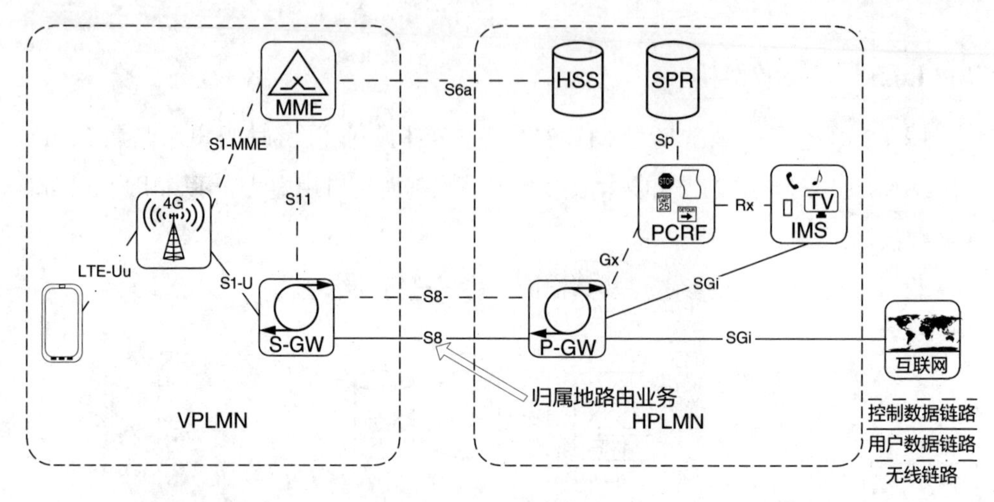

图 1.3 归属路由业务漫游

使用 PMIP 要求运营商间适合的漫游共识，或 VPLMN 需要互操作网元在网络边界将 PMIP 转为 GTP。

1.6.4.2 本地疏导漫游架构

最后介绍本地疏导漫游架构。本地疏导漫游场景，业务从 VPLMN 接续。该场景的关键是 P-GW 在 VPLMN，VPLMN 存在访问 PCRF（V-PCRF）以终结 Gx 接口（Gx 不是运营商间的接口）。为了从 HPLMN 接收 QoS 规则，订阅数据（例如，订阅的最大比特速率）存储在 HPLMN，引入了新的接口 S9，连接 HPLMN 的 H-PCRF 和 VPLMN 的 V-PCRF。

获取 VPLMN 业务的一个可能措施是要求使用配置在 UE 的专门构建的 APN，在 VPLMN 中使用并将其解析到 VPLMN 中的 P-GW 地址。另一个可能措施是 UE 使用众所周知的标准化 APN，例如 GSMA 定义的 IMS APN（参考章节 1.7），以连接到 VPLMN 的 P-GW。

由图 1.3 可见，部署本地疏导时用户可以在 HPLMN 和 VPLMN 中使用运营商业务。

1.6.5 网元定义

1.6.5.1 终端设备（UE），移动设备（ME），全球用户识别卡（USIM）

3GPP 术语中，UE 是终端用户与网络通信使用的设备。典型 UE 有智能手机、平板电脑、调制解调器等，装备有 LTE 射频，并大都是支持多个射频的，也就是同时装备有另一个射频，例如 WLAN、CDMA2000 1xRTT、UTRAN、GERAN 等。

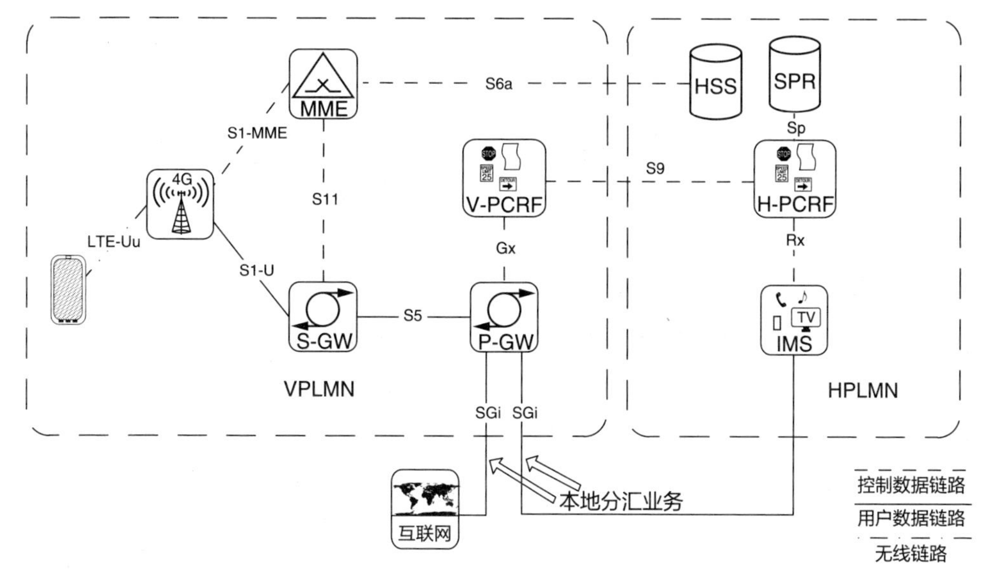

图 1.4 本地疏导漫游

UE 包括移动设备（Mobile Equipment，ME）部分，包括显示屏、键盘、电池，以及所有对接入网络并与其通信、提供到用户接口必要的电子设备等组成的话机硬件。构成 UE 的另外一个硬件是通用集成电路卡（universal integrated circuit card，UICC），根据 3GPP TS 21.905［9］中的定义，UICC 是“物理安全设备，集成电路卡（IC card）或智能卡（smart card）”。UICC 可能包含一个或多个应用，其中一个应用是 USIM（Universal Subscriber Identity Module，USIM）。

USIM 包括鉴权用户、检验网络可信（仅限于 UMTS 和 LTE 情况）的所有必要的数据和算法。UICC 和 USIM 经常被称为 SIM，这是由于 3GPP 的前身，即 ETSI 特别移动组（ETSI Special Mobile Group，ETSI SMG）使用的名称是 SIM。

除了 USIM 应用之外，UICC 也可以包括其他应用，比如 IMS-SIM（ISIM），为 UE 接入 IMS（IP Multimedia Services）域提供所有必要数据。

一个典型的 UE 必须经过一系列步骤请求和管理业务。UE 开机时需要执行下述步骤：

1. 扫描 LTE 小区，同步网络，广播信道监听系统消息。
2. 建立信令连接，以便与网络通信。
3. 注册到网络。

4. 建立数据连接，以便一直在线（always on）。

5. 响应网络触发的鉴权请求。

6. 为 IP 连接接收 IP 地址。

之后 UE 能够要求运行一个或更多应用所需要的特定资源。

1.6.5.2 E-UTRAN NodeB（eNodeB/eNB）

E-UTRAN 架构的主要部分是 eNodeB。该名称源于 UMTS 中的 NodeB，增加了字母 e 表示演进（evolved）。eNodeB 作为基站控制所有射频相关功能，部署遍及网络覆盖区域，每个 eNodeB 紧邻实际的射频天线。由于 eNodeB 是唯一的 E-UTRAN 节点，它包括 UMTS 中 NodeB 的功能以及 RNC 的部分功能。RNC 的其他功能转移到 MME。

eNodeB 是 UE 的无线协议终点，并在 UE 和 EPC 之间中继数据。eNodeB 支持以下功能：

- 加密 / 解密用户面业务，IP 头压缩 / 解压缩。
- 无线资源管理（RRM），包括无线承载控制和接入控制。
- 根据指定的 QoS 调度业务，持续监测资源使用情况，上下行无线资源分配。
- 移动性管理功能：控制和分析 UE 的无线信号级别测量，执行测量，基于当前无线链路质量为 UE 采取切换决策。
- 选择 MME，路由数据业务到 S-GW。

eNodeB 之间通过 X2 接口连接，eNodeB 通过 S1-MME（控制面）接口与 MME 连接，通过 S1-U（用户面）接口与 S-GW 连接。为了负载均衡和网络共享，eNodeB 可以连接到多个 MME 或多个 S-GW。

1.6.5.3 移动性管理实体（MME）

MME 是 EPC 的主要控制网元。MME 源自 2G/3G SGSN 控制面部分，扩展了继承自 3G RNC 的一些功能。典型的 MME 是在运营商处的安全位置的一个服务器。MME 只是控制面路径的一部分。用户面数据绕过 MME，因此 MME 没有计费功能，当其支持特性 SMS in MME（参考章节 1.8.2）时除外。

MME 不只物理连接到 eNodeB，还与 UE 有逻辑连接。这个逻辑连接就是非接入协议NAS（Non Access Stratum，NAS）。关于NAS和AS的描述参考章节1.13.3。MME 还连接用户的归属 HSS，以鉴权和认证 UE，检索订阅数据。简言之，MME 支持以下功能：

- 控制面业务处理（UE 所发信令的终点）。
- 会话管理，移动性管理，例如空闲态移动和切换控制。
- 寻呼空闲态 UE。
- 跟踪区列表（TA list）管理。
- P-GW 和 S-GW 选择。
- 切换时 MME 选择。
- 协调 S-GW 之间和 MME 之间重分配。
- UE 鉴权认证。
- 承载管理，包括专用承载建立。
- 合法侦听信令。

1.6.5.4 服务网关（S-GW）

S-GW 主要功能是在 E-UTRAN 和 P-GW 之间路由用户面包。S-GW 源自 2G/3G SGSN 用户面部分。S-GW 是网络基础设施部分，可以在网络中集中或分布式部署。它作为 eNB 之间切换的本地锚点。如果为某个特定 UE 建立了承载且该 UE 处于空闲态（idle mode），也就是说，UE 和网络之间没有信令连接，S-GW 将缓存发送来的数据包并要求 MME 寻呼 UE。S-GW 连接到一个或多个 P-GW。对于每个 UE 和每个承载，都要建立 S-GW 和 P-GW 之间的隧道。S-GW 支持以下功能：

- 2G/3G 和 LTE 切换以及 eNB 之间切换的用户面锚点。
- 合法侦听（lawful interception，LI）。
- 包缓存，寻呼触发。
- 包路由和转发。
- 传输层包标记。
- 漫游场景下跨运营商计费的计费事件生成。

1.6.5.5 分组数据网关（P-GW）

P-GW 是从 UE 角度看第一跳 IP 路由器，是 EPS 和外部 PDN 之间的边缘路由器。P-GW 是集中的移动性锚点，并作为 UE 附着的 IP 点。UE 可以同时通过同一个或不同的 P-GW（实际中连接到不同 P-GW 的情况很少见）连接到多个 PDN。切换时 P-GW 不变。P-GW 在 S-GW 间的切换时，通过保持各 UE 和承载到 S-GW 的隧道，锚定了用户面。P-GW 也是运营商处集中部署的网络基础设施部分。

P-GW 的一个重要功能是在每个 PDN 连接，给 UE 分配 IP 地址。基于特定 PDN，该地址可为私有或公共的 IPv4 地址或 IPv6 前缀。

基于动态或静止策略规则，P-GW 实施执行功能（enforcement functions），包括成型、门控、过滤和包标记等。更准确地说，执行是在策略和计费执行功能单元（PCEF）完成的，它是 P-GW 的一个组成部分。这保证了对于用户来说下行数据速率不会超过允许的（如订阅的）最大数据速率，以及下行接收到的数据包在使用正确的承载 / 隧道（称为“承载绑定”，bearer binding）。P-GW 支持以下主要功能：

- 到其他网络的边缘路由器。
- UE 的 IP 地址分配。
- 集中的切换锚点。
- 策略和计费执行，承载绑定。
- 包过滤（可选 DPI）。
- 各 UE 各承载计费。
- 合法侦听。

1.6.5.6 策略和计费规则功能（PCRF）

策略和计费规则功能单元（Policy and Charging Rules Function，PCRF）负责动态策略和计费控制（PCC）。PCC 更多细节参考章节 1.6.7。PCRF 通常与其他核心网网元共同部署在运营商处，例如紧邻 P-GW 部署。

PCRF 把来自应用层的会话数据（如多媒体会话中编解码器使用的信息）翻译为具体接入参数。基于这些参数，PCRF 生成 PCC 规则，具体哪种 QoS 用于哪个 IP 流。这些规则确定之后在 PCEF 执行。这些规则还包括 P-GW 是否同意资源请求，以及是否同意处理一个给定 IP 流的包。PCRF 决策时考虑 SPR 中存储的订阅信息（比如允许的最大数据速率）。SPR 通常是 HSS 的一部分。在 3GPP 架构中，SPR 与 PCRF 之间有接口 Sp，但该接口没有具体定义。当 S-GW 和 P-GW 之间使用 GTP 时，QoS 规则由 PCRF 提供给 P-GW，因为 P-GW 可以通过 GTP 进一步下发 QoS 参数到 RAN。如果运营商在 S-GW 和 P-GW 之间使用 PMIP，承载在 S-GW 终止，因为 PMIP 没有执行承载的概念。在这种情况下，QoS 规则由 PCRF 提供给 S-GW，策略和计费规则仍然提供给 P-GW。

1.6.5.7 归属用户服务器（HSS）和签约数据仓库（SPR）

HSS 是网络中订阅者相关数据的核心数据库。HSS 包含订阅者具体数据，例如国际移动用户识别码（IMSI）移动台 ISDN 号码，订阅的 APN，优先标识（priority indication），订阅的补充语音业务（如来电转移）。HSS 在运营商处集中部署。HSS 逻辑上包含归属位置寄存器（HLR）功能单元，HLR 是 2G/3G 网络的核心注册单元。HSS 从 3GPP R5 引入，处理 IMS 订阅数据，例如 IMPI 和 IMPU。

SPR 虽然是 3GPP 定义的附加功能单元，但在实际中通常与 HSS 共同部署。SPR 包含订阅信息，这些信息 PCRF 用于做出策略决策，生成合适的 PCC 规则。例如这些数据包括用户允许的最大数据速率，订阅的保证带宽，用户是否有预付费 / 后付费合约，用户是否基于其服务级别得到了所选的服务（例如用户服务级别包括铜级、银级、金级）。

HSS 涉及用户认证、鉴权和其他安全相关的功能，生成和存储加密解密的密钥和参数，消息健全检查。HSS 也记录了用户的物理位置（为用户服务的 MME，SGSN，MSC 的地址）。网络中可能有多个 HSS，决定于订阅用户的数量和硬件平台的容量。在这种情况下，MSISDN 或 IMSI 等 ID 可用于选择正确的 HSS。

当 MME 认证用户并授权用户请求接入网络资源（例如授权 UE 提供的 APN），需要接入 HSS 存储的订阅数据。HSS 提供安全密钥 K_{ASME}，MME 可以据此加密和鉴权 UE 和 MME 之间交换的 NAS 消息。为了位置管理，HSS 存储为特定 UE 服务的 MME 地址。

1.6.5.8 验证、授权和记账（AAA）

AAA 服务器用于认证和授权用户，通过非 3GPP 接入 EPC 的用户；或者可选地，通过 P-GW 授权使用提供的 APN，以及给 UE 分配 IP 地址。P-GW 根据 3GPP TS 29.061[10]，使用 RADIUS 或 DIAMETER 协议通过 SGi 接口接入 AAA 服务器。运营商 AAA 服务器也能作为 AAA 代理服务器工作，以及与其他 PLMN 或企业网的 AAA 互操作。AAA 服务器在运营商处集中部署，与 HSS 有直接接口。

1.6.6 会话管理

1.6.6.1 QoS 和 EPS 承载

EPS 提供 UE 和 PLMN 外的分组数据网络的 IP 连接，被称为 PDN 连接业务。一个 EPS 承载单独标识有相同 QoS 要求的业务流，即 EPC/E-UTRAN 中 QoS 控制粒度是承载级别的。映射到同一 EPS 承载的所有业务，都接收相同承载级别的包转发处理。提供不同承载级别的包转发处理要求分开的多个 EPS 承载。

如果一个 EPS 承载一旦建立或修改，与 GBR 有关的专用网络资源始终分配给该承载，则该承载为一个 GBR 承载。否则，该 EPS 承载为非 GBR 承载。

每个 EPS 承载关联 QoS 配置文件，包括以下数据：

- QoS 分类识别码（QoS Class Identifier，QCI）：QCI 是一个数量等级，表明 P-GW 和 eNodeB 指出的针对具体节点的参数，该参数控制该节点中承载级别的包转发处理。
- 分配和保持优先级（Allocation and Retention Priority，ARP）：ARP 包括优先级、抢占与允许抢占等信息。ARP 的首要目的是根据资源限制，决定接受或拒绝一个承载建立或修改的要求。
- 保证的比特速率（GBR）：GBR 表示期望 GBR 承载提供的比特速率。
- 最大比特速率（Maximum Bit Rate，MBR）：MBR 表示 GBR 承载能提供的最大比特速率。

以下 QoS 参数应用于一组聚合的 EPS 承载，并作为用户订阅数据的一部分：

- APN 聚合最大比特速率（APN Aggregate Maximum Bit Rate，APN-AMBR）：一个 APN 的所有非 GBR 承载和所有 PDN 连接，能提供的最大聚合比特速率。
- UE 聚合最大比特速率（UE Aggregate Maximum Bit Rate，UE-AMBR）：一个 UE 的所有非 GBR 承载，能提供的最大聚合比特速率。

UE 基于分配给承载的上行包过滤器，路由上行包到不同 EPS 承载；P-GW

在 PDN 连接中，基于分配给承载的下行包过滤器，路由下行包到不同 EPS 承载。

图 1.5 画出了 EPS 系统中执行 QoS 参数的网络节点。

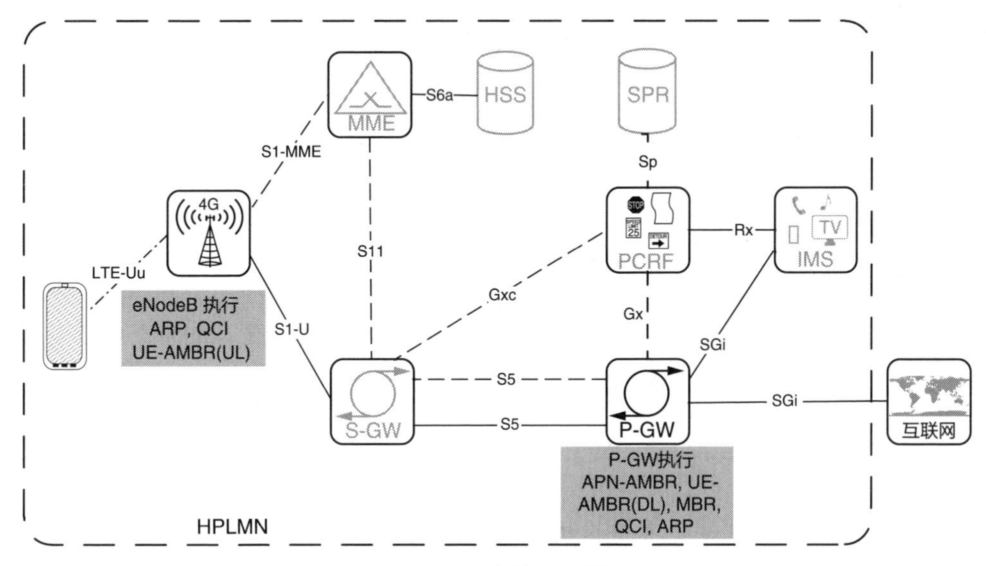

图 1.5　EPS 中的 QoS 增强

1.6.6.2　会话和承载管理

通过会话和承载管理过程，一个特定 UE 的多个 EPS 承载建立和保持。在 EPS 附着过程中，激活默认 EPS 承载上下文。成功附着时，UE 能够请求建立到附加 PDN 的连接。对于每个附加 PDN 连接，MME 激活一个单独的默认 EPS 承载。默认 EPS 承载上下文在 PDN 连接存在期内保持激活。每个 PDN 连接用分配给该连接的 IP 地址来描述。

专用 EPS 承载总是关联到默认 EPS 承载，并继承其特性，如 IP 地址，也就是说，专用承载的上行业务与默认承载的业务使用相同源 IP 地址。当要求满足 UE 和 PDN 之间特定 QoS 的额外 EPS 承载资源时，使用专用承载。默认承载和专用承载的差别对 eNodeB 是透明的。例如，VoLTE（参考章节 1.8.1）语音和视频流使用关联 IMS PDN 连接的专用承载，IMS/SIP 信令可以使用默认 EPS 承载。

专用承载通过专用承载上下文激活过程来建立。该过程可以作为附着过程的一部分，或者与默认 EPS 承载上下文激活过程一起触发。该过程通常由网络触发，也可能由 UE 请求。如果 UE 请求额外的 EPS 承载资源，网络通过激活一个新的专用承载，或者修改已有专用或默认承载，决定是否满足这样一个需求。

通过使用PCC架构，网络能够与默认EPS承载激活同时，或者之后默认EPS承载保持激活的任何时刻，发起专用EPS承载激活。

默认和专用EPS承载可以修改。专用EPS承载可以释放，而不影响默认EPS承载。如果默认EPS承载释放，则所有关联到该默认承载的专用承载也释放。

关于UE请求PDN连接的具体通话流程，以及网络触发专用承载激活过程，可参考附录。

1.6.6.3 IP地址分配

网络可以给连接到网络的UE分配三种IP地址：私有或公开的IPv4地址，IPv6地址，IPv4v6地址。IP地址可以由HPLMN、VPLMN（在本地分汇漫游时），或者外部业务提供者（例如企业网络）分配。

分配给UE的IP地址的类型依赖于PDN连接和UE能力。HSS在订阅数据中，对每个APN存储一个或多个PDN类型。在附着过程或UE请求的PDN连接过程中，MME在最终决定连接的PDN类型之前，考虑所请求的、订阅的PDN类型。

在PDN连接建立过时，DHCPv4或3GPP特定信令用于向UE传递IPv4地址。IPv6无状态地址自动配置用于给UE分配64bit全局唯一前缀。注意，DHCPv4和DHCPv6地址委派都未在现有网络中广泛应用。大多数情况下，AAA服务器为PDN连接分配IP地址，并将其通过SGi信令（基于RADIUS或DIAMETER协议）提供给P-GW。

1.6.7 PCC

PCC系统允许运营商动态保持IP承载满足一定QoS，提供单业务数据流的在线或离线计费方法（计费可参考章节1.6.12）。

PCC帮助业务数据流通过特定承载传输。一个业务数据流是五元组过滤器（5-tuple filters）定义的IP包流的聚合（注意，一个业务数据流可以包含多个IP包流）。一个承载可以看作UE通过eNodeB到GGSN/P-GW的一条传输信道，为该承载上传输的全部业务数据流提供一定的容量、时延、误比特率。QoS在每一跳上执行，包括UE和eNodeB之间的无线链路，eNodeB和GGSN/P-GW之间的传输链路，以及GGSN/P-GW之后的部分。GGSN/P-GW之后的部分对于QoS的支持超出了3GPP讨论范围，与配置有关。

图1.6给出了PCC架构的简化示意图，细节可以参考3GPP TS23.203［11］。

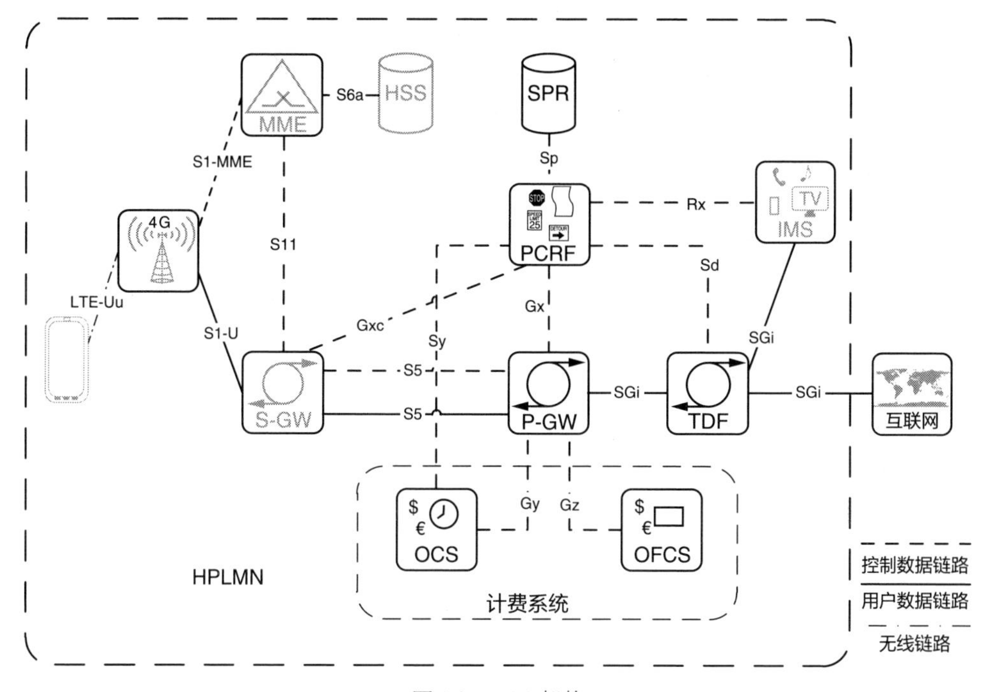

图1.6 PCC架构

PCC架构的核心控制网元是PCRF。基本思想是PCRF从应用层AF获取新的进行中的媒体会话的信息，转化成在PCEF执行的策略规则。AF和PCRF通过基于DIAMETER协议的Rx接口通信（参考3GPP TS29.214［12］）。LTE网络中PCEF在P-GW实现。PCEF负责业务数据流和承载的连接，也就是说，决定哪个流去往哪个承载。之后根据这些策略规则处理经过P-GW的下行和上行IP流。策略规则由PCRF通过基于DIAMETER协议的Gx接口配置在PCEF。PCC规则决定：授权QoS（授权QoS也发送给eNodeB），特定承载适合在线/预付费还是离线/后付费的计费策略，在线或离线计费各自服务器的地址。策略规则可以在承载上强制传输发自/去往特定目的地的业务，限制发自/去往其他目的地的业务流。QoS相关的签约数据（例如每个用户签约的最大带宽）存储在SPR，SPR通常是HSS的一部分，但也可以是一个独立网元。PCRF通过非标准的Sp接口接入SPR。P-GW通过基于DIAMETER协议的Gy/Gz接口与在线/离线计费系统（Online and Offline Charging Systems，OCS/OFCS）相互作用。或者，Gz也可以使用GTP′协议（是GTP协议的一种）。P-GW可以把离线计费记录直接发送给账单系统，而不经过 OFCS。OCS 允许基于时间和量的使用部署预付费计费机制。Sy 接口允许 OCS 基于现有资源使用情况改变策略规则，例如，对月数据量多于 4GB 的用户，降低可得比特速率。业务检测网元（traffic detection function，TDF）是深度包检测 DPI 节点的 3GPP 终点，允许基于 IP 五元组或应用相关消息的特性等不同标准的检测应用。PCRF 能够通过 Sd 接口命令 TDF 开始对特定用户的应用检测，TDF 能通知 PCRF 某应用已经检测。基于这个信息，策略规则能在 PCEF 配置（例如，要求限制业务或者应用不同的计费规则）。TDF 可为独立网元，或与 P-GW 共同部署。

1.6.8 EPS 接口和协议

1.6.8.1 控制面

控制面包括用于 UE 与网络之间或两个网元之间信令传递的所有协议。

UE-eNodeB-MME

图 1.7 是 UE、eNodeB 和 MME 之间的控制面协议栈。

这里提供了 3GPP 定义的协议（图 1.7 中白色背景部分）和对应参考标准的

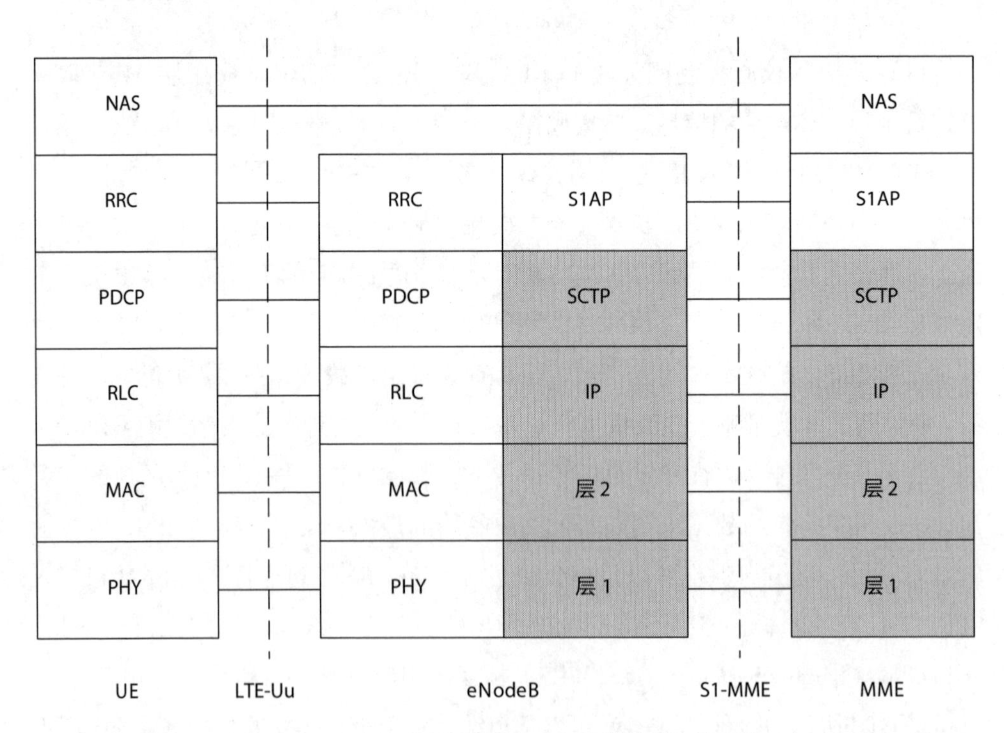

图 1.7　UE、eNodeB 与 MME 之间的控制面协议栈

描述。基于 IETF 标准的其他协议没有描述。

NAS

NAS 是 UE 和 MME 之间空口控制面的最高层。NAS 协议的主要功能是支持 UE 移动性，支持会话管理过程以在 UE 和 P-GW 之间建立和保持 IP 连接。更多细节可参考 3GPP TS 24.008 [13]，3GPP TS 24.301 [14]，3GPP TS 23.122 [15]。NAS 和 AS 的对比参考章节 1.13.3。

RRC

RRC 是 UE 和 eNodeB 之间 LTE-Uu 接口的首要控制协议。负责多种系统功能，包括通过广播信道的系统信息，无线配置（建立、保持、释放无线资源），测量和移动性。更多细节可参考 3GPP TS 36.300 [16]。

PDCP

PDCP 负责保证通过空口发送的包的健全。另外，PDCP 层压缩数据包的 IP 头。更多细节可参考 3GPP TS 36.300 [16]。

RLC

RLC 提供空口的逻辑链路控制机制。RLC 主要任务是 PDCP 包分成能通过空口传输的较小单元。更多细节可参考 3GPP TS 36.300 [16]。

MAC

MAC 层选择一个传输信道传输数据，并管理逻辑信道到传输信道的映射。另外，MAC 层负责复用数据到通用和共享信道。更多细节可参考 3GPP TS 36.300 [16]。

PHY

PHY 是 LTE-Uu 接口的底层。物理信道区分传输的源和目的。可以为一个特定 UE（例如切换命令）或所有活跃 UE（例如系统广播消息）指定一个特别的消息。更多细节可参考 3GPP TS 36.300 [16]。

S1-Application Protocol，S1AP

S1AP 提供 E-UTRAN（eNB）和 EPC（MME）之间的信令服务。S1AP 服务分为两组：

- 非 UE 相关（Non-UE-associated）业务：与 eNB 和 MME 之间的整个 S1 接口相关，使用一般性信令连接。
- UE 相关（UE-associated）业务：与一个 UE 相关。提供这类业务的 S1AP 功能，与为该 UE 维护的 UE 相关信令连接有关。

更多细节可参考 3GPP TS 36.413［17］。

eNB–eNB

图 1.8 是两个 eNB 之间的控制面协议栈（X2 控制面参考点）。

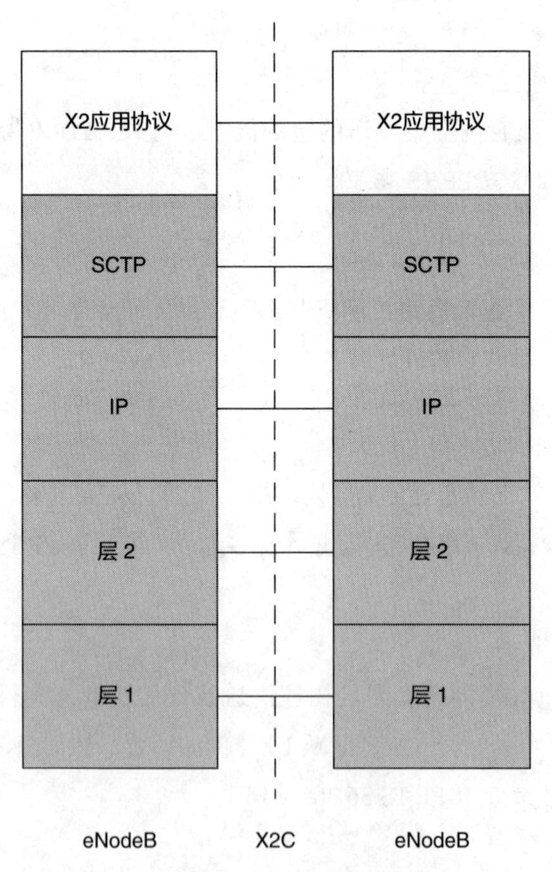

图 1.8　eNB 和 eNB 之间控制面协议栈

X2 应用协议（X2AP）

X2AP（X2 应用协议）用于两个 eNB 之间移动性管理过程，包括切换准备。通常 X2AP 习惯于保持两个 eNB 之间的关系。更多细节可参考 3GPP TS 36.423［18］。

MME–S-GW–P-GW

图 1.9 是支持 GTP-C 协议的任意两个网元之间的控制面协议栈。可应用于 MME–S-GW（S11 接口），MME-MME（S10 接口），S-GW–P-GW（基于 GTP-C 的 S5/S8 接口）。

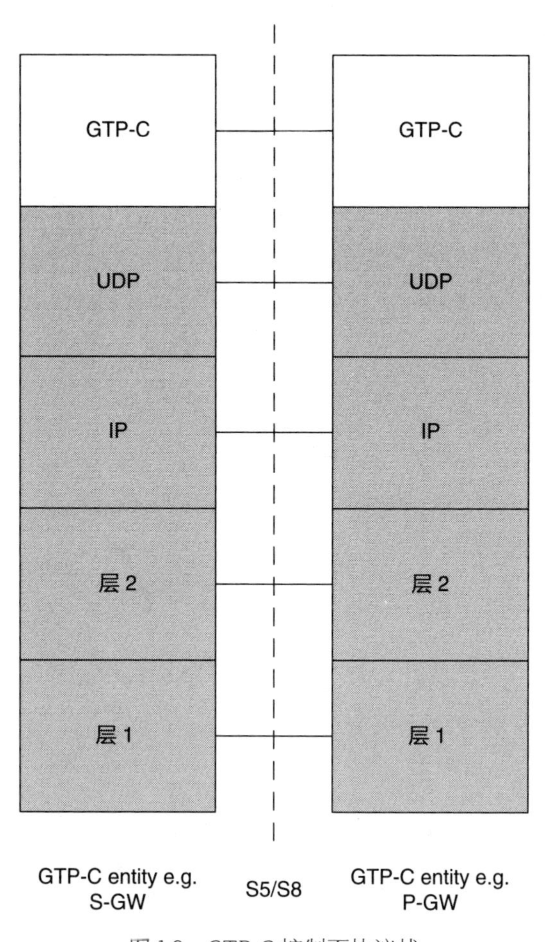

图 1.9　GTP-C 控制面协议栈

这里提供了对 GTP-C（3GPP 定义的协议）的简短描述。其他协议基于标准的 IETF 技术。

用于控制平面的GPRS隧道协议（GPRS Tunneling Protocol for the Control Plane，GTP-C）

GTP-C 的主要目的是为有一定 QoS 要求的用户会话，在 LTE/SAE 中建立、维护承载隧道（GTP-U tunnels）和承载上下文。为此，GTP-C 使两个关联网元之间能够交换隧道识别符和隧道地址（IP 地址，接口号码）。这样的隧道存在于接入网和核心网之间，以及核心网内部。在 EPC，GTP 隧道在 eNB 和 S-GW 之间，S-GW 和 P-GW 之间建立。与 UE 和 eNB 之间空口的承载，共同形成了从 UE 到 P-GW 满足一定 QoS 的端到端（end-to-end）承载。另外，GTP-C 也用于传输在重新定位 / 切换中的移动管理消息。更多细节可参考 3GPP TS29.274［19］。

MME–HSS

图 1.10 是 MME 和 HSS 之间的控制面协议栈。

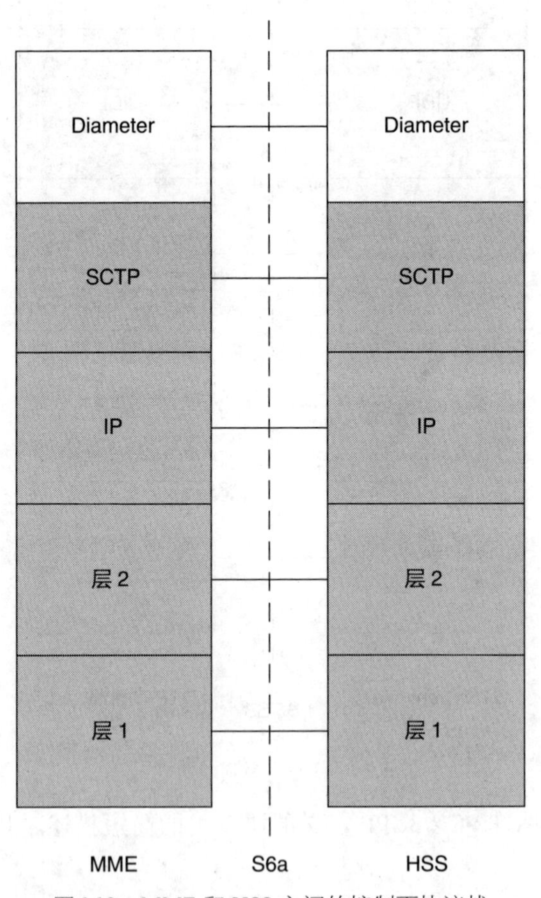

图 1.10　MME 和 HSS 之间的控制面协议栈

S6a DIAMETER Application

S6a 的主要功能是在 MME 和 HSS 之间支持用户认证和注册数据转化为订阅和认证数据。

DIAMETER 在 RFC3588 中定义［20］，S6a DIAMETER 应用在 3GPP TS 9.272［21］。

1.6.8.2 用户面

图 1.11 是 UE 连接到 EPS 中一个 P-GW 的端到端用户面协议栈。用户面协议栈与控制面协议栈类似。唯一新引入的协议是 GTP-U。

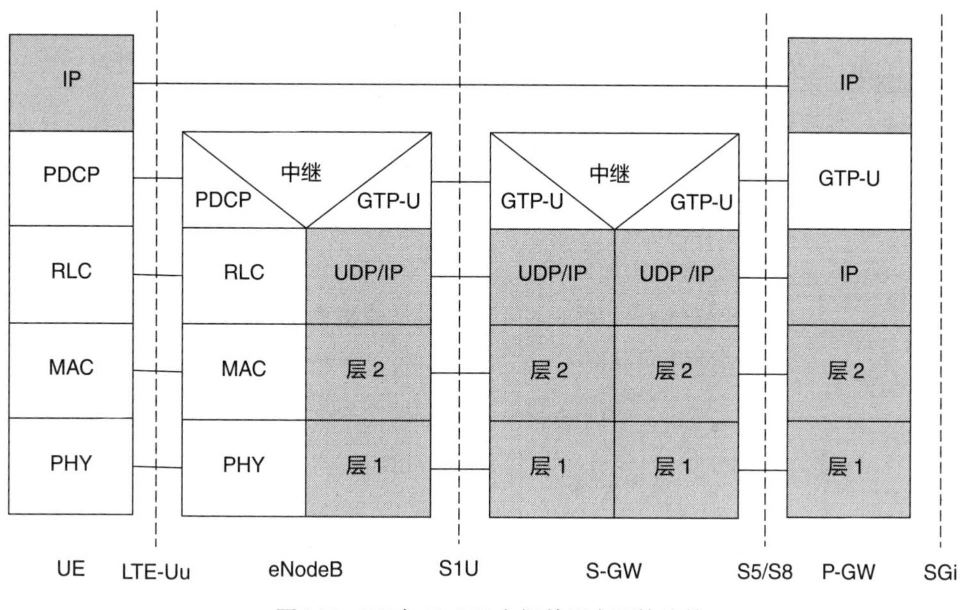

图 1.11 UE 与 P-GW 之间的用户面协议栈

GTP-U

GTP-U 为用户数据在 eNB 和 eNB 之间、eNB 和 S-GW 之间、S-GW 和 P-GW 之间打通隧道。GTP-U 将所有用户面包封装。更多 GTP-U 细节可参考 3GPP TS 29.281［22］。

1.6.8.3 参考点及协议摘要

表 1.3 总结了 LTE/SAE 和 PCC 使用的参考点及协议。

表 1.3 LTE/SAE 与 PCC 的参考点和协议

参考点	协 议		规 范
LTE-Uu	CP:PHY/MAC/RLC/PDCP/RRC UP:PHY/MAC/RLC/PDCP		TS 36.300[16]
UE-MME	NAS(EMM,ESM)	TS 24.301[14]	
X2	CP:X2AP UP:GTP-U	TS 36.423[18] TS 29.274[19]	
S1-MME	S1-AP	TS 36.413[17]	
S1-U	GTPv1-U	TS 29.281[22]	
S5	GTPv2-C/GTPv1-U PMIPv6	TS 29.274[19]/ TS 29.281[22] TS 29.275[23]	
S8	GTPv2-C/GTPv1-U PMIPv6	TS 29.274[19]/ TS 29.281[22] TS 29.275[23]	
S6a	DIAMETER	TS 29.272[21]	
S9	DIAMETER	TS 29.215[24]	
S11	GTPv2-C	TS 29.274[19]	
Sp	未在3GPP进行规范 3GPP未规范	未在3GPP规范3GPP未规范	
Gx	DIAMETER	TS 29.212[25]	
Gxa	DIAMETER	TS 29.212[25]	
Gxb	3GPP未规范	3GPP未规范	
Gxc	DIAMETER	TS 29.212[25]	
SGi	IPv4,IPv6,RADIUS, DIAMETER, DHCP	TS 29.061[10]	
Rx	DIAMETER	TS 29.214[12]	

1.6.9 移动性管理

广义上“移动性管理”包括用于支持 UE 注册和移动性的所有流程，如下：

- 选择网络。
- 附着到网络或去附着。

- 当 UE 移动时保持与网络的连接性［被称为切换（handover）］。
- 通知网络 UE 的当前位置，以使寻呼可达，即使到网络的连接被释放。
- 当 UE 需要发送上行信令或用户数据，或者，当网络寻呼 UE 以发送下行信令或用户数据，重新建立 UE 与网络的连接。

进一步，一定的安全任务通常作为移动性管理过程的一部分执行：认证，订阅者身份的机密性保护，信令消息和用户数据的机密性保护和 / 或完整性保护。

除本章提供的综述外，附着、去附着、跟踪区（TA）更新、寻呼、业务请求、切换流程的详细会话流程可以参考附录。

1.6.9.1 附着

每个 UE 需要注册到网络以接收 EPS 服务。这个注册被称为网络附着（network attachment）。网络附着通过建立默认承载，使 UE 能够具备一直在线（always on）的 IP 连接。UE 可以在附着过程中请求 IP 地址。附着过程由 UE 向网络发送附着请求消息而触发。该消息终止于 MME。附着请求消息封装在发向 eNB 的 RRC 消息和发向 MME 的 S1-MME 控制消息内。终止附着请求消息的 MME 称为服务 MME（serving MME），其地址存储在 HSS。

附着过程的一个目的是认证 UE，激活完整性保护，加密 UE 和 MME 之间交换的 NAS 信息。某个特定 UE 认证的必要信息从 HSS 获取。该信息包括认证向量，由 HSS 从订阅数据中存储的密钥生成。

当实施动态策略控制时，P-GW 在附着过程中从 PCRF 为 UE 获取 PCC 规则（PCC rules）。如果动态策略控制没有部署，P-GW 可以实施本地 QoS 策略（local QoS policies）。这可能导致为该 UE 建立与默认承载关联的多个专用承载。

最后，UE 注册到网络以接收 EPS 服务。UE 可以请求特定资源，运行一定的应用，并当无线覆盖情况改变时执行切换。

1.6.9.2 去附着

去附着过程允许 UE 通知网络不再希望接入网络，允许网络通知 UE 不需要再接入。UE 去附着意味着所有 PDN 连接及相关承载被释放。

UE 去附着可以是显式或隐式方式。显式去附着时，网络或 UE 明确请求去附着，并信令通知对方。隐式去附着时，网络去附着 UE，但不通知 UE。通常当网络由于无线覆盖差等原因，联系不到 UE 时，执行隐式去附着。

1.6.9.3 追踪区更新

UE 一旦成功附着，需要通知网络当前位置，以能接收下行信令和用户数据（发来的语音会话或短信 SMS），即使当 UE 是空闲态（idle mode），也就是说 UE 和网络之间的信令连接已经释放。UE 在 idle 态移动并通知网络当前位置，通常被称为空闲态移动（idle mode mobility）。虽然 UE 在 idle 态通常不激活，但 UE 周期性苏醒并监测广播信道以接收发来的信令或数据业务等信息。

E-UTRAN 小区与 TA 结合。某 E-UTRAN 小区中的 UE 处于 idle 态时，监听小区广播的系统信息，包括该小区所属的 TA 的 ID。当 UE 移动到另一个小区，并接收到新小区所属的 TA ID，表明 UE 当前没有注册到该 TA（也就是说，该 TA 不再 UE 存储的注册 TA 列表中），则 UE 触发 TA 更新流程。

最简单的情况下，如果新小区和新 TA 由 UE 已经注册的同一 MME 服务，只需要在 UE 和 MME 之间交换两个 NAS 消息，TA 更新请求和 TA 更新接收。否则，如果新小区由新 MME 服务，或者如果 MME 决定改变 S-GW，则更多网元（HSS，源 MME 或源 SGSN，源 S-GW，P-GW）需要参与到该过程中。

当到 UE 的信令连接释放，而网络需要发送下行信令或用户数据，在 TA 更新过程或附着过程中 MME 分配的 TA 或 TA list，可由 MME 用于在一定区域内寻呼 UE。MME 可以先在最新 TA 中寻呼 UE；如果 UE 不响应，可以在更大范围内（例如相邻 TA）寻呼；之后仍无响应，可以在所分配 TA list 的所有 TA 中寻呼 UE。MME 对于 UE 的位置获知最精确为 TA 粒度，而不知道 UE 当前在所在 TA 的哪个小区。

1.6.9.4 寻呼

寻呼过程通常由网络发起，请求建立与 idle 态 UE 的 NAS 信令连接。另外，网络也能发起寻呼通知 RRC-IDLE 或 RRC-CONNECTED 态 UE 关于系统信息改变、紧迫的警告通知（例如第 2 章中的 CMAS 和 ETWS）等。当网络由于某种失败情况丢失了 UE 上下文，网络还可以发起寻呼通知请求 UE 重新附着（re-attach）。

触发寻呼 UE 的通常是以 UE 为目的地的终端终止业务（mobile-terminated transactions），例如下行数据，发来的短消息或语音通话等。

以哪种方式和优先级寻呼 UE 取决于网络（也就是 MME）。例如，寻呼可以在最新小区中发起，扩展到 TA 和 TA list 等更大区域。寻呼优先级可由承载 QCI 和 ARP 决定。

当 UE 在 RRC-IDLE 态时，UE 周期性监测网络发来的寻呼消息。UE 监测频率决定于空闲态非连续接收（discontinuous reception，DRX）周期。IDLE 态 DRX 值可以通过广播控制信道（BCCH）和 NAS 层配置。如果 UE 必须周期性监测寻呼，则 UE 会消耗一些能量（即电池寿命）。因此在 R12，3GPP 引入了一个新状态称为“节电模式”（power saving mode），提供额外方法节约设备电量，通常只要求稀少的、终端发起的业务（mobile-originated transactions）。当 UE 在 PSM 模式时，不执行 idle 态过程，即 UE 不监听寻呼或执行测量。因此，UE 对终端终止业务不可达。这主要是为了终端终止业务很稀少，或者终端终止业务中可接受一些时延而不影响终端用户体验的设备（例如，通信频率为每天传输两次，每天传输 8 bytes）。

1.6.9.5 业务请求

业务请求过程的目的是将 UE 从空闲模式转到连接模式，以及当用户数据或信令需要传输时建立 EPS 承载。其他目的是触发终端发起 / 终端终止 CS 回落（MO/MT CSFB，本章稍后会解释）和邻近服务 ProSe（参考章节 4）。

如果 UE 在 E-UTRAN 中有待定的终端发起业务，则 UE 向网络发起业务请求过程。如果网络有待定的终端终止业务，则网络先发起寻呼过程。一旦 UE 成功处理了寻呼消息，将向网络发送业务请求消息以建立必要的承载。

NAS 业务请求消息（Service Request）用于快速重建 NAS 信令连接和用户面承载。为了满足对 EPS 严格的性能要求，通过空口传输的 NAS 业务请求消息仔细设计以符合单射频传输块，以使消息不需要在空口分段。

当新特性引起信息元增加时，这个要求不再满足。为此定义了一个新的扩展业务请求（extended service request，ESR）消息。ESR 用于需要发送额外参数时的特殊情况（例如触发 CSFB）。ESR 依据常规 EMM 消息的设计。

因此，业务请求过程可以使用常规业务请求或 ESR 触发。关于何时使用业务请求或 ESR 的详细情况在 3GPP TS 24.301［14］中进行了具体描述。

UE 基于成功建立无线承载（UE 继续停留在 E-UTRAN）或成功系统间改变（CSFB 情况）的指示，判定业务请求过程的成功完成。

1.6.10 E-UTRAN 内切换

1.6.10.1 概述

切换指 UE 保持与网络的信令连接，从一个小区移动到另一个。在 E-UTRAN 内切换（intra E-UTRAN handover）时，UE 从一个 LTE 小区移动到另一个。RAT

间切换（inter-RAT handover）指源小区和目的小区属于不同接入技术，例如UE从E-UTRAN移动到UTRAN小区。

在E-UTRAN内切换时，UE可以从当前服务eNB（源eNB）切换到一个新eNB（目标eNB）。这个切换过程也考虑了现存的数据连接，即数据连接从源eNB移动到目标eNB。当UE移动到不再由之前的S-GW和/或MME服务的区域，切换过程可导致服务S-GW和/或MME的改变。切换中只有P-GW作为移动性锚点不改变。

为切换定义了两个不同信令过程：基于X2的切换（X2-based handover），基于S1的切换（S1-based handover）。根据切换准备时交换信令消息所用的接口而命名。

1.6.10.2 基于X2的切换

如果两个eNB连接到同一个MME，源eNB和目标eNB能够为切换交换S1AP信令，直接通过X2接口执行（具体参考3GPP TS36.300［16］）。

MME只在当UE已经切换到目标eNB的切换完成阶段，参与到该过程。在切换中，目标eNB发送一个S1AP消息路径切换请求（path switch request）到MME，通知S1接口需要从源eNB切换到目标eNB。通过该消息，MME还知道UE移动到一个新小区。MME为下行用户数据用新地址信息更新S-GW，确认到目标eNB的S1接口的重新定位。如果MME想使用不同的S-GW，它能给新S-GW分配资源，给目标eNB提供必要的地址信息以发送上行用户数据。

在切换执行过程中，下行数据由源eNB发送给目标eNB。一旦S-GW接收到切换用户面到目标eNB的命令，S-GW发送给源eNB一个或多个“终止标记”包，以辅助目标eNB对包的重新排序。

切换完成后，UE在目标小区接收系统消息广播。如果目标小区属于UE未注册的TA，则UE必须发起TA更新流程。

1.6.10.3 基于S1的切换

在不能使用X2切换的全部情况，使用基于S1的切换，例如，当源eNB和目标eNB由不同MMEs服务时（由目标小区的TA身份来指示）。在切换准备中，源eNB和目标eNB之间通过相关MME交换信令消息，也就是说，消息通过S1接口发送，有可能通过MME之间的S10接口。独立于可能的MME改变，S-GW也可能在基于S1的切换中改变。

当 MME 改变时，源 MME 把 UE 上下文信息转发到目标 MME，包括 EPS 安全上下文、移动管理和会话管理信息。为了适当地路由上行数据包，MME 给目标 eNB 提供 S-GW 地址。

在切换执行过程中，下行包由源 eNB 直接或间接（即通过目标 S-GW）转发给目标 eNB。

切换完成后，UE 在目标小区接收系统信息广播。如果切换的目标小区属于 UE 未注册的 TA，则 UE 触发 TA 更新过程。

1.6.11 安全

空口通信易受多种安全攻击，例如窃听、中间者攻击、用户跟踪。

为了保护用户不被窃听，EPS 支持信令和用户数据的加密。

在中间者攻击中，假基站伪装成到 UE 和 UE 到网络的真实基站、中继，甚至可能修改 UE 和网络之间的信令。为了避免中间者攻击，EPS 支持信令数据的完整性保护。

网络中使用加密对运营商是可选的，使用完整性保护是必选的。如果没有激活完整性保护，UE 将不能成功附着到网络并接收业务。对于该准则有一个例外，在未授权、无（U）SIM 卡、紧急会话的紧急附着过程中，网络可以激活所谓的空完整性保护（null integrity protection，参考 3GPP TS 33.401［26］）。空完整性保护算法有效提供无保护。

在加密和完整性保护可以激活之前，UE 和网络需要建立 EPS 安全上下文。这个安全上下文或者在授权流程中创立，或者在从 GERAN/UTRAN 到 E-UTRAN 的系统间改变中，由 UMTS 安全上下文导出。

一旦 MME 通过安全模式控制流程使用 EPS 安全上下文，UE 将发送所有完整性保护的 NAS 消息，包括初始 NAS 消息，以进行后续网络接入，以及当 UE 暂时从网络去附着时的重新附着。在成功认证 UE 之后，或者当网络证实了由 UE 通过已有 EPS 安全上下文发送的 NAS 消息的完整性保护，MME 开始下行完整性保护和 NAS 消息加密。每次 UE 接入网络或建立新的信令连接，MME 需要重新开始 NAS 消息的完整性保护和加密。

AS 层安全，包括用户数据加密，由 AS 信令流程单独控制。每次 UE 接入网络或建立新的信令连接，MME 需要重新开始 AS 安全。

用户机密性的进一步是保护用户不被第三方位置跟踪。在一定情况下，需要不加密发送包含用户身份的信令消息。为了保护用户不被跟踪，UE 和网络尽可能使用临时用户身份。在初始附着过程中，UE 可能需要向网络鉴定自身的永久用户标识 IMSI。但后续接入时 UE 将使用全球唯一临时标识 GUTI，GUTI 在附着过程中分配；UE 也可使用 S-TMSI，其是 GUTI 的一部分。GUTI 通常由 MME 通过安全保护信令定时重新分配。

在下行，网络通常使用 S-TMSI 寻呼用户。

与 UE 有关的另一个永久标识国际移动设备标识 IMEI，可以由 MME 只通过完整性保护信令检索。因此，IMEI 只能被授权网元请求，通常以加密形式传播。

除了基于各用户的安全，S1 和 X2 等链路的安全关联，为这些接口上的所有控制面和用户面业务提供完整性和机密性保护。图 1.12 是 EPS 安全架构全面概况。

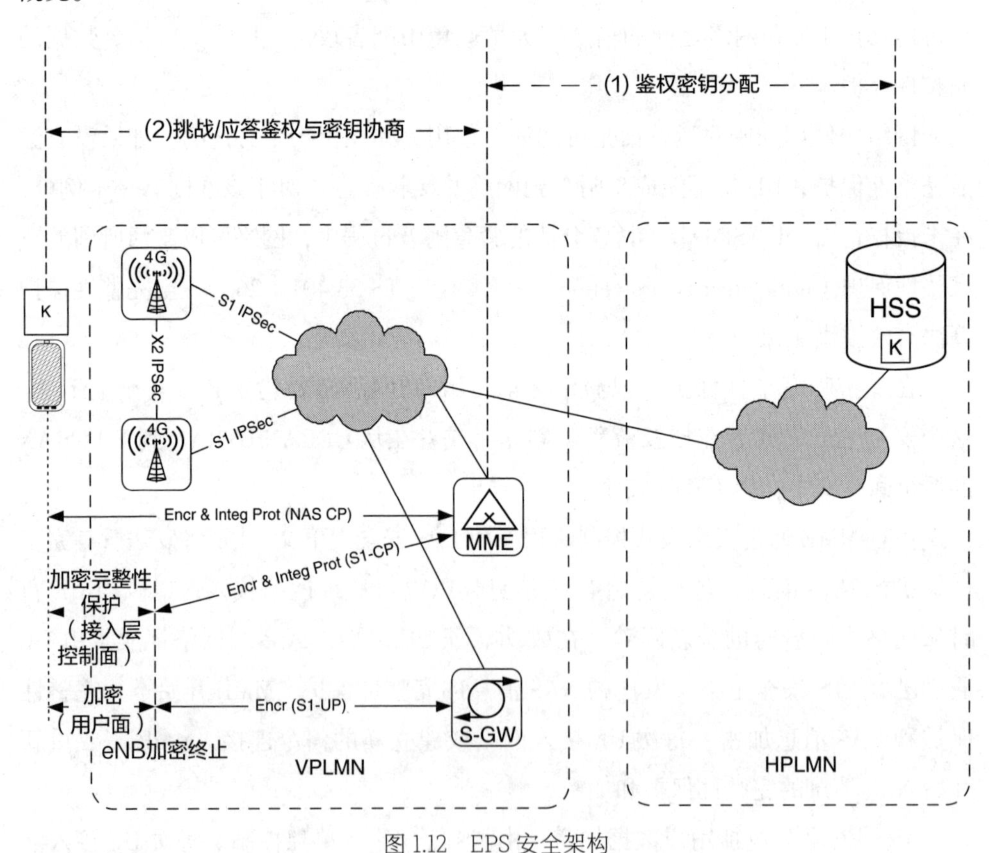

图 1.12　EPS 安全架构

以下是各用户安全关联列表：

1. UE和eNB之间的RRC信令受完整性和机密性保护。
2. UE和eNB之间的用户面受机密性保护。
3. UE和MME之间的NAS信令受完整性和机密性保护。

以下是与用户无关的安全关联列表：

1. eNB和MME之间的S1-C信令受完整性和机密性保护。
2. eNB和S-GW之间的S1-U数据受完整性和机密性保护。
3. eNB之间的X2信令和用户数据受完整性和机密性保护。
4. 核心网内部接口的不同信令协议受完整性和机密性保护。

安全方面的更多内容，推荐读者参考3GPP TS33.401［26］和3GPP TS 33.402［27］。

1.6.12 计费

EPC网络中的逻辑计费网元负责为计费收集数据。计费功能在3GPP TS 32.240［28］中标准化。共同被标准化的还包括有关参考点，用于传输计费时间和联合这些功能的计费信息。逻辑计费功能到EPC架构的映射在3GPP TS32.251［29］中描述。

1.6.12.1 计费原则

EPC节点提供在承载级别实施在线计费和/或离线计费机制（Online Charging and/or Offline Charging mechanisms）的功能，特别是PDP上下文/IP-CAN承载，以及业务数据流（service data flow，SDF）级别。在线计费执行实时业务监督，离线计费记录资源使用（例如，发送/接受包的数量、语音会话的通话量和时长）。收集的资源使用数据可以用于个人用户计费、运营商间计费，或通用统计目的。

离线计费过程，网络资源使用的计费信息并行收集。这些信息由计费触发功能（charging trigger function，CTF）传到计费系统。离线计费不影响实时提供服务。

另外，在线计费过程，不单网络资源使用的计费信息在使用过程中并行收集，还必须在实际使用之前获得使用这些网络资源的授权。该授权由在线计费系统（online charging system，OCS）应 GGSN 或 P-GW/PCEF 等网元的要求而批准。更多 OCS 架构细节请参考 3GPP TS 32.296 [30]。

离线和在线计费可以对同一计费事件，如一个语音会话或数据包传输等，同时、独立执行。

1.6.12.2 EPC 计费

在 EPC 计费中，下列网元提供计费数据：

- SGSN，S-GW 和 ePDG（参考章节 1.10）记录用户接入 VPLMN 资源。另外，SGSN 记录用户的移动性管理行为、短信业务 SMS、多媒体广播 / 多播业务 MBMS 的使用。
- P-GW 和 GGSN 记录用户接入互联网等外部网络。
- 当支持 SMS in MME 特性时，MME 记录 SMS 使用。

关于能够监督和报告的计费信息对应的 EPC 网元是不同的。在特定计费事件生成的情况下，计费特性文件（charging characteristic profile）存储在 HSS 中。存在 3 个默认文件：一个用于非漫游场景，一个用于本地分汇漫游场景，一个用于归属地路由漫游场景。除 HSS 存储的这些文件之外，SGSN/S-GW 和 GGSN/P-GW/S-GW 也使用本地配置文件。

1.6.12.3 离线计费

如果一个用户使用 EPS 网络资源，对应的计费信息由赋予该用户的 EPC 网元收集。SGSN 和 S-GW 收集关于无线网络资源的信息和关于移动性管理的数据。GGSN、ePDG 和 P-GW 收集关于外部数据网络资源使用的计费信息。这些网元每个都记录用户对 EPC 网络资源的使用。PDP 上下文 /IP-CAN 承载提供 EPC 网络资源接入，给用户提供保证一定 QoS 到业务的逻辑连接。APN 标识给业务提供哪种接入、使用哪种网络资源，例如 IMS 或 Internet 接入。

EPC 网元收集关于这些 PDP 上下文 /IP-CAN 承载以及资源使用的信息。EPC 计费包括上下行分别收集关于传输数据量（transferred data volume）的信息，并根据所提供 QoS、所使用协议、使用持续时间（例如 PDP 上下文 /IP-CAN 承载激活了多长时间）、目的地、源地址、APN、UE 位置（也就是 UE 当前附着到的网络）等来分类。涉及 GGSN 和 P-GW，该位置信息的准确度受限于 SGSN 地址；而在 SGSN 和 S-GW 也可以得到 E-UTRAN 小区标识。MME 只有在支持 SMS in MME 特性时，SMS 离线计费情况下起计费作用。

计费事件中计费数据网元（Charging Data Function，CDF）记录用户行为，并最终被转为计费数据记录（Charging Data Records，CDR）形式，由服务用户的实体生成。CDR 被发送到收费网关网元（Charging Gateway Function，CGF）以进一步处理，并从那到达计费域（Billing Domain，BD）。

EPC 计费中 CDR 生成由 PDP 上下文 /IP-CAN 承载激活期间的计费事件触发（例如在 P-GW）。例如 EPS 承载上下文激活是一个计费事件。同时，该上下文的计量器（volume counters）初始化，计量上行和下行传输的数据量。基于一定计费事件的发生，例如 QoS 或无线接入方式的改变，这些计量器与时间戳（timestamp）和所用 QoS 在收集节点共同被捕获。其他计费触发，例如 PDP 上下文 /IP-CAN 承载去激活，或者运营商定义的事件或通信量的限制，最终导致 CDR 关闭。如果 IP-CAN 承载保持激活，则生成一个新的计费记录。除了数据量或时间，其他数据例如用户 IP 地址、协议类型、APN 也保存在 CDR。

所有 CDR 的通用信息是 IMSI，可选信息 MSISDN 和 IMEI，定义用户和 UE。

CGF 如果不与发送记录的节点集成，则通过 Ga 参考点接收计费记录。CGF 也可以作为一个单独实体或 BD 的一部分。BD 负责创建发往用户的最终账单（例如基于月计费）。在所有这些情况中，计费记录由 CDF 通过 GTP 协议发送到 CGF。从 CGF 到 BD 的 CDR 文件传输使用 Bp 参考点。

1.6.12.4　在线计费

与离线计费相比，SGSN/S-GW 和 GGSN/ePDG/P-GW 的在线计费措施明显不同。

SGSN 在线计费使用传统非 IP 技术，而 EPC 中 GGSN、ePDG 和 P-GW 在线计费使用 DIAMETER。在线计费可能应用于 PDP 上下文 /IP-CAN 承载级别，或个体业务流级别。EPC 在线计费中 P-GW 和 TDF 使用 Ro 参考点以及相应的 DIAMETER 信用控制应用（DIAMETER Credit-Control Application）协议，连接到 OCS。

P-GW（即作为 P-GW 一部分的 PCEF）在 IP-CAN 承载级别，为每个用户在上下行分别收集计费信息。所定义的计费事件对应离线计费，即 PDP 上下文 /IP-CAN 承载的开始与结束，到达时间或通信量限制，QoS 或计费时间（tariff time）改变等。如果这些事件发生，OCS 收到 P-GW/PCEF 通知，并需要预先授权建立新承载等事件。

对于 PDP 上下文 /IP-CAN 承载建立，P-GW/PCEF 向 OCS 请求授权该事件。OCS 或者授权请求，并在应答中包含一定的通信量和 / 或时间限额；或者否决上下文建立。如果授权确认，在 P-GW/PCEF 允许计量器和 / 或时间测量，对基于通过 PDP 上下文 /IP-CAN 承载传输的业务进行计量。

如果对于已建立的 PDP 上下文 /IP-CAN 承载，提供的配额已使用，则请求 OCS 执行重新授权。在这种情况下，使用的通信量计量由 P-GW/PCEF 报告给 OCS。当计费情况发生变化时，该信息用来判断之前的 QoS 和计费期间已消耗的配额。

通常，OCS 回复给 P-GW/PCEF 配额或说明 P-GW/PCEF 下一步如何处理，例如继续或终止当前会话。

1.6.12.5 基于流承载计费

为了允许承载级别以下的基于业务的计费，3GPP Release6 引入了基于流的计费（Flow-Based Charging，FBC）（参考 3GPP TS 3.203［4］）。在 EPC 网络增加了新功能，特别是扩展了 P-GW 的能力，使其现在能够定义一个 PDP 上下文 /IP-CAN 承载内不同的业务数据流（Service Data Flows，SDF）。

从计费信息收集的角度看，FBC 可以看作是传统 EPC 计费的一个扩展，能够对 PDP 上下文 /IP-CAN 承载的总数据量，根据这些上下文 / 承载包含的不同流进行分类。对于这些 SDF 中的每一个，都要求有各自的上行和下行计量器。

使用 FBC，可以对离线和在线计费采取同样的计费模式，与用户是预付费还是后付费无关。关于根据计费规则，考虑哪个 SDF 以及怎样识别 SDF，FBC 提供了很大程度的灵活性。

FBC 概念实现通过 3 个网元：PCRF（Policy and Charging Rules Function），AF（Application Function）和 PCEF（Policy and Charging Enforcement Function）。PCC 整体架构在章节 1.6.7 中进行了描述。

PCRF 通过 Gx 参考点向 PCEF 提供计费规则，并基于从 PCEF 接收的数据，例如用户相关、承载相关信息，以及从 AF 接收的会话相关、媒体相关信息，决定哪个规则必须应用。这些规则包括属于一个流的包怎样能识别、怎样处理等信息，特别是关于可应用的 QoS。需要对每一个特别业务具体化计费规则。

AF 给用户提供业务，为此请求 PDP 上下文 /IP-CAN 承载资源。AF 能给 PCRF 提供附加信息以选择或生成计费规则，例如应用识别标签、具体的用户信息、包过滤器以允许属于不同业务数据流的包识别。

PCEF 负责基于从 PCRF 接收的计费规则，识别用户数据业务。用于在线和离线计费。在线计费中，PCEF 也必须考虑 Credit Control，即保持分配的配额，并与 OCS 通信。PCEF 可以部署在 P-GW，或在非可信 WLAN 接入情况下部署在 ePDG。

离线计费时，PCEF 收集的计费信息写入 PGW-CDR。当在 P-GW 激活基于流的离线计费时，不再进行传统的 IP-CAN 承载计费。

在线计费时，PCEF 创建计费事件，对关于 SDF 引起的资源使用请求授权。当 IP-CAN 承载激活，开始一个 FBC 信用控制会话。OCS 回复计费事件应答，或者允许初始配额，或者否决业务请求。此时可能是当 PCEF 遇见一个或多个 SDF 时，也可能是当允许的配额用完时，用户开始使用新业务，可能触发发往 OCS 的后续请求。当 IP-CAN 承载去激活，或者 OCS 指示会话结束时，计费会话关闭，作为用户已消费完其余额的结果。

1.6.12.6 计费规则

FBC 使用计费规则对 SDF 进行识别和计费。一个 SDF 包括一个或多个被作为整体处理和计费的 IP 流。

SDF 通过 SDF 过滤器（SDF filter）识别。SDF 过滤器可能是一个 IP 5 元组（IP 5-tuple），包括目的地 / 源 IP 地址、目的地 / 源端口数和协议（TCP、UDP、SCTP），可能包括通配符（wildcards），以及为了应用协议或内容识别的其他过滤器和计费规则格式部分。通配符代表默认 SDF，包括所有业务。如果它是 PCEF 中唯一定义的 SDF，导致的 FBC 行为符合传统的承载级别 EPC 计费。否则，对于与多个流过滤器中的至少一个不匹配的业务，默认 SDF 捕获所有的此类业务。

PCEF 中，计费规则通过匹配接收到的包与作为部分计费规则的 SDF 过滤器来实施。提前定义的计费规则配置完备，包括所有实施所需的必要信息。它们可能已经安装在 PCEF，或需要时由 PCRF 通过 Gx 参考点提供。相比之下，动态计费规则是新生成或动态完成的，使用基于应用的标准识别 SDF。该信息由 AF 基于 Rx 接口的请求，提供给 PCRF。

除 SDF 过滤器之外，计费规则可能包含进一步的信息，例如，定义计费过程怎样发生，也就是，是否提供基于时间或基于量的资源使用信息，当多个计费规则并存时哪个优先，是否必须使用在线或离线计费，计费相关和业务识别的标识符。

计费规则提供发生在 Gx 参考点。规则提供或者随 PCEF 的计费规则请求而发生（例如由承载建立、承载修改或 QoS 更改引起），或者作为从 AF 收到的新信息，或从 OCS 收到的通知，由 PCRF 主动提供。

Rx 参考点在动态计费规则生成和完成方面扮演重要角色，并用于 PCRF 和 AF 之间的信息交换。当 AF 发觉一个应用使用新媒体时，提供信息给 PCRF，特别是与不同流以及它们怎样能被识别相关的信息；PCRF 继而通过增加 SDF 过滤器，生成或完成动态计费规则。这个过程的触发也可以由 PCEF 请求计费规则，PCRF 识别出为动态规则提供而要求的特殊信息。之后 PCRF 联系对应的 AF，以具备所需信息。

1.6.12.7 MBMS 计费

对于 MBMS 计费，BM-SC 包括一个集成 CTF，为通过 MBMS 用户服务（MBMS user service）接收业务的移动用户，和 / 或通过 MBMS 承载服务（MBMS bearer service）发送内容的内容提供商，生成计费事件。关于内容提供商的交易按各注册用户记录。BM-SC 在线计费使用 Ro 参考点，BM-SC 离线计费使用 Rf 参考点。

MBMS GW 收集每个激活的 MBMS 承载服务的计费信息。MBMS GW 报告以下信息：

- MBMS 承载上下文开始：为 MBMS 承载上下文生成 CDR，获取数据量。
- MBMS 承载上下文在 MBMS GW 终止。
- 各 MBMS 承载上下文的运营商所配置时间或数据量限制到期。该事件关闭 MBMS 承载上下文 CDR；如果该上下文仍然激活，则打开一个新 CDR。
- 计费情况的改变，例如计费时间变化（tariff time change）。在这种情况下，抓获当前的量计数，并开始新的量计数。
- 对于各 MBMS 承载上下文，运营商所配置计费情况改变的限制到期，关闭 MBMS 承载上下文 CDR。如果 MBMS 承载上下文仍然激活，则开启一个新的 CDR。

更多MBMS计费细节可参考3GPP TS 32.273［31］。

1.7 IP多媒体子系统（IMS）

2001年3GPP的第一个版本Rel-5对IMS的基本架构和流程进行了标准化。移动运营商最初不愿意在其网络中商用化部署IMS，取代现存的语音和短信业务。随着LTE作为完全基于包的系统引入，不含CS语音部分；并且GSMA在IR.92中对通用的VoLTE框架进行了标准化，IMS对于移动运营商愈发重要。早期IMS移动部署主要集中在非语音应用（消息和状态），但到了2014年年底，引入基于IMS的VoIP和其他多媒体业务的商用移动IMS部署开始计划甚至开展。

总之，IMS可被视为终端（end points）之间以一定QoS交换语音、视频、消息和文件的多媒体会话建立、修改和拆除的通用平台。原则上，IMS可工作在任何提供适当数据速率的基于包的网络上。一个设计目标是提供更灵活的Internet风格的通信业务创建，另外，能符合移动通信系统的限制。为此，IETF RFC 3261［32］中标准化了会话发起协议（session initiation protocol，SIP），维护UE之间或UE和服务器之间的会话。IETF RFC 4566［33］中标准化了会话描述协议（session description protocol，SDP），在SIP消息体中传输，允许终端（end points）交换多媒体内容信息，例如使用的编解码等。IMS工作在应用层，使用EPS能力在支持IMS的UE和P-GW之间以具体QoS建立某些IP承载。媒体网关控制网元（media gateway control function，MGCF）和媒体网关（media gateway，MGW）使IMS和2G/3G CS域或固定公共电话网络等传统网络之间的互通。MGCF在SIP和ISDN User Part（ISUP）等CS协议之间互通；MGW在不同传输面之间（例如不同编解码器之间）互通。

基本IMS架构如图1.13所示。

IMS核心部分是呼叫会话控制功能（call session control function，CSCF），可以视为SIP代理。有4种类型的CSCF：P-CSCF，S-CSCF，I-CSCF和E-CSCF。

代理CSCF（Proxy CSCF，P-CSCF）是最外围的SIP实体，是所服务用户接触到的第一个实体。在IMS漫游场景，P-CSCF位于访问网络VPLMN。为了在VPLMN中选择一个合适的P-CSCF，GSMA标准化了IMS APN，由访问MME解析为本地P-GW地址。本地P-GW选择VPLMN中的一个P-CSCF，提供地址给UE（注意通常P-GW和P-CSCF总是部署在同一网络，都在HPLMN或都在VPLMN）。

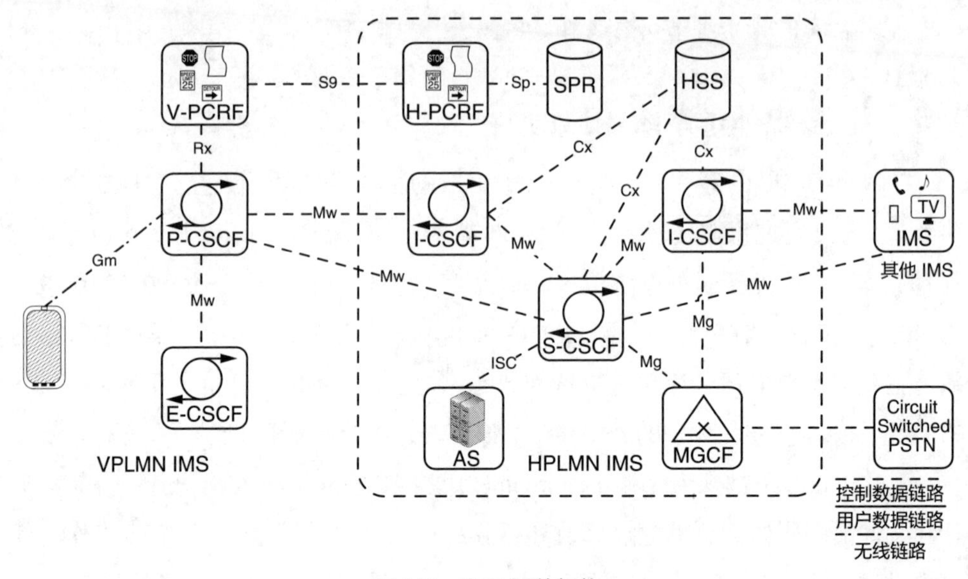

图 1.13 IMS 漫游架构

否则，P-CSCF 位于归属网络。当 UE 注册时，被分配一个 P-CSCF 作为到 IMS 网络的入口。P-CSCF 当所服务 UE 保持注册时存储关于该 UE 的信息，从 / 向所服务 UE 通过 Gm 接口发送任意 SIP 消息。P-CSCF 提供 SIP 消息的完整性和保密性、计费记录的压缩和生成，还提供到 PCC 和合法监听设施的接口。从 PCC 方面来看，P-CSCF 对 PCRF 充当 AF（application function）。在 IMS 注册要求 UICC 有一个特殊应用，即 ISIM（IMS SIM）。ISIM 保存用户身份信息和 IMS 中使用的密码。

服务 CSCF（Serving CSCF，S-CSCF）是 IMS 中心实体，位于 IMS 用户归属网络。S-CSCF 担任 UE 的 SIP 注册，也就是说，当 UE 连接到 IMS 时，在 S-CSCF 注册其链接地址（IP 地址）。S-CSCF 从 HSS 恢复 IMS 用户描述。用户描述用于用户鉴权和授权，执行用户订阅的服务。通常不由 S-CSCF 自己执行服务，而是由通过 ISC 接口连接到 S-CSCF 的特定应用服务器（application servers，AS）执行。AS 例子有提供增值语音服务（如来电转接）的电话应用服务器（telephony application server，TAS），会议、消息和通知服务器等。除了路由和地址翻译，S-CSCF 也生成计费记录以及与 L1 实体相互连接。

问询 CSCF（interrogating CSCF，I-CSCF）是 SIP 消息第一个连接点，在网络边界处。当收到发往用户的 SIP 消息时，I-CCF 选择能服务该用户的 S-CSCF。I-CACF 不保存用户相关的数据，也不在后续 SIP 消息的路径上保持。当 UE 注册到网络时，以及当归属 IMS 收到为所服务用户的会话建立时，使用 I-CSCF。

紧急 CSCF（Emergency CSCF，E-CSCF）处理紧急通话。主要目的是取回通话者的位置信息，转发该紧急通话到公共安全应答点（public safety answering point，PSAP）或应急中心（emergency center）。

HSS 是核心数据库，位于用户的归属网络，包含订阅和位置相关信息。举例来说，这些数据有用户身份（例如 SIP URIs），用于 IMS 级别鉴权和授权的安全密钥，服务用户的 S-CSCF 地址，包括订阅服务列表的用户描述。

媒体网关控制功能（media gateway control function，MGCF）将 SIP 消息转化为 PSTN 或移动网络电路域等电路交换网络中使用的消息。另外，MGCF 控制媒体网关（Media Gateway，MGW）。MGW 在 TDM（time division multiplex）等 CS 网络传输层和 IMS 中使用的 RTP（teal time protocol）之间转换。MGCF 负责在所选 MGW 分配和保持资源，提供从终端到 MGW 的信令中收到的必要信息，以允许传输转换。

1.7.1 参考点和协议摘要

表 1.4 总结了 IMS 参考点和协议。

表 1.4 IMS 参考点与协议

参考点	协 议	规 范
Gm	SIP	TS 24.229 [34]
Mw	SIP	TS 24.229 [34]
Cx	DIAMETER	TS 29.229 [35]
Mg	SIP	TS 24.229 [34],TS 29.163 [36]
ISC	SIP	TS 24.229 [34]

1.8 LTE 中的语音和短消息业务 SMS

1.8.1 语音

LTE/SAE 是完全基于包的网络，没有像 GSM 和 UMTS 一样内嵌电路交换语音部分。因此，在 LTE/SAE 中由 IMS 提供语音和其他多媒体业务。为了更好地全球接受以及IMS和LTE之间的互操作，GSMA在IR.92建议中，为语音和SMS定义了IMS配置文件（IMS profile）。例如，GSMA IR.92对APN、IMS APN进行标准化，以使IMS能漫游。该描述称为VoLTE。

LTE/SAE网络通知UE，在LTE中支持VoIP；更精确地，UE当前所在的TA为VoIP提供足够QoS和覆盖。因此，规定有IMS VoIP能力的UE可以基于收到的网络指示，在当前位置开始一个IMS语音会话。

然而，在LTE铺设早期，真正的LTE覆盖是点状的。UE可以在LTE/SAE中开始一个IMS语音会话，但当它移动出LTE覆盖时需要继续该语音会话。为了能够在2G/3G CS域（通常提供全国范围覆盖）中继续语音会话，引入了单待无线语音呼叫连续性（Single Radio Voice Call Continuity，SRVCC）特性，参考3GPP TS23.216［37］。SRVCC扩展语音业务覆盖区域，在LTE早期提供好的语音体验。SRVCC要求EPC和CS核心网（Circuit-Switched Core）之间承载级别的切换，在IMS和CS域之间接入切换。非语音部分（例如视频流、文件传输）可以通过一般性切换流程，从LTE转移到2G/3G PS域。尽管2G/3G CS覆盖允许全国范围内的语音通话，在LTE/SAE中发起语音和多媒体通话，并在任何可能的时候尽快回到LTE/SAE，是有益的。这是因为LTE/SAE这样的宽带网络，并在应用层提供如IMS等灵活的业务平台，比起传统2G/3G系统，能为终端用户提供更多增值业务。对于运营商来说，除了通常的语音业务，还可以对这些增值业务向用户收费。

一些LTE/SAE网络可能不支持基于IMS的语音业务。在这种情况下，语音业务只能通过现有2G/3G网络的CS域提供。为了达到这个目标，3GPP定义了CS回落（CS Fallback，CSFB）特性，参考TS 3.272［38］。CSFB允许UE以受控方式，从LTE切换到2G/3G网络，以建立CS语音通话。数据连接可以切换到2G/3G PS域，或当由于资源短缺不可能切换时，在LTE/SAE暂停。当语音通话结束后，UE返回到LTE，恢复数据连接。

1.8.2 短信业务

短信业务（short message service，SMS）可以经IMS由LTE通过IP提供，称为IP短信（SMS over IP），参考3GPP TS 23.204［39］。该特性对LTE/SAE没有特殊要求，仅用于提供IP连接性。前提是UE必须已经成功注册到IMS，支持

SMS over IP 特性，并已配置好使用该特性。在该前提情况下，SMS 由网络或 UE 编码在特定 SIP 消息中，并发往终点。

在 LTE 运营商也运行 2G 或 3G 网络的场景下，标准化了 LTE/SAE SMS 再利用 CSFB 机制。该场景下，UE 和 EPC 必须支持 CSFB 中规范的 SMS 流程。与 CSFB 语音不同，EPC SMS 不要求 UE 为 SMS 转换到 2G/3G 频段。EPC 网络在 UE 和 CS Core 之间为 SMS 传输提供一种隧道。SMS 在 MME 和 MSC 之间转发。MSC 按一般方式连接到传统 SMS 设施（short message service center）。UE 为 SMS 传递同时附着在 EPS 和 CS 网络。

SMS 也可以通过基于 DIAMETER 的接口，越过 MSC，由 SMS 设施直接发送到 MME，反之亦然。这点是为了支持 SMS 发送到仅在 PS 域的 UE（PS only UEs）。仅在 PS 意味着 UE 在 HSS 没有任何 CS 订阅数据，该特性称为 MME 短信（SMS in MME）。SMS in MME 的引入主要是为了解决没有部署 CS Core 的运营商的要求。基于 IP 的 SMS（也就是 SMS over IMS）可以作为这些运营商的一个措施。然而，SMS over IP 要求 UE 中有 IMS/SIP 代理，对于某些类型的终端例如智能仪表（smart meter）或软件狗（dongle）等来说要求太高了。而且，对于归属运营商不支持 IMS 的入境漫游者，在 VPLMN 中不能为其提供 SMS over IP。

1.9　与 2G/3G 网络互通

1.9.1　概述

3GPP 定义了 LTE/SAE 和现有 2G/3G 网络之间互通的一种方式，通过升级 2G/3G SGSN 节点到 S4-SGSN 节点。S4-SGSN 连接到 EPC，控制面有与 MME 连接的 S3 接口以及与 S-GW 的 S4 接口，用户面有与 S-GW 的 S4 接口；同时通过现有 GPRS 和 UMTS 接口连接到 2G/3G 接入网。S4 接口用于管理承载和在可能时转发用户面业务。

1.9.2　与传统网络互通

如果移动运营商不想升级现有 SGSN（即 Gn/Gp-SGSN，根据 2G/3G 网络中 SGSN 和 GGSN 之间的接口命名，参考 3GPP TS29.060 [8]）到 S4-SGSN，仍然可能使用 EPC 与这些传统 SGSN 互通。这些场景对于不改动现有网络要素，平滑引入 LTE/SAE 很重要。基本思想是在 MME 和 P-GW 之间提供 Gn/Gp 接口，也就是说，从 Gn/Gp-SGSN 角度看，MME 类似于 SGSN，P-GW 类似于 GGSN。因此，MME 和 P-GW 必须执行 Gn/Gp-SGSN 支持的协议，另外需要修改移动性管理和会话管理流程。注意，这种互通只有在使用基于 GTP 的 S5/S8 接口时才可能，因为基于 PMIP 的 S5/S8 不支持 Gn/Gp-SGSN 和 MME/S-GW 之间的切换。

图 1.14 是漫游场景 Gn/Gp 互通架构。用户面从 VPLMN 中的 GERAN/UTRAN 通过 Gn/Gp-SGSN，到 HPLMN 的 P-GW。到 HSS 的传统 Gr 接口是基于 MAP（mobile application part）的。

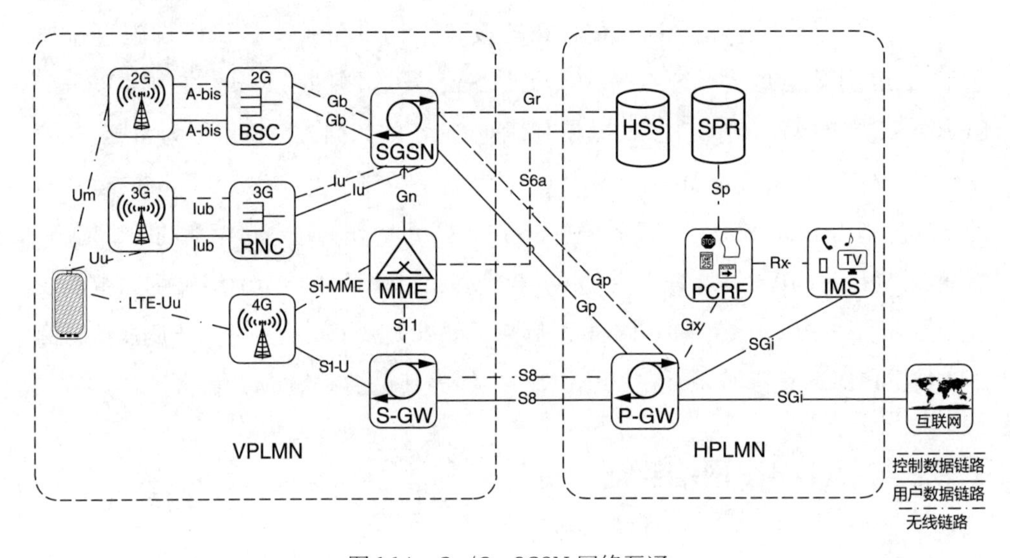

图 1.14　Gn/Gp-SGSN 网络互通

非漫游架构与漫游架构类似，不同之处在于 S-GW 和 P-GW 之间使用 S5，Gn/Gp-SGSN 和 P-GW 之间使用 Gn。如果 Gn/Gp-SGSN 支持直接隧道（Direct Tunnel，3GPP Release7 定义），UTRAN 和 P-GW 之间可能有直接的用户面连接。

1.9.3　功能描述

1.9.3.1　UE 方面

为了与传统 3GPP 接入技术互通，UE 需要支持多频段。UE 也需要支持在 E-UTRAN，UTRAN 和 GERAN 之间空闲态（idle mode）和连接态（connected mode）切换。定义了两个互通模式：单频（single radio）操作和双频（dual radio）操作。

在单频操作情况下，网络控制 UE 中射频发送器和接收器的使用，使任何时间只有一个射频运行。这是最优化的互通，允许只有一对物理射频收发器的 UE 实施。在双频操作时，多个射频发送器和接收器同时运行。单频操作是一个重要模式，因为不同接入网络在不同频段上运行，可能频段相互紧邻。这时双频操作可能在 UE 内引起很大干扰。并且，双频操作可能消耗额外的电量，降低整体性能，实施成本更高。

1.9.3.2 E-UTRAN 方面

eNB 主要增加的功能是支持到 / 从 UTRAN 和 GERAN 的切换（mobility）。从 eNB 角度，切换到 UTRAN 和 GERAN 需要提供类似功能，例如，同一网络相邻的 GERAN 和 UTRAN 小区，需要在 eNB 中配置。到 / 从 UTRAN 和 GERAN 的切换通过 MME 执行。

1.9.3.3 EPC 方面

S-GW 作为所有 3GPP 接入系统的移动锚点，对于 SGSN 起到了 GGSN 的功能。尽管 GGSN 功能主要在 P-GW 实现，对于 SGSN 不明显。S-GW 受 MME 或 SGSN 控制，决定于 UE 所处的接入网络（E-UTRAN 或 GERAN/UTRAN）。

为了支持互通，MME 需要支持与 SGSN 的信令流程。当 MME 重新定位时，这与 MME 支持的切换流程类似。为了与传统 Gn/Gp-SGSN 互通，MME 类似 SGSN。

1.9.3.4 参考点和协议摘要

表 1.5 总结了用于与 2G/3G 网络互通的参考点和协议。

表 1.5 用于与 2G/3G 网络互通的参考点与协议

参考点	协 议	规 范
Gn	GTP（v0 和 v1）	TS 29.060 [8]
Gp	GTP（v0 和 v1）	TS 29.060 [8]
S4	GTPv2-C	TS 29.274 [19]

1.10 与非 3GPP（non-3GPP）接入网络的互通

非 3GPP 接入网指不使用 3GPP 接入技术的网络，也就是不使用 GERAN，UTRAN 和 E-UTRAN 接入。非 3GPP 接入网一个典型的，可能也是最重要的例子是在校园或家庭里的公共热点 WLAN。这样一个 WLAN 可能使用例如 IEEE 802.11 b/g/n 等接入技术。与非 3GPP（non-3GPP）接入网络互通意味着通过非 3GPP 接入技术提供到 EPC 及其业务的接入，并提供 3GPP 和非 3GPP 之间的切换（例如从 E-UTRAN 到 WLAN 的连接切换，反之亦然）。非 3GPP（non-3GPP）接入网络互通详细内容可参考 3GPP TS 23.402［3］。非 3GPP 接入互通架构的基本原则是 P-GW 是 IP 移动性锚点（IP mobility anchor point），也就是 P-GW 被视为外部 IP 网络的附着点。在 3GPP 和非 3GPP 网络之间切换的场景下，P-GW 不变。

从 3GPP 角度看，非 3GPP 接入网络可认为是可信（trusted）的或不可信（untrusted）的。接入网是可信还是不可信决定于运营商，不取决于接入技术，而是取决于运营商策略以及 WLAN 热点等非 3GPP 接入网与网络运营商之间的商业关系。特定的商业关系主要取决于网络提供的安全等级及其是否足够被允许接入 EPC。一个非 3GPP 接入网可能对于一个运营商是可信的，对于另一个运营商是非可信的。

可信非 3GPP 接入网可直接连接到 3GPP 核心网。如果使用非可信非 3GPP 接入网，UE 经 IPsec 隧道，使用 SWu 参考点，连接到一种安全网关，称为 ePDG（Evolved Packet Data Gateway）。ePDG 部署在 EPC。

图 1.15 对基于网络切换的非 3GPP 互通架构进行了概述。S2a 接口将移动终端经可信非 3GPP 接入网连接到核心网；S2b 接口用于非可信接入网。S2a 和 S2b 的功能相似，且都能使用 GTP 或 PMIP 核心网信令实施。根据标准，S2a 也能用于 MIP Foreign Agent 模式，但并不认为将广泛这样部署。当使用 PMIP 时，可信非 3GPP 接入网和 ePDG，通过 S2a 和 S2b 提供 PMIP 要求的移动接入网关（mobile access gateway，MAG）功能，P-GW 包含本地移动锚点（local mobility anchor，LWA）功能。PCRF 和 ePDG 之间的接口没有标准化。在漫游场景，也就是当非 3GPP 接入网络连接到 VPLMN，ePDG 在 VPLMN。在漫游场景，3GPP AAA 服务器位于 HPLMN，3GPP AAA 代理（Proxy）位于 VPLMN。

图 1.15 是当使用双栈移动 IP（Dual-Stack Mobile IP，DSMIP）时，基于代理（也就是基于 UE）切换的架构。为简便起见并未画出所有接口，除 S2a，S2b 和 S2c 之外，图 1.15 和图 1.16 的接口相同。DSMIP 在 UE 与位于 P-GW 的 LWA 之间，运行在 S2c 接口。为了避免经 3GPP 接入网的用户面隧道过载，3GPP 接入网

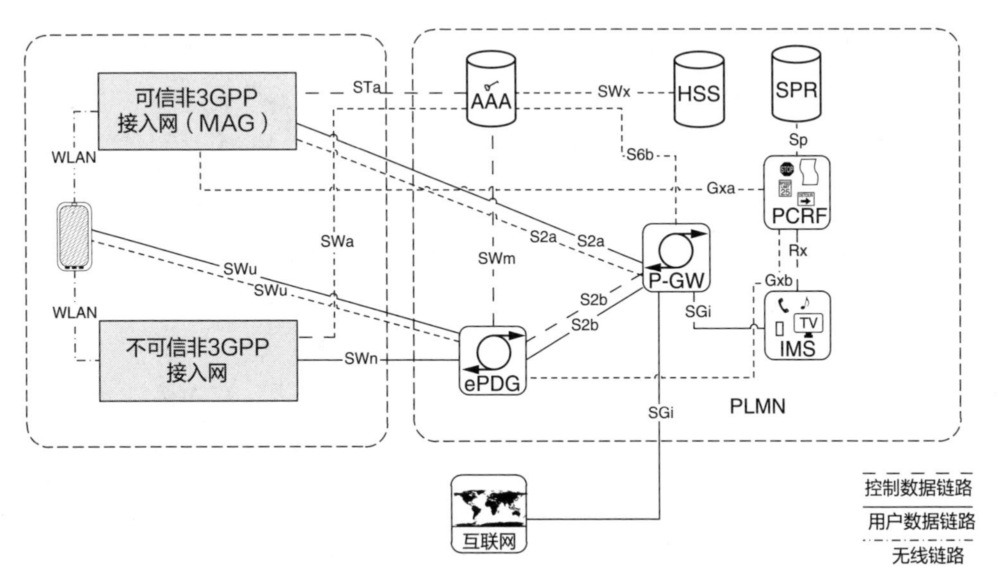

图 1.15　基于网络移动性的非 3GPP 网络互通架构

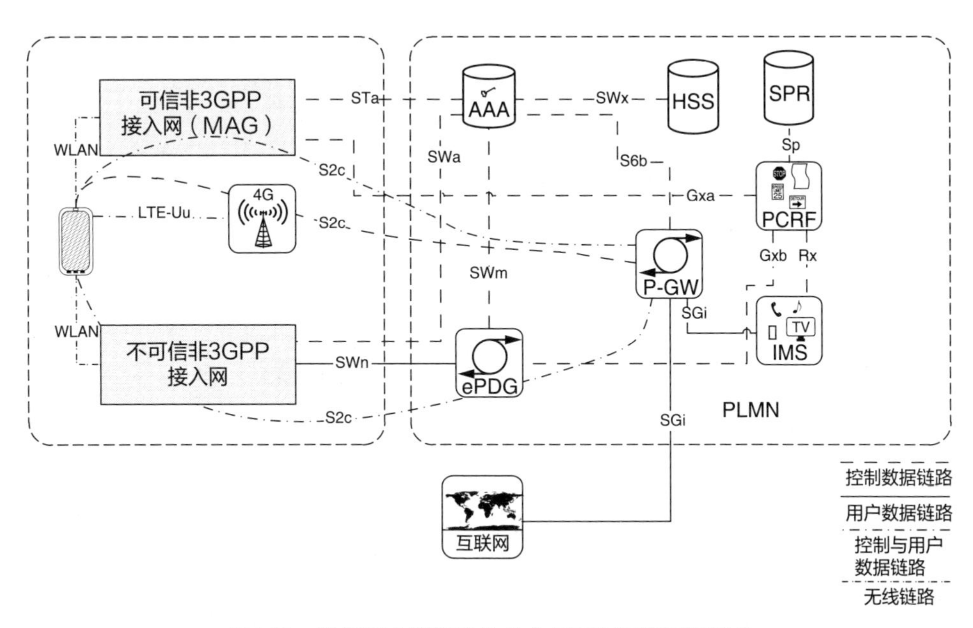

图 1.16　基于客户端移动性的非 3GPP 网络互通架构

总是归属链接（home link），以移动 IP（mobile IP）表示。因此，只有 S2c 信令用于 3GPP 接入。UE 提供 DSMIP 代理功能。P-GW 包括 DSMIP 归属代理功能（DSMIP home agent function）。在漫游场景，3GPP AAA 服务器再次位于 HPLMN，3GPP AAA 代理位于 VPLMN。

基本的非3GPP互通标准3GPP TS 23.402［3］，提出了如何对WLAN无要求，从非3GPP接入网接入EPC的通用框架。过去两年，越来越多3GPP运营商部署WLAN，并且已经认识到，没有额外标准，这些WLAN无法作为可信非3GPP接入网使用。主要的技术问题是在当前WLAN，UE无法发送切换和APN相关信息到网络，并且缺乏对多PDN连接的支持。

为了在R11能够易于部署可信WLAN接入网（trusted WLAN access network，TWAN），人们提出一个可以在无UE影响下工作的方案。这个方案不产生任何架构级别的变化，只要求S2a、STa和SWx接口的一些演进。AAA接口（STa和SWx）演进为传输可信WLAN授权相关参数和为可信WLAN接入增加的订阅者数据。另外，对S2a接口上GTPv2支持可信WLAN接入也进行了标准化，这是由于对于只有基于GTP接口的运营商，基于GTP的S2a可能比基于PMIP的S2a容易部署。

由于缺乏切换和APN指示，R11的方案不支持以下特性：

- TWAN和3GPP接入之间IP地址保护的切换。
- 与非默认APN（non-default APN）的连接（因为UE不对其发信号）。
- UE触发的到额外PDN的连接。

并且，不支持同时接入EPC和无缝（不保护UE IP地址）WLAN卸载。

为了克服这些限制，3GPP在R12时，在UE和TWAN中的一个网元可信WLAN接入网关（Trusted WLAN Access Gateway，TWAG）之间，标准化了一个新协议。这个协议被称为WLAN控制协议（WLAN Control Protocol，WLCP）。WLCP信令通过UDP/IP传输，并能够管理TWAN之上的PDN连接。WLCP提供以下功能：

- PDN连接的建立、终止和切换。
- UE要求PDN连接释放，或者通知UE该连接释放。
- IP地址分配。

1.10.1 参考点和协议总结

表1.6总结了用于与非3GPP接入网互通而增加的参考点和协议。

表 1.6　与非 3GPP 接入网络互联的参考点与协议

参考点	协　议	规　范
SWa	DIAMETER	TS 29.273 [40]
SWm	DIAMETER	TS 29.273 [40]
SWu	IPSec/IKEv2	TS 24.302 [41]
SWw	WLCP EAP EAP-AKA′	TS 24.244 [42] IETF RFC 3748 [43] IETF RFC 5448 [44]
SWx	DIAMETER	TS 29.273 [40]
STa	DIAMETER	TS 29.273 [40]
S2a/S2b	GTPv2-C /GTPv1-U PMIPv6	TS 29.274 [19] / TS 29.281 [22] TS 29.275 [23]
S2c	DSMIPv6	TS 24.303 [45]

1.11　网络共享

运营商之间存在各种机制以分担网络部署成本，增加全国无线覆盖。这是公共安全网络推出初始的一个重要方式。这些机制中包含设备场所、无线网元、频谱和核心网节点的共享。

本章节描述的网络共享方案，是一个针对共享频谱场景（也就是不同运营商共享相同的频段）的特性，该场景中一个小区广播多个 PLMN ID。该特性最初在 R6 中作为 UMTS 的一个选项标准化，之后在 R8 中 EPS 继承。在 R10 和 R11 中，为 GERAN 也对该特性进行了标准化。该特性定义在 3GPP TS 23.251 [46]，有时被称为多运营商核心网（multi operator core network，MOCN）和 / 或网关核心网（gateway core network，GWCN），取决于核心网配置。在 MOCN 配置，运营商共享接入网（eNB），单独运营核心网（MME，S-GW，P-GW 和 HSS）；在 GWCN 配置，也共享 MME，但不共享 S-GW、P-GW 和 HSS。很明显，共享 RAN 节点对于运营商节约成本方面，比仅共享一些 CN 节点提供了更多好处。

在 MOCN 和 GWCN 两种配置下，接入网 eNB 以同样的方式共享，UE 行为也一样。在 MOCN 配置，共享 eNB 连接到不同运营商的核心网；GWCN 允许 MME 共享，MME 连接到不同运营商的 GW 和 HSS。从根本上说，eNB 或 MME 共享意味着多个运营商（至少两个）能够使用相同的 HW 和 SW 资源，但能够单独配置部分共享节点（取决于 eNB/MME 设备商提供的功能）。图 1.17 是 MOCN 和 GWCN 的配置。

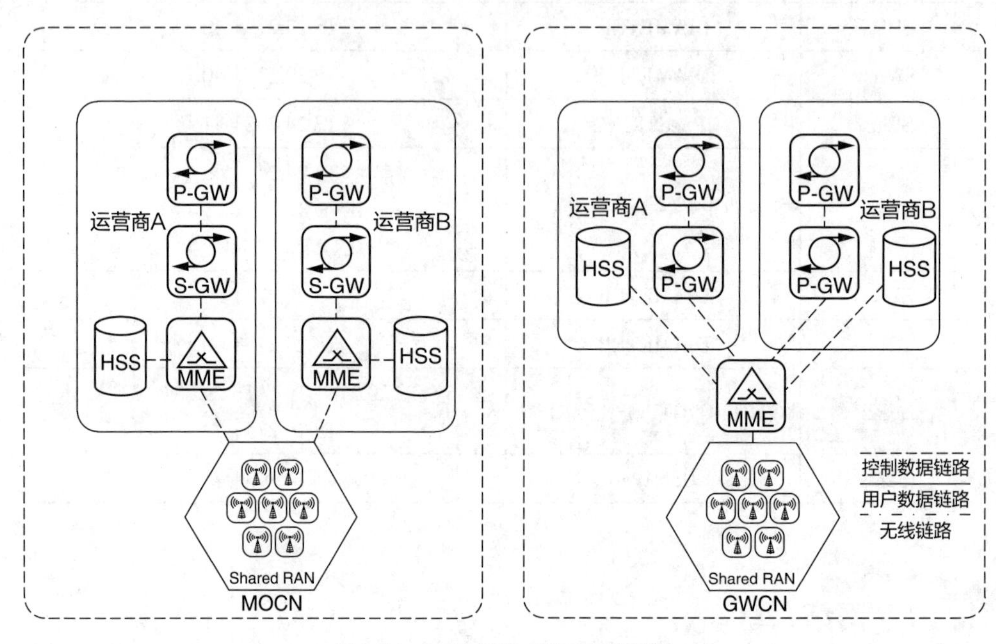

图 1.17　MOCN 和 GWCN 的配置

1.11.1　基于 UE 的网络选择

共享区域的每个 LTE 小区在一个列表中广播多个 PLMN ID（最多 5 个），第一个列出的是主 PLMN（primary PLMN）。广播的 TA 码（TA Code）对所有 PLMNs 相同。UE 解码广播系统信息，在网络和小区选择或重选过程中，考虑与可得的全部核心网运营商相关的信息。

当 UE 初始接入共享网络时，先选择一个发布的网络（通常是它的归属 PLMN），通知 eNB 所选 PLMN 的 ID。

1.11.2　基于 RAN 的网络选择

UE 通知 eNB 所选核心网的网络标识。基于该信息，eNB 路由 UE 的初始接入请求到所选运营商的一个 MME。

一旦 UE 准许接入，MME 提供给 UE 一个临时标识，包括足够信息以使 eNB 传递后续消息到同一 MME。

1.12　多媒体广播多播业务

1.12.1　原理

多媒体广播多播服务（MBMS）是一种允许将来自单个信源（内容提供者）的数据同时传送到位于特定区域的一组用户的单向点对多点的服务。MBMS 提供了以有效的方式将数据发送到潜在大量用户的方法。为此，MBMS 在空中接口使用无线多播信道，在核心网使用 IP 组播技术。可能使用到 MBMS 传输能力的服务可分为两种类型：

- 使用连续的数据流的流媒体服务。
- 下载及播放服务。

服务示例包括以下内容：

- 通过流媒体或下载的视频分发，移动电视和移动游戏。
- 交通公告。
- 内容分发，如下载文件、HTML 页面、视频、音频或其组合，以及设备的软件更新。

MBMS有广播和多播两种工作模式，但是LTE只支持广播模式。广播模式下，数据流从单个信源传输到相应的广播服务区的多个用户。在多播模式下（仅适用于 2G/3G），数据流从单个信源发送到服务区内属于该组播组的用户。在多播模式下，只有订阅特定多播服务并且已经加入与该服务相关联的多播组的用户才可以接收数据。在广播模式下，用户接收数据不需要加入或激活服务。

在第 6 版中，MBMS 首次被指定用于 GPRS/UMTS。为支持平面架构和绕过 SGSN，R8 引入了 IP 多播作为 CGSN 和 RNC 之间骨干网内 MBMS 有效负载分发的选项。每个希望接收 MBMS 数据的 RNC 都需要加入相应的组播组。在 R8 中没有包含 LTE/SAE 中对 MBMS 的支持，因为工业界的兴趣不大。

R9 对 LTE/SAE 的 MBMS 的兴趣越来越大，并开始对其规范（见 3GPP TS

23.246 [47])。但是，第 9 版 EPS 功能受限于启用移动电视和指定文件下载。因此，EPS 的 MBMS（称为演进的 MBMS 或简称 eMBMS）仅支持 MBMS 广播模式。

图 1.18 显示了从第 6 版 GPRS/UMTS 到第 8 版 UTRAN 和第 9 版 E-UTRAN 的 MBMS 的演进。

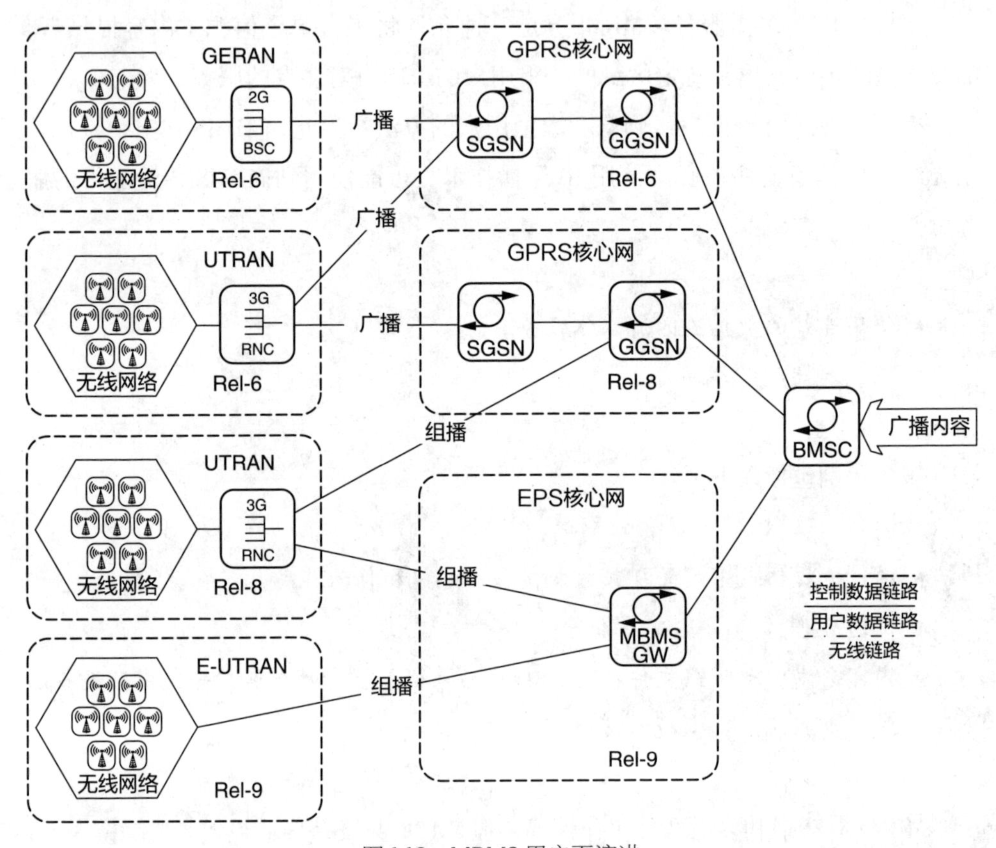

图 1.18　MBMS 用户面演进

在第 9 版 E-UTRAN 中的 MBMS 广播模式功能与 GERAN/UTRAN 不同，E-UTRAN 不支持小区活动用户的计数。因此，数据被广播到预定义的区域，无论该区域中是否有用户终端。

在 E-UTRAN 中，IP 多播是 eNodeB 接收 MBMS 数据流的唯一方式（见图 1.18）。在 UTRAN 中，RNC 可以接受或拒绝 IP 多播分配，SGSN 可以与所有相关的 RNC 建立正常的 MBMS 点对点连接。

改进的 MBMS 指的是 EPS 的 MBMS 功能（3GPP 第 9 版开始规范）。eMBMS 引入了新的功能元素：取代 2G/3G GGSN 的 MBMS 网关（MBMS GW），在 E-UTRAN

中使用用于统一 MBMS 无线资源分配和组小区控制的多小区协调实体（MCE）。图 1.19 描述了包含这些新功能实体的 eMBMS 体系结构。

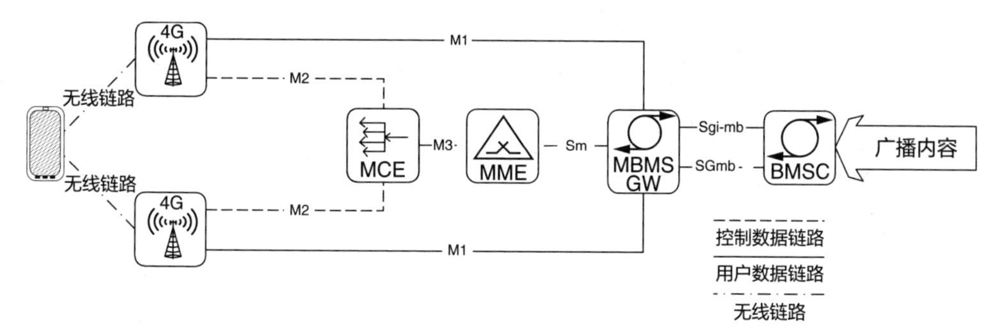

图 1.19　MBMS 演进架构

1.12.2　功能实体说明

1.12.2.1　广播组播业务中心（Broadcast Multicast Service Center，BM-SC）

广播组播业务中心（BM-SC）的功能包括提供和传送 MBMS 用户业务。它是内容提供者的切入点，PLMN 内通过 SGmb 接口用于授权和启动 MBMS 承载服务，并通过 SGi-mb 安排和传送数据传输。BM-SC 对来自内容提供商的访问请求进行认证、授权和收费。BM-SC 和内容提供者之间的接口 3GPP 中没有规定（除了公共安全组呼，见第 5 章）。

1.12.2.2　MBMS 网关（MBMS Gateway，MBMS GW）

MBMS 网关通过 M1 接口将分组传递到配置了 MBMS 服务区的 eNodeB，并且通过 Sm 接口的 MME 向 E-UTRAN（到 MCE）提供 MBMS 会话控制信令（会话开始 / 停止 / 更新）。MBMS GW 由控制面和用户面（MBMS CP 和 MBMS UP）组成。MBMS GW 可以是独立的，也可以集成到 BM-SC，S-GW 或 P-GW 等其他网元中。图 1.18 中没有显示 MBMS GW 和 S4-SGSN 之间的 Sn 接口。Sn 接口与 Sm 类似，提供控制面信令，被用于通过 GTP 以点对点模式转发 MBMS 数据。

1.12.2.3　多小区 / 多播协调实体（Multicell/Multicast Coordination Entity，MCE）

多小区 / 多播协调实体（MCE）的功能是提供 MBMS 准入控制和 MBMS 无线资源分配。它通过 M2 接口与 E-UTRAN 中的 eNodeB 连接。MCE 可以是一个独立的实体，也可以集成到 eNodeB 中，当 MCE 集成到 eNodeB 中时，只有该 eNodeB

控制的小区可以形成一个 MBSFN 区域（见下面的章节）。原则上，MCE 也可以集成到 MBMS GW 中。

1.12.2.4 支持 MBMS 的 MME

为支持 MBMS，改进的 MME 通过与 MCE 之间的 M3 接口实现 MBMS 会话控制信令。图 1.18 没有显示 HPLMN 中的 BM-SC 和 VPLMN（漫游情况下）中的 BM-SC 之间的 Mz 接口。Mz 目前仅支持 GPRS 和 UMTS，不支持 LTE/SAE。

1.12.2.5 支持 MBMS 的 UE

为支持 MBMS，UE 需要支持 MBMS 承载业务的激活和去激活的附加功能，并支持其他 MBMS 的安全功能（例如，支持通过 MICKEY 协议的密钥分配）。

1.12.2.6 参考点和协议总结

表 1.7 参考点和协议总结（Summary of Reference Points and Protocols）总结了用于 MBMS 的参考点。

表 1.7 MBMS 的参考点和协议

参考点	协 议	规 范
M1	GTPv1-U	TS 29.281 [22], TS 36.445 [48]
M2	M2AP	TS 36.443 [49]
M3	M3AP	TS 36.444 [50]
Mz（只针对GPRS/UMTS）	DIAMETER	TS 29.061 [10]
Sm	GTPv2-C	TS 29.274 [19]
SGmb	DIAMETER	TS 29.061 [10]
SGi-mb	IP单波或多波	TS 29.061 [10]

1.12.3 MBMS 增强

版本 10 中的增强 MBMS 中，增强了 MBMS，从而网络能够根据对服务感兴趣的用户数来管理各个 MBMS 服务。资源短缺时，能够根据它们相对的优先级确定不同 MBMS 服务的优先级。此外，引入了 MBMS 计数功能，以允许对处于连接模式的 UE 进行计数，包括接收特定的 MBMS 服务，以及只是对接收服务感兴趣的 UE。请注意，只对处于连接模式下版本 10 的设备计数。处于空闲模式的版本 10 设备以及版本 9 或更旧的设备不包括在内。MBMS 的计数功能由 MCE 控制，并由 MCE 启用或禁用该业务的 MBSFN 传输。为了支持这些新的 MCE 功能，引入了新的版本 10 M2 接口程序。这些程序支持 MBMS 服务的暂停和恢复，发送 MBMS 计数请求，获得 MBMS 计数结果等。由于 MCE 负责控制用于 MBSFN 传输的无线资源分配，所以不同 MBMS 业务的优先级也由 MCE 完成。因此，根据 LTE/SAE 53 的介绍，MCE 可以根据不同 MBMS 无线承载的分配和保留优先级（ARP）预占进行中的 MBMS 服务所使用的无线资源。

在版本 11 的 LTE 中，为保证多载波网络部署中 MBMS 服务连续性，再次增强了 MBMS。 MBMS 业务可以部署在不同地理区域的不同载频上。版本 11 的增强功能允许网络向支持 MBMS 的设备发送辅助信息，这些设备提供与实际 MBMS 部署相关的信息，例如载波频率和服务区域标识。在版本 11 中，支持 MBMS 功能的设备可以通过标识与感兴趣的 MBMS 服务相关联的载波频率和 MBMS 与单播服务之间的优先级来标识其对 MBMS 服务的兴趣。网络将该标识用于移动管理决策，设备在合适的载频层能够一直使用接收机，从而确保 MBMS 服务的连续性。在空闲模式时，支持 MBMS 功能的设备可以在小区重选时，根据载频上 MBMS 服务的可用性，优先考虑特定载波频率。为确保连接模式下 MBMS 服务的连续性，从设备接收到的 MBMS 兴趣标识将作为越区切换准备过程的一部分发送给目标小区。

1.12.4 MBSFN 和 MBMS 无线信道

对于 MBMS 广播模式，E-UTRAN 支持所谓的多媒体广播单频网（Multimedia Broadcast Single Frequency Network，MBSFN）特性，其中 MBSFN 区的小区被同步并产生相同的传输。 MBSFN 区域可以预定义。 MCE 负责统一无线电资源分配和同步数据传送。产生的信号对于 UE 来说仅仅表现为时分散无线电信道上的一次传输。多个单元可以属于一个 MBSFN 区域，每个单元可以是多达 8 个区域的一部分。最多可以定义 256 个不同的区域。 MBSFN 区域边缘或边缘的某些小区也不支持 MBMS 传输，因此不属于 MBSFN 区域，而是以低功率传输其他数据而不干扰 MBMS 信号。这种小区被称为“保留小区”。图 1.20 显示了一个 MBMS 单频网络配置。

E-UTRAN 中的 MBMS 还需要新的逻辑、传输和物理信道。两个逻辑信道与 MBMS 有关。

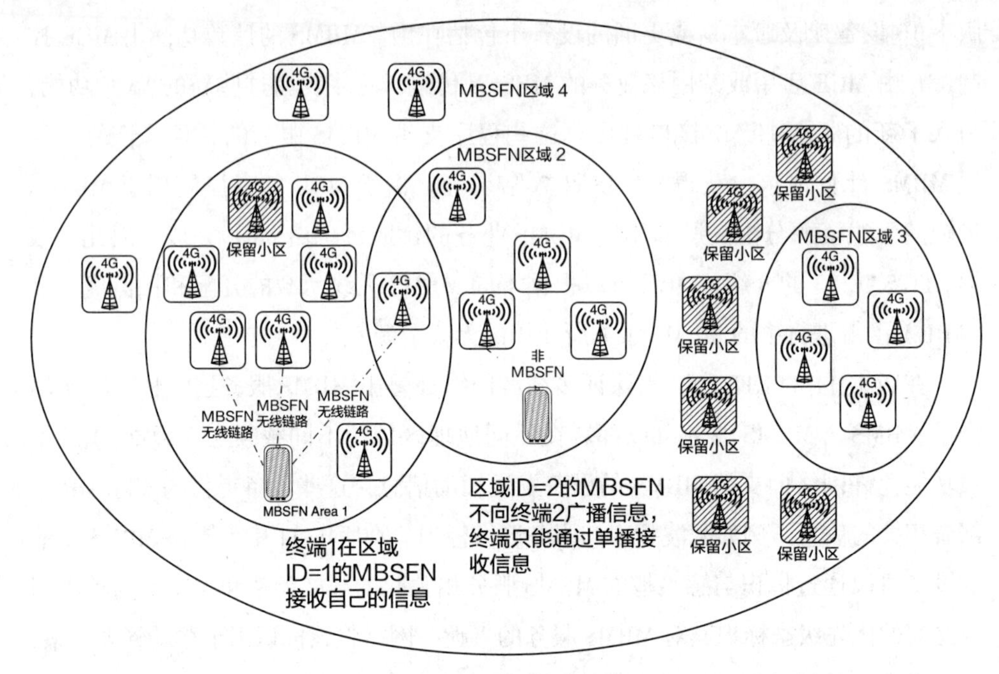

图 1.20 MBMS 单频网

多播业务信道（Multicast Traffic Channel，MTCH）承载某个 MBMS 业务的数据。MBSFN 区域中的 MBMS 业务可以使用多个 MTCH。由于上行链路没有反馈，因此 MTCH 使用未确认模式进行数据传输。多播控制信道（Multicast Control Channel，MCCH）提供控制信息以接收 MBMS 服务。每个 MBSFN 区域有一个 MCCH。一个或多个 MTCH 和一个 MCCH 在 MAC 层复用到多播信道（Multicast Channel，MCH）上，该信道复用到物理多播信道（Physical Multicast Channel，PMCH）。MCCH 提供诸如每个 MCH 的子帧分配和调制 / 编码方案的信息。MCCH 也可以用于未确认模式。通知机制用于向 UE 通告 MCCH 更改。通过在每个修改周期监视 MCCH 可以检测到未公布的 MCCH 的变化。

传输格式由 MCE 确定并通过 MCCH 发送给 UE。在一个 MCH 调度周期（MCH Scheduling Period，MSP）期间，不同的 MTCH 和可选的一个 MCCH 在 MCH 上被复用。eNodeB 在 MSP 的开始处提供 MCH 调度信息（MCH Scheduling Information，MSI），以指示在 MSP 期间每个 MTCH 使用哪些子帧。

系统信息广播消息包括 E-UTRAN 中公共和共享信道的信息，并提供关于 MBMS 传输的信息。这些消息指示哪个射频帧包含能用于 MBMS 的子帧。

广播控制信道（Broadcast Control Channel，BCCH）的角色是指示 UE MCCH 相关的资源信息（小区中每个 MCCH 分别进行）。该信息可能是 MCCH 为 MCH 上多小区传输的调度，MCCH 修改周期，射频帧偏置的重复周期，子帧分配。

1.13　术语和定义

1.13.1　漫游

通过漫游，网络运营商 A 的用户可以使用另一个运营商 B 的网络资源。运营商 A 的网络称为归属 PLMN（HPLMN），运营商 B 的网络称为访问 PLMN（Visited PLMN，VPLMN）。通常运营商 B 的网络部署在与运营商 A 的网络不同的国家。然而，也可能连个网络运营在同一国家。后面的情况称为国内漫游（national roaming），否则称为国际漫游（international roaming）。国内漫游允许运营商通过使用另一个运营商的网络，增强无线覆盖；被访问的运营商从增加的漫游费获益。例如，基于 LTE 标准的公共安全网络可以通过与本国商用 LTE 网络运营商的国内漫游协定，增加全国覆盖（达到该目的的另一途径是共享基站，参考章节 1.11）。

漫游要求运营商之间的专属协定，称为漫游协定（roaming agreement）。这些协定说明了运营商 A 的用户怎样可以使用运营商 B 的网络，用户可以使用什么服务，以及需要支付的漫游费用。作为漫游的必要条件，漫游进入国外网络的 UE（a roaming-in UE）必须支持所进入网络的接入技术和频段，并且用户必须订阅了所提供的接入技术。例如，如果 UE 支持 LTE 并漫游进入一个国外 LTE 网络，只要该用户在其归属网络中没有有效的 LTE 订阅数据，就不能注册到该网络。在国外网络注册要求提供给 UE 可能的 / 优先的漫游网络列表。这个提供过程是由归属运营商完成的。基于漫游列表，在一定国家 UE 可以选择优先网络。在注册过程中，HPLMN 必须通过信令连接向 VPLMN 提供鉴权和订阅数据。即使数据业务可以由 VPLMN 直接路由给目的端，通用习惯是用户数据由 VPLMN 路由到 IIPLMN，再发送到最终目的端（例如发送给互联网中的一个 Web 服务器）。这点允许归属运营商对用户执行单独计费规则。为了使用访问网络资源，用户必须在日常服务费用之外，再支付额外的漫游费。因此，VPLMN 必须向归属网络报告 HPLMN 用户的资源使用情况（例如按月结算）。

1.13.2 电路交换网络和分组交换网络

在电路交换（Circuit-Switched，CS）网络，一个连接（例如一个语音通话）可以以恒定数据速率，使用一个专用传输信道。该传输信道只能被这个特定连接使用，无论有无数据传输。CS 网络的例子有 PSTN，基于 GSM 标准的网络等。

在分组交换（Packet-Switched，PS）网络，要传输的数据分为数据包，每个数据包从源到目的独立传输。原则上不同数据包可以通过不同路径路由。传输能以面向连接（connection oriented）或无连接（connection less）方式完成。PS 网络的例子有 Internet 等 IP 网络。基于 UMTS 标准的网络含有 CS 和 PS 部分（称为 CS 域和 PS 域），新的 LTE 标准只包括 PS 域。

1.13.3 接入层面和非接入层面

拉丁单词"Stratum"意思是层，选用该词是为了避免与 OSI 层等其他层概念的冲突。

AS 层包括与接入网，以及终端用户设备和接入网之间的连接控制直接相关的所有功能。终端设备和基站之间运行的 AS 协议是为了建立和保持无线信道。

NAS 层，在 AS 层之上，包括与通话控制，移动性管理，以及会话管理相关的功能。NAS 协议在终端设备和核心网之间交换，也就是说，NAS 层对接入网是透明的。终端和核心网中的 NAS 层和 AS 层能彼此通信。这点使 NAS 层能够触发建立和终止用于交换信令或用户数据的无线承载。

图 1.21 提供了这两层的简化概述。

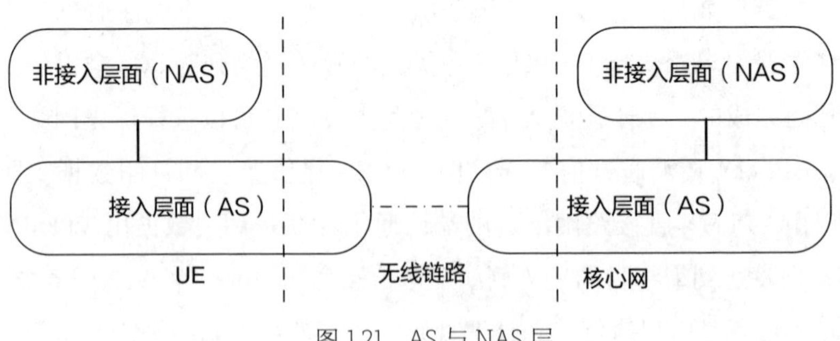

图 1.21 AS 与 NAS 层

参考文献

[1] 3GPP TR 23.882:“3GPP System Architecture Evolution: Report on Technical Options and Conclusions”.

[2] 3GPP TS 23.401:“GPRS Enhancements for E-UTRAN Access”.

[3] 3GPP TS 23.402:“Architecture Enhancements for Non-3GPP Accesses”.

[4] 3GPP TS 23.060:“General Packet Radio Service (GPRS); Service Description”.

[5] IETF RFC 5213:“Proxy Mobile IPv6”.

[6] IETF RFC 5555:“Mobile IPv6 Support for Dual Stack Hosts and Routers”.

[7] 3GPP TS 36.104:“Base Station (BS) Radio Transmission and Reception”.

[8] 3GPP TS 29.060:“General Packet Radio Service (GPRS); GPRS Tunnelling Protocol (GTP) across the Gn and Gp Interface”.

[9] 3GPP TS 21.905:“Technical Specification Group Services and System Aspects; Vocabulary for 3GPP Specifications”.

[10] 3GPP TS 29.061:“Interworking between the Public Land Mobile Network (PLMN) Supporting Packet-Based Services and Packet Data Networks (PDN)”.

[11] 3GPP TS 23.203:“Policy and Charging Control Architecture”.

[12] 3GPP TS 29.214:“Policy and Charging Control over Rx Reference Point”.

[13] 3GPP TS 24.008:“Mobile Radio Interface Layer 3 Specification; Core Network Protocols”.

[14] 3GPP TS 24.301:“Non-Access-Stratum (NAS) protocol for Evolved Packet System (EPS)”.

[15] 3GPP TS 23.122:“Non-Access-Stratum (NAS) Functions Related to Mobile Station (MS) in Idle Mode”.

[16] 3GPP TS 36.300:“Evolved Universal Terrestrial Radio Access (E-UTRA) and Evolved Universal Terrestrial Radio Access (E-UTRAN); Overall Description”.

[17] 3GPP TS 36.413:“S1 Application Protocol (S1AP)”.

[18] 3GPP TS 36.423:“X2 application protocol (X2AP)”.

[19] 3GPP TS 29.274:“Evolved General Packet Radio Service (GPRS) Tunnelling Protocol for Control Plane (GTPv2-C)”.

[20] IETF RFC 3588:“Diameter Base Protocol”.

[21] 3GPP TS 29.272:“Evolved Packet System (EPS); Mobility Management Entity (MME) and Serving GPRS Support Node (SGSN) Related Interfaces Based on Diameter Protocol”.

[22] 3GPP TS 29.281:"General Packet Radio System (GPRS) Tunnelling Protocol User Plane (GTPv1-U)".

[23] 3GPP TS 29.275:"Proxy Mobile IPv6 (PMIPv6) Based Mobility and Tunnelling protocols; Stage 3".

[24] 3GPP TS 29.215:"Policy and Charging Control (PCC) Over S9 Reference Point; Stage 3".

[25] 3GPP TS 29.212:"Policy and Charging Control (PCC); Reference Points".

[26] 3GPP TS 33.401:"3GPP System Architecture Evolution (SAE); Security Architecture".

[27] 3GPP TS 33.402:"3GPP System Architecture Evolution (SAE); Security Aspects of Non-3GPP Accesses".

[28] 3GPP TS 32.240:"Charging Architecture and Principles".

[29] 3GPP TS 32.251:"Packet Switched (PS) Domain Charging".

[30] 3GPP TS 32.296:"Online Charging System (OCS) Applications and Interfaces".

[31] 3GPP TS 32.273:"Multimedia Broadcast and Multicast Service (MBMS) Charging".

[32] IETF RFC 3261:"SIP: Session Initiation Protocol".

[33] IETF RFC 4566:"Session Description Protocol".

[34] 3GPP TS 24.229:"IP Multimedia Call Control Protocol Based on Session Initiation Protocol (SIP) and Session Description Protocol (SDP); Stage 3".

[35] 3GPP TS 29.229:"Cx and Dx Interfaces Based on the Diameter Protocol; Protocol Details".

[36] 3GPP TS 29.163:"Interworking between the IP Multimedia (IM) Core Network (CN) Subsystem and Circuit Switched (CS) Networks".

[37] 3GPP TS 23.216:"Single Radio Voice Call Continuity (SRVCC)".

[38] 3GPP TS 23.272:"Circuit Switched (CS) fallback in Evolved Packet System (EPS)".

[39] 3GPP TS 23.204:"Support of Short Message Service (SMS) over Generic 3GPP Internet Protocol (IP) Access".

[40] 3GPP TS 29.273:"Evolved Packet System (EPS); 3GPP EPS AAA Interfaces".

[41] 3GPP TS 24.302:"Access to the 3GPP Evolved Packet Core (EPC) via Non-3GPP Access Networks; Stage 3".

[42] 3GPP TS 24.244:"IP Multimedia Call Control Protocol Based on Session Initiation Protocol (SIP) and Session Description Protocol (SDP); Stage 3".

[43] IETF RFC 3748:"Extensible Authentication Protocol (EAP)".

[44] IETF RFC 5448:"Improved Extensible Authentication Protocol Method for 3rd Generation Authentication and Key Agreement (EAP-AKA′)".

[45] 3GPP TS 24.303:"Mobility Management Based on Dual-Stack Mobile IPv6; Stage 3".

[46] 3GPP TS 23.251:"Network Sharing; Architecture and Functional Description".

[47] 3GPP TS 23.246："Multimedia Broadcast/Multicast Service (MBMS); Architecture and Functional Description".

[48] 3GPP TS 36.445："Evolved Universal Terrestrial Radio Access Network (E-UTRAN); M1 data transport".

[49] 3GPP TS 36.443："Evolved Universal Terrestrial Radio Access Network (E-UTRAN); M2 Application Protocol (M2AP)".

[50] 3GPP TS 36.444："Evolved Universal Terrestrial Radio Access Network (E-UTRAN); M3 Application Protocol (M3AP)".

第2章 管理功能

2.1 紧急呼叫

2.1.1 概述

支持紧急呼叫是所有的蜂窝无线网络的强制性功能，该功能就是可以将呼叫接入到特殊的紧急呼叫中心。严格来讲，只有在用户设备支持语音通话的条件下，才要求用户设备支持紧急呼叫。因此，像数据卡一类的不支持语音呼叫 UE（用户终端），不需要支持紧急呼叫。原则上，紧急业务也可以采用其他形式的通信方式，例如针对残障人士的短消息或视频通话。

紧急呼叫通常被路由到 PSAP（公共安全应答点）的呼叫中心。依照国家法规，呼叫一般根据所拨号码（例如 911 或 112）和用户的位置被路由到特定的 PSAP。根据紧急情况类型的不同，紧急呼叫中心可分为报警、急救、消防、海警和山地救援等。紧急呼叫中心可以连接到公共交换电话网络（PSTN）、电路交换（CS）域、分组交换（PS）域或任何其他分组网络。由于历史原因，紧急呼叫中心仍然与 PSTN 相连，但在一些国家正在向基于 IP 的 PSAP 演进。对于基于 IP 的 LTE 网络，紧急呼叫被作为一种应用通过 IP 多媒体子系统（IMS）在网络顶层来实现。为此，LTE 和 IMS 都需要进行一些调整来满足规范要求以实现紧急呼叫。

2.1.2 需求

根据当地法规，紧急呼叫要优先于非紧急呼叫被网络处理。国家法规还可能要求无线网络向调度员提供拨打紧急呼叫人员的位置信息。紧急呼叫还可以补充与紧急情况相关的数据。根据当地法规的要求可支持 PSAP 回拨会话，即网络可以识别出呼叫是从 PSAP 到拨打紧急呼叫人员的回叫（例如为了获得更多关于事故的信息），并且需要采用与正常呼叫不同的方式处理该呼叫。

国家法规可能会决定网络是否可以接受未鉴权通过的或没有全球用户身份模块（USIM）的中户终端发起的紧急呼叫，网络必须具有允许或拒绝 USIM 的 UE 进行紧急呼叫的能力。由于过去人们滥用没有 USIM 的终端拨打紧急呼叫来测试手机或拨打假紧急电话，多数国家已不再允许使用这种呼叫方式了。为了支持没有 USIM 或者是正在连接到网络但不被允许的 UE 发起紧急呼叫，LTE 中增加了特殊的紧急注册和附着流程。该功能允许 UE 即使在正常注册被网络拒绝的情况下也可以发起紧急呼叫。根据 UE 在通过 LTE 系统发起紧急呼叫所需要满足要求的不同，可以将 UE 分成以下几类：

a. 正常服务的 UE。第一类 UE 是有效签约的 UE，其可以通过分组域业务的认证和授权，同时该类 UE 能够在注册位置执行 IMS 注册。如果尚未附着，当这些 UE 检测到用户正在尝试拨打紧急呼叫时，UE 则会像其他呼叫一样执行正常的附着过程，同时为紧急业务发起类型为“紧急”的 UE 请求的分组数据网络（PDN）连接流程。正常附着允许 UE 可以获得常规服务之外也可以获得紧急服务，而不像紧急附着只允许 UE 获得紧急服务。

b. 只有能够通过鉴权的 UE。可以进行呼叫这些 UE 必须具有有效的 USIM。这些 UE 可以通过鉴权，但其可能因为位于不允许获得服务的位置，而处于“有限服务”状态。无法通过鉴权的 UE 将被拒绝服务。

c. 被识别的 UE，可以进行呼叫但鉴权是可选项。这些 UE 必须有一个 USIM。无论由于什么原因鉴权失败，UE 都将处于“有限服务”状态，但是出于记录的目的，被授予接入但未通过鉴权的国际移动用户识别码（IMSI）将被保留在网络中。网络必须请求国际移动设备标识（IMEI）并将其用作设备标识。如果 UE 没有 USIM 或没有解锁的 USIM，都将被拒绝服务。

d. 所有的 UE。都可进行呼叫连同可以通过鉴权的 UE，以及不能通过鉴权但具有 IMSI 的 UE（如由于签约到期或没有有效的漫游协议）以及仅具有 IMEI 的 UE（如没有 USIM 或 USIM 无法通过输入的 PIN 码解锁）。这又被称为处于“有限服务”状态的UE。出于记录的目的，如果UE提供的是无法通过鉴权的IMSI，此IMSI也会被保留在网络中。IMEI在网络中用于识别该设备。

2.1.3 紧急呼叫架构

LTE系统可以通过IMS或者CSFB（电路域回落）来实现紧急呼叫。在3GPP技术规范TS 23.167［1］和核心网相关协议TS 23.401［2］里定义了支持紧急服务的IMS架构。在3GPP TS 23.272［3］详细定了CSFB架构。在当前的GSM（全球移动通信系统）/WCDMA（宽带码分多址）/CDMA（码分多址）网络中，紧急呼叫在电路域实现。从3GPP Release 8开始，便针对LTE定义了CS回落流程。在LTE中，可以通过CS回退到GSM/WCDMA（及CDMA）网络来支持紧急呼叫。如果不支持CSFB，那么UE可以自主地切换到相邻的GSM/WCDMA/CDMA网络上发起紧急呼叫。3GPP Release 9中已经对IMS上的VoIP紧急呼叫支持进行了规范。

2.1.3.1 IMS紧急呼叫

紧急服务由本地服务网络提供，即当用户漫游到国外并拨打一个通用的紧急号码时，该呼叫被路由到在位于该国的最近的PSAP。由于LTE网络提供语音服务可能需要使用IMS（称为“VoLTE”服务），因此IMS和LTE必须支持紧急呼叫以满足监管需求。本节将分析通过LTE提供基于IMS紧急呼叫相关架构和流程。高层架构如图2.1所示。

相比于通过IMS提供正常语音呼叫，基于IMS提供紧急呼叫对设备，网络［LTE / 系统架构演进（SAE）］以及应用层（IMS）上都提出了特殊的要求。在前面几节中，我们已经提及了这些特殊要求，在这里再次总结一下：

—— 在（访问或漫游）网络中，紧急呼叫通过本地路由传送到下一个可用的PSAP或紧急服务中心。

—— 在一些国家，PSAP必须能够向拨打紧急呼叫的人员进行回拨。

—— 该网络必须能够给PSAP提供拨打紧急呼叫人员的精确位置信息。

—— 根据当地法规，处于“有限服务”状态的设备（即不允许连接到整个网络或者不允许在特定区域内获得正常服务的设备）必须能够发起紧急呼叫。

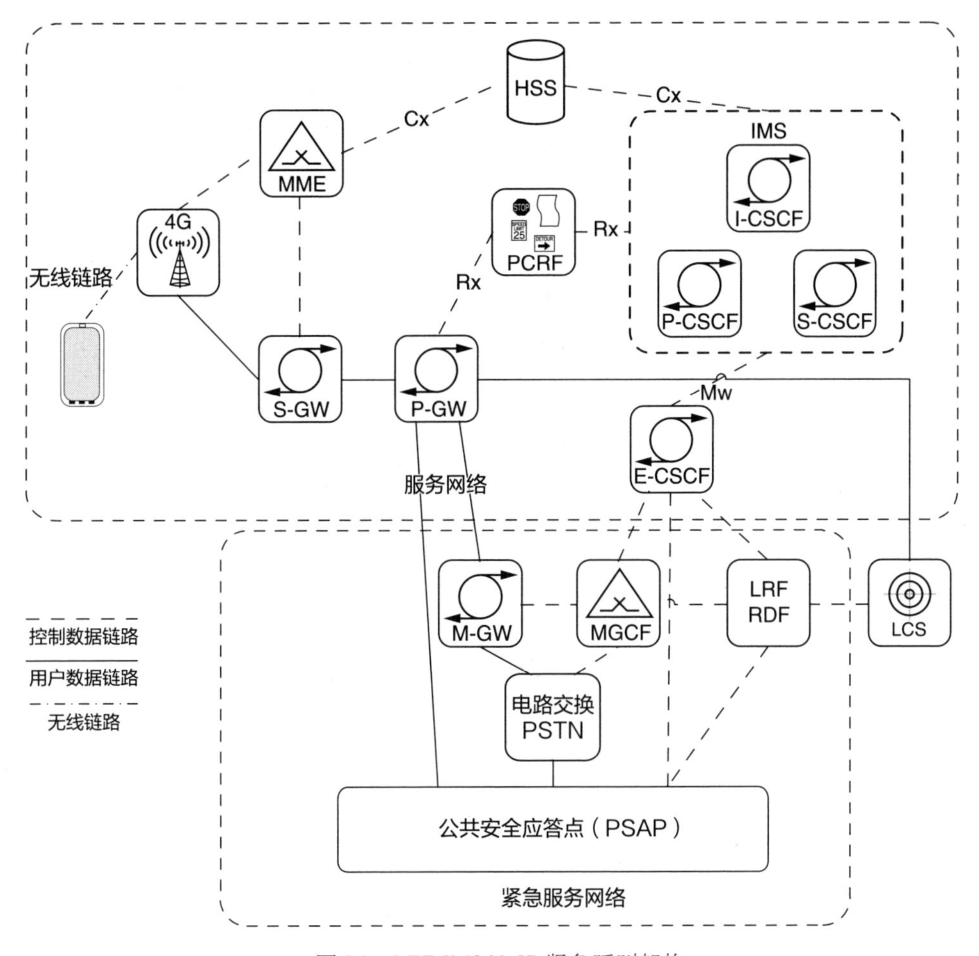

图 2.1　LTE IMS VoIP 紧急呼叫架构

——根据当地法规，没有 USIM 的设备必须能够拨打紧急电话。

——应当优先处理紧急呼叫，例如网络发生拥塞或者超负荷时。

——为了实现在紧急服务和其他服务之间清晰的成本分配，为紧急连接预留的资源是不允许用于如普通语音呼叫等其他服务的。这样做可以方便运营商决定如何对紧急呼叫进行收费。例如根据不同国家的相关规定，该服务成本可能由国家政府或无线服务提供商承担。在某些情况下，无线服务提供商可能会选择将提供紧急服务的成本转嫁给其末端客户。

以上列出的一般要求转化成下列紧急呼叫建立期间的高层角色以及设备和网元的职责。

UE

UE 可以正常驻留在合适的小区中（即选择驻留的小区可以提供正常业务），或者驻留在所选小区中处于“有限服务”状态。如果 UE 无法找到合适的小区驻留（由于没有签约或者漫游协议等原因，所选小区不能提供正常服务），则进入“有限服务”状态。在 3GPP TS 36.304［4］和 TS 23.122［5］中明确了 UE 小区选择的准则和空闲模式小区驻留流程。

UE 正常驻留在合适的小区中需要执行以下两个主要功能：

1. 如果尚未附着，则发起正常附着流程。
2. 针对紧急服务，发起专门的 UE 请求的 PDN 连接流程。PDN 连接请求中携带了设置为“紧急”的特殊请求类型，它让网络可以非常容易地检测到紧急连接的请求。另外，请求是“紧急”类型时，UE 不应包含 APN（接入点名称）。

UE 驻留在所选小区中处于“有限服务”状态需要执行以下两个主要功能：

1. 发起特殊的紧急附着流程。网络可以在拥塞情况下优先处理紧急附着，并禁止签约检查以及鉴权／授权流程。
2. 针对紧急服务，发起类型为“紧急”的专门 UE 请求的 PDN 连接流程，UE 不含 APN 信息（这一步与前面的 UE 正常驻留流程相同）。

eNodeB

它向覆盖范围内的所有 UE 广播其支持 IMS 紧急呼叫。它根据紧急指示优先为请求建立无线资源。在资源发生竞争的情况下，基于 QCI（QoS 等级标识）和 ARP（地址解析协议），优先为紧急业务建立用户面和保留已存在的用户面。

MME

当请求被标记为紧急使用时，MME（移动性管理实体）优先处理 UE 发起的附着和 PDN 连接请求。MME 存储紧急配置数据以供 UE 在请求紧急承载服务时使用。它在过载的情况下保留紧急承载业务并且忽略对紧急附着的 UE 的某些限制（例如基于 UE 位置的限制）。

PDN-GW

当建立 IMS VoIP 紧急呼叫时，如有需要，PDN-GW（分组数据网关）应该能够发起专用承载建立。当 PCRF（策略和计费规则功能单元）通知 PDN-GW 有紧急服务会话时，PDN-GW 启动用于 PDN 连接的可配置非激活计时器（如触发 PSAP 回呼）。

PCRF

当 P-CSCF（代理呼叫会话控制功能）通知新会话要用于紧急业务时，除了具有默认承载 QCI 和 IMS 信令 QCI 的 PCC 规则外，所有具有 QCI 的 PCC 规则都将被 PCRF 移除。它也会更新 PDN-GW。

MGCF/MGW

当紧急呼叫中将 SIP（会话初始化协议）转换为 ISUP（ISDN 用户部分）消息时，MGCF（媒体网关控制功能）可能会将 ISUP 消息（例如初始化地址消息以建立呼叫）标识为高优先级或是用于紧急呼叫。这种标识通常是由国家规定的。

P-CSCF

代理 CSCF 存储了配置好的某个国家或全球通用的紧急号码列表。一旦根据接收到的 SIP URI 或 Tel URI 检测到了 IMS 紧急呼叫，P-CSCF 就将该呼叫转发给 E-CSCF（见下文）并将这个用于紧急服务的新会话通知给 PCRF。

S-CSCF

服务 CSCF（S-CSCF）扮演着为 IMS 紧急业务进行鉴权和注册的角色。S-CSCF 并不在紧急呼叫本身的呼叫链中。

E-CSCF

紧急 CSCF（E-CSCF）是一个特定的 CSCF，当需要处理特别规则的时候，E-CSCF 代替 S-CSCF 处理紧急呼叫，例如需要检索位置信息或者禁用用户的特别业务的时候（比如呼叫转移服务）。E-CSCF 根据位置信息确定正确的 PSAP，并将紧急呼叫路由到该 PSAP。

LRF

LRF（位置获取功能）从 LCS（位置服务器）中获取 UE 的位置并将其存储下来。E-CSCF 可通过查询 LRF 将紧急呼叫路由到最近的 PSAP，并将紧急服务指派到正确的地址。

RDF

路由决策实体（RDF）通常集成在 LCS 或 LRF 中，为 E-CSCF 提供适当的 PSAP 目的地址用于路由紧急请求，也就是说，RDF 直接将 PSAP 的可寻址的 SIP URI 提供给 E-CSCF。如果没有 RDF，E-CSCF 需要将位置信息和紧急号码转换成为可寻址的 SIP 地址。

本地服务器（LCS）

用来获取 UE 的位置。LCS 与 MME 和 / 或 eNodeB 等其他网元交互以获取 UE 的位置信息。位置信息可以是最简单的诸如 UE 所连接到网络的小区 ID，也可以是更准确的 X-Y 坐标。

PSAP

PSAP 是一种呼叫中心，负责应答拨打到某一紧急电话号码的呼叫。

IMS 紧急呼叫流程

正常附着的 UE 建立紧急呼叫的信令流程与正常呼叫建立流程大体相同。图 2.2 描述了处于“正常服务”状态的 UE 的紧急呼叫建立流程。

图 2.3 描述了的处于“有限服务”状态的 UE 的紧急呼叫建立过程，该流程与处于“正常服务”状态的 UE 的紧急呼叫建立流程有着本质的不同。

可以正常附着到网络上的 UE 发起 PDN 连接请求流程来执行紧急呼叫（参见图 2.2）。由于漫游限制、缺乏有效凭证或缺乏 USIM 的 UE 尝试执行紧急呼叫时，是无法正常附着的，可以通过在附着请求中将附着类型设置为紧急来执行紧急附

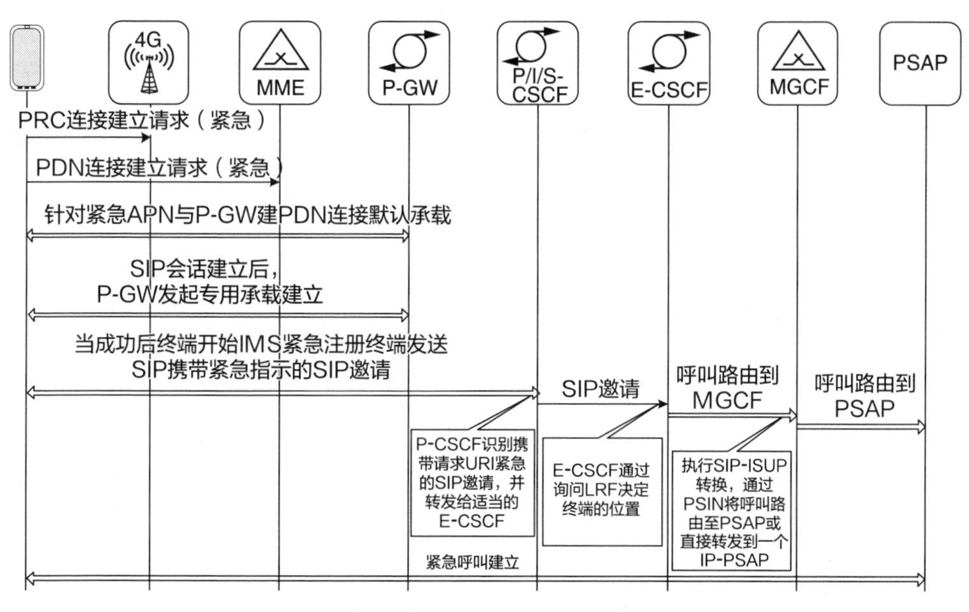

图 2.2　正常 UE 的 LTE IMS VoIP 紧急呼叫流程

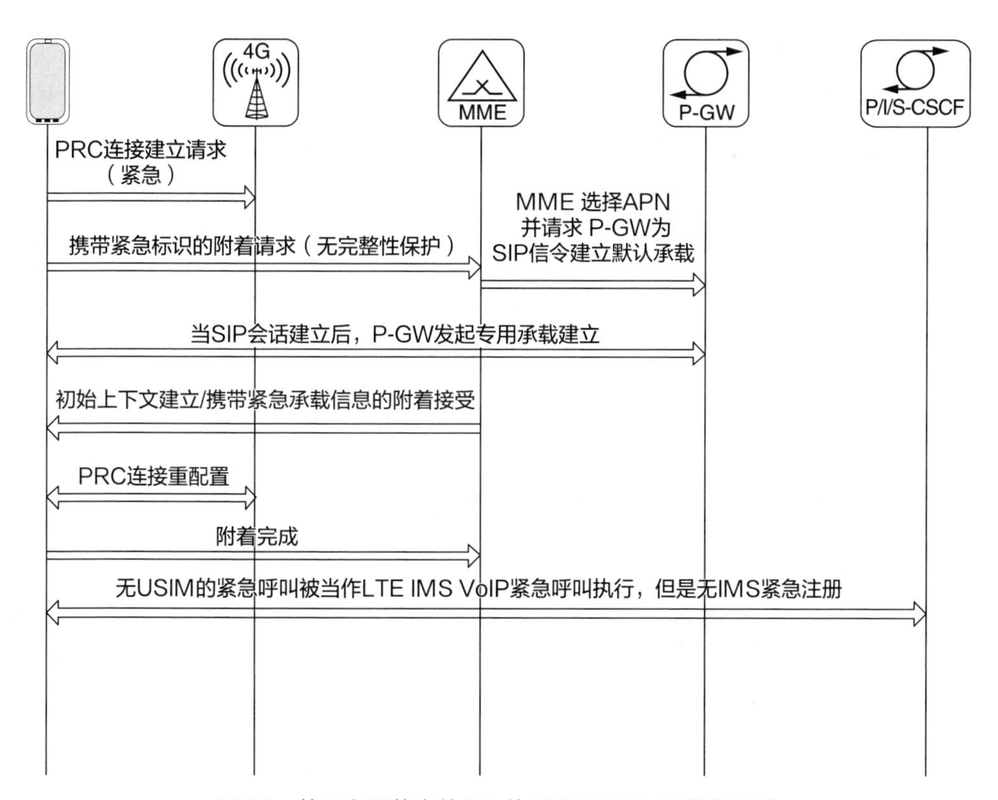

图 2.3　处于有限状态的 UE 的 LTE IMS VoIP 紧急呼叫

着（参见图 2.3）。

无论是正常附着还是紧急附着，UE 都必须在附着过程中标识自己。移动标识可以是由网络分配的临时身份，也可以是从 USIM 中读取的签约的 IMSI。出于安全考虑，只有在没有临时身份的情况下才使用 IMSI。

当一个设备没有 USIM 时也就没有上面提到的标识，作为最后的方法，它可以在紧急附着时使用它的设备标识（IMEI）。在这种情况下，如果 MME 支持基于 IMEI 的紧急附着（例如基于本地规则），对于那些没有安全证书的 UE，MME 将会跳过鉴权、加密和完整性保护流程，直接接受附着。

如果 MME 不支持无 USIM 的紧急呼叫（例如本地规则不允许），接收到 IMEI 作为移动标识时将触发 MME 拒绝接受带有 IMEI 的紧急附着，并告知 UE MME 不接受基于 IMEI 的附着。

网络存储的紧急配置数据包括 QoS 描述、接入点名称及聚合最大比特率（APN-AMBR）、紧急 APN 和静态配置的 PGW。紧急承载将忽略用户签约数据。未经授权的用户可能没有任何签约数据。

对于紧急情况，虽然在禁止 UE 使用区域不允许给 UE 提供正常服务，但是网络可以接受来自该区域的 EPS 发起的附着或追踪区更新（TAU）。

当 UE 移动到由于签约问题而不允许 UE 正常服务的区域时，如果 UE 已经成功注册到该网络并且获得了紧急承载资源，那么在 TAU 之后，网络必须收回所有正常承载资源，而保留紧急承载资源。这种情况是由于区域漫游限制以及 UE 漫游到其允许的公共陆地移动网络（PLMN）的供应区域外。其背后的逻辑是，紧急呼叫不允许用户将其他服务扩展到不允许的区域。

任何已经为紧急服务建立了 PDN 的连接不允许进行承载资源修改。如果网络从 UE 收到这样的请求，它必须拒绝。与紧急 APN 相关的 PDN 连接的默认承载和专用承载始终专用于紧急会话。紧急附着的 UE 不允许存在除 PDN 紧急连接以外的其他 PDN 连接。这种做法是合理的，因为用户没有与运营商进行签约，所以运营商没有义务向用户提供除了国家强制规定的紧急服务以外的其他服务。

紧急呼叫不会受到网络侧发起的解附着的影响。如果 UE 具有紧急承载上下文激活，则由 HSS（归属签约用户服务器）请求的网络侧发起的解附着将导致所有非紧急承载上下文去激活。在过载情况下，网络也会试图保证支持紧急承载业务。

一旦成功建立紧急承载，UE 可能会执行 IMS 紧急注册（作为先决条件，UE

需要为 IMS 注册提供所有必要的凭证，参考 3GPP TS 23.167［1］）。UE 会在以下场景中进行 IMS 紧急注册：

—— 如果 UE 当前附着到其归属运营商的网络（HPLMN，归属公共陆地移动网络）并进行了 IMS 注册，但该网络指示其支持紧急承载。
—— 如果 UE 当前附着到其归属运营商的网络（HPLMN），但并未进行 IMS 注册。
—— 如果 UE 附着到不同的网络，即不是其归属运营商网络［本国或外国访问的公共陆地移动网络（VPLMN）］。在这种情况下，UE 可能会也可能不会向其 HPLMN 进行的 IMS 注册。

在下列情况下，UE 不执行 IMS 紧急注册：

—— 如果 UE 没有证书，UE 就会在不进行 IMS 注册的情况下建立 IMS 紧急呼叫（这取决于本地规则）。
—— 如果 UE 当前附着到其归属运营商网络（HPLMN）并且已进行了 IMS 注册，但是网络不支持紧急承载（这种情况取决于归属网络运营商的策略，这种情况下从 EPS 角度来看紧急呼叫被视为正常呼叫）。在这种情况下，UE 使用现有的常规 IMS 注册来建立紧急呼叫。

将 P-CSCF 配置为可以识别紧急呼叫会话，并将此呼叫建立转发给合适的 E-CSCF。如果可行，则 E-CSCF 向 LRF 查询位置信息。之后，E-CSCF 直接或通过 MGCF 将呼叫转发到适当的 PSAP。

2.1.3.2　CSFB 紧急呼叫

由于不是所有的 LTE 网络都部署了 IMS 和支持 VoIP（网络电话）服务，所以 3GPP 允许通过 GERAN（GSM/EDGE 无线接入网络）和 UTRAN（通用陆地无线接入网络）定义 CSFB 来支持语音业务。可以通过使用 PS 切换或网络辅助的小区重选来支持 CSFB。UTRAN 只支持使用 PS 切换实现 CSFB，而 GERAN 中同时支持 PS 切换和网络辅助小区重选（NACC）进行 CSFB。该方法如图 2.4 所示。

当发起紧急呼叫时，UE 通过标识“紧急状态”连接到网络（参考 TS 36.331

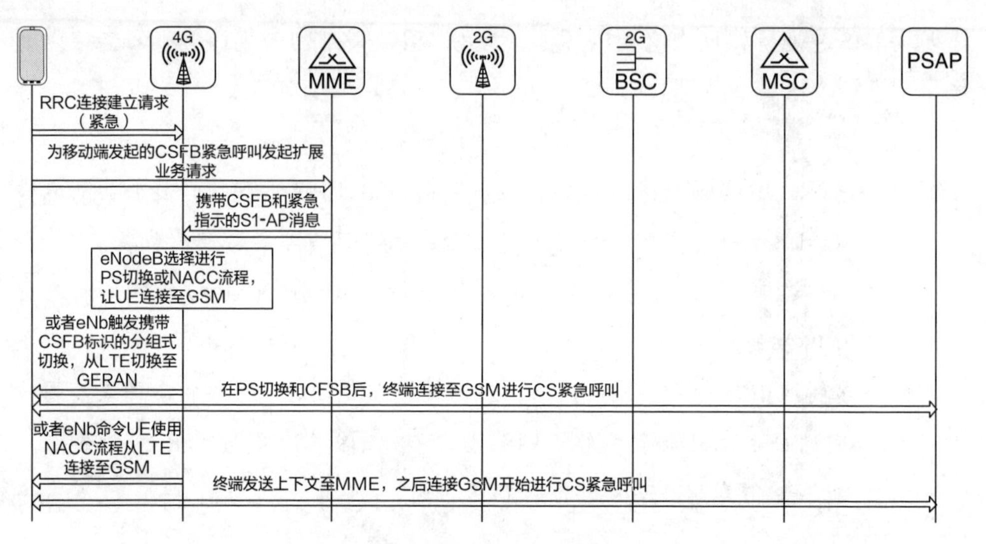

图 2.4 CSFB 紧急调用—PS 切换 /NACC

[6])。在成功连接后，UE 向网络发送一个 CSFB 紧急呼叫请求。MME 指示 eNB 将 UE 重新指向到 2G/3G 网络。根据目标小区，eNB 触发了 PS 切换或 NACC 过程。如果 eNB 决定执行 PS 切换，它会触发一个携带着 CSFB 指示的正常的 PS 切换过程，从 LTE 切换到 UTRAN 或 GERAN 。如果 eNB 决定触发 NACC，它将命令 UE 从 LTE 重选到 GERAN。PS 切换或小区重选完成后，UE 连接到了 UTRAN 或 GERAN。然后，UE 在 UTRAN/GERAN CS 域中发起 CS 紧急呼叫建立。

2.1.4 PSAP 回呼

3GPP 中尚未涉及用户拨打紧急电话但连接中断，PSAP 对 UE 进行回呼这种情况。因此，网络像普通呼叫一样处理 PSAP 回呼。然而，PSAP 回呼的业务需求自从 3GPP TS 22.101 的 R7 [7] 中就已经存在。第 3 阶段的实际定义和这些需求的实现还需要等待 IETF（Internet 工程任务组）完成相关工作。在参考文献 [8] 的 IETF 草案中引入了"psap-callback"作为 SIP 优先级包头的另一个值。这个值表明该 SIP 请求是 PSAP 发给 UE 的，而发送 SIP 请求的起因是由于之前有一个呼叫拨打给了该 PSAP。

如果没有接收到特殊的 PSAP 回呼指示，则呼叫将被视为一个正常的语音呼叫。PSAP 或紧急呼叫中心被允许同已经注册了有效凭证 UE 来建立呼叫，并且该 UE 之前已经建立了一个紧急呼叫。本地规则有要求时，需要支持标识该呼叫是

PSAP 回呼。如果结束的呼叫具有 PSAP 回呼标识，则 UE 应能够检测到该标识。

2.1.5　紧急号码

如果用户拨打了当地的紧急电话号码，并且该号码是 UE 已知的，那么 UE 就可以检测到这是一个紧急呼叫。一般强制 UE 将 112 和 911 等作为紧急号码存储。全球各国都有大量的紧急号码。因此，漫游 UE 可能无法检测到所有拨打的号码是否为紧急号码。如果 UE 未检测到被拨号码为紧急号码，则 IMS 网络（P-CSCF）必须能识别该紧急号码，并将该呼叫路由到下一个 PSAP。但是，这样的呼叫将使用一个普通的 PDN 连接来实现 IMS 语音服务。

运营商可以将紧急号码列表添加到 UE 中，此列表包含本地所要求的号码。根据 3GPP TS 22.101［7］，设备默认情况下必须考虑以下数字作为应急号码：

1. 112 和 911 一直被认为是紧急号码。
2. 在 USIM 特别指定的空白处的紧急电话号码。
3. 000，08，110，118，119 和 999 是没有 USIM 的设备所认定的紧急号码。
4. 由服务 PLMN（VPLMN）下载到设备上的任何额外的紧急号码。
5. 虽然有些国家可能不会使用 112 或 911 作为紧急号码，但 UE 必须始终将这些数字视为紧急号码，因为这些号码在任何地方都不能用于其他任何用途。
6. 例如，即使国家紧急电话号码是 999，但 112 和 911 也会作为紧急号码。那些在国内使用了 112 和 911 的人也可以在国外漫游时使用它们。
7. 某些国家使用额外紧急号码，运营商可以在其用户的 USIM 上配置额外的号码。

2.1.6　非语音紧急服务

作为典型的紧急服务，语音媒体用于在呼叫者和 PSAP 之间传达信息。然而，也有关于残疾人（例如听力或语言障碍）或者在某些限制情况下（例如躲在嫌疑人中）发起没有语音媒体的或者包含其他媒体形式（例如在通过电话交谈时发送语音消息、视频、文件等）的紧急会话的需求。

IMS 中没有语音元素的紧急会话遵循与语音会话相同的架构和流程，但媒体类型将标识其与语音无关。另一种 IMS 中允许的紧急会话媒体类型是实时视频（单工或全双工）、基于文本的即时消息、文件传输、视频剪辑分享、图片分享、音频剪辑共享和 TTY（全球文本电话）。

与紧急语音会话一样，使用非语音媒体并不是基于签约的业务。因此，能够建立 IMS 紧急会话并支持其他媒体类型的 UE 也应该能够发起其他媒体形式的 IMS 紧急会话。

IMS 紧急会话可以一起发起语音和非语音媒体。如果需要切换到不支持 IMS 语音的网络（如 GSM），则语音媒体将保留为 CS 紧急呼叫，但其他非语音媒体将被移除。

2.1.7 自动紧急呼叫

eCall 服务是一项欧洲发起的项目，旨在为在欧盟国家内发生交通事故的司机提供快速援助服务。eCall 计划的目标是在汽车上安装一个装置，该装置可以在发生严重的交通事故时自动拨打紧急号码（如 112）给紧急中心，并将安全气囊和传感器的信息以及 GPS 坐标通过无线通信的方式发送给当地的应急部门。eCall 服务是在 E112 紧急呼叫的基础上建立的。欧盟委员会（European Commission）的目标是到 2015 年，在整个欧盟范围内建立功能齐全的 eCall 服务。可以预见，eCall 服务可以显著加快城市地区和农村地区的紧急响应时间。

目前的 eCall 服务是基于 GSM 和 UMTS 网络的电路交换紧急呼叫来实现的。经过特别设计的 eCall 服务可以与任何部署了 CS 域的 GSM 或 UMTS 网络兼容。那么，在紧急呼叫的前几秒钟，数据经过一个特殊的带内编码器进行编码后在电路交换信道中传输出去。之后，PSAP 与车内乘客之间的语音通信才能建立。图 2.5 显示了 eCall 信息传输流程。

在欧盟，能够使用 GSM 网络提供 eCall 服务的时间周期是不确定的，而且 GSM 频谱很可能会被重新分配给 UMTS 和 / 或 LTE。在 LTE 中，可以使用 CSFB 或 IMS 来进行紧急呼叫。ETSI（欧洲电信标准协会）TC MSG（技术委员会移动标准小组）有一个关于交通 eCall 迁移的工作组。作为这项研究的一部分，已经形成了技术报告（见参考文献［9］中的 ETSI TR）。该文档的内容主要是为了满足 eCall 当前和未来业务需求，分析 IMS 紧急呼叫和 IMS 多媒体紧急服务需要做哪些适应性升级，对备选解决方案进行评估（备选方案包括：没有电路域承载情况下的带内调制解调器的解决方案、混合 CS/IMS 解决方案以及业务迁移方案）。IETF 的 ECRIT 项目组（紧急事件解决与互联网技术项目组）目前正在准备 eCall［10］和自动事故通知（CAN）服务［11］的技术草稿，草案中包含了欧洲以外

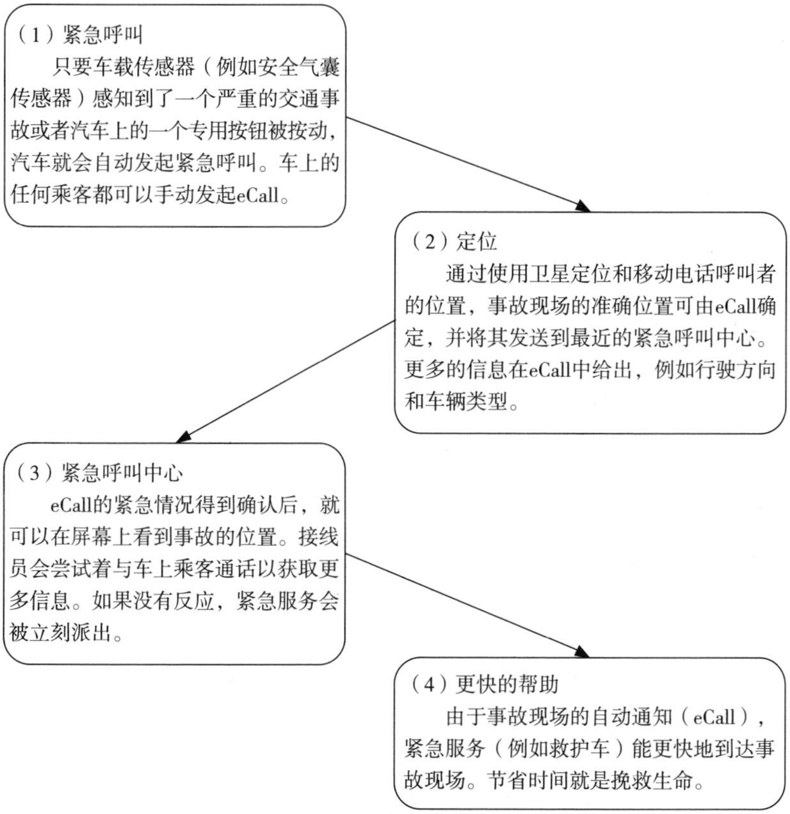

（1）紧急呼叫
只要车载传感器（例如安全气囊传感器）感知到了一个严重的交通事故或者汽车上的一个专用按钮被按动，汽车就会自动发起紧急呼叫。车上的任何乘客都可以手动发起eCall。

（2）定位
通过使用卫星定位和移动电话呼叫者的位置，事故现场的准确位置可由eCall确定，并将其发送到最近的紧急呼叫中心。更多的信息在eCall中给出，例如行驶方向和车辆类型。

（3）紧急呼叫中心
eCall的紧急情况得到确认后，就可以在屏幕上看到事故的位置。接线员会尝试着与车上乘客通话以获取更多信息。如果没有反应，紧急服务会被立刻派出。

（4）更快的帮助
由于事故现场的自动通知（eCall），紧急服务（例如救护车）能更快地到达事故现场。节省时间就是挽救生命。

图 2.5　eCall 信息流

活动的相关信息。

根据 ETSI［12］的输入，3GPP 已经讨论了支持基于 VoLTE 的 eCall 服务。当在 3GPP 中对启动这项工作达成一致时，作为该工作的一部分，将评估基于现有技术实现 eCall（带内调制解调器）的方案，并且将研发适用于分组交换网络（例如 UMTS 和 LTE）的新的技术解决方案。

2.2　公共警报系统

公共警报系统（PWS）是为地方、区域或国家当局提供的一项向公众发出警报的服务，以警告公众即将发生紧急情况。这样的警报信息一般是必要的，警报的原因如下［13］：

1. 与天气有关的紧急情况，如龙卷风、冰雹和飓风；

2. 地震、海啸等地质灾害；

3. 工业灾害，如有毒气体释放或污染；

4. 放射性灾害，如核电站事故；

5. 医疗紧急情况，如传染病迅速蔓延；

6. 战争或恐怖主义突发事件。

一些城市还使用紧急警报来提醒人们越狱、拐卖儿童、紧急电话号码和其他事件。

在 3GPP TS 23.041［14］中对基于 LTE 系统的警报消息传送进行了规范，该业务与 GERAN 和 UTRAN 中的 Cell 广播服务（CBS）很类似，额外允许在特定服务区域内将一些未被确认的警报消息广播给 UE。术语“未确认”意味着没有警报消息的重试机制。

根据日本提出的要求，3GPP Release 8 支持包括地震和海啸警报系统（ETWS）在内的基本功能。它一次只允许广播一个消息，有更新的消息时，将立即替换现有的广播消息。根据美国的要求，在 Release 9 中增加了支持商业移动警报系统（CMAS）的特性。Release 9 允许同时广播多个警报消息。另外在适当的时候，引入了新的区域变量，定义了新的消息标识符，并且增强了现有的消息标识符。在 Release 10 中，将韩国的“公共警报系统”（KPAS）补充进规范；在 Release 11 中增加了欧洲的公共预警系统（EU-ALERT）。在 Release 12 中，为了提高网络的鲁棒性引入了额外的增强功能［例如处理无线网络故障以及向小区广播中心（CBC）发送状态报告］，CBC 也能够在一定范围内或所有区域停止广播所有的消息，另外也改善了系统的操作和维护的便利性。下图 2.6 显示了 PWS 的架构。

CBC 是属于服务运营商的。SBc 是 CBC 和 MME 之间用于警报消息传递的参考点。CBC 与 CBE 之间的接口定义不属于 3GPP 的职责，每个国家的公共部门和网络运营商一起负责制定该接口的国家标准。

一个简化的警报消息传递描述如下：

1. CBC 识别出需要联系的 MME 并向该 MME 发送一个请求，请求中包含需要广播的警报信息、警报区域信息以及传递属性。
2. MME 使用跟踪区域 ID 列表来确定消息传递区域的 eNodeB，并将警报消

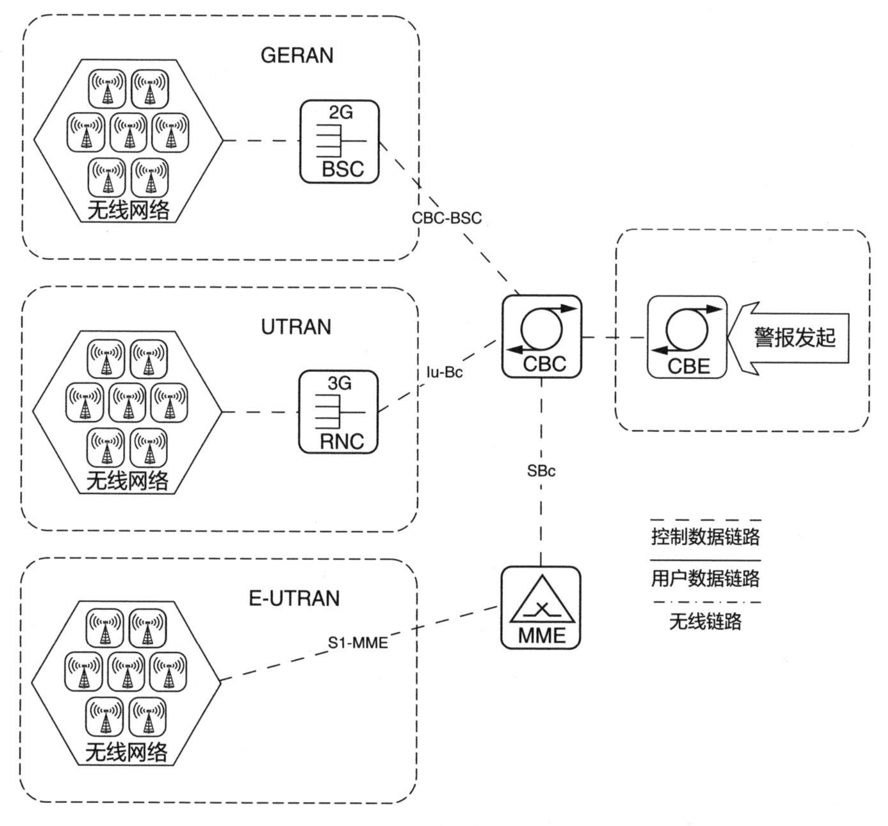

图 2.6　预警系统架构

息转发给 eNodeB。如果此列表为空，则将消息转发给与 MME 连接的所有 eNodeB。

3. eNodeB 使用警报区域信息来确定要广播消息的小区。如果没有小区 ID 信息，则 eNodeB 将在所有小区中广播消息。eNodeB 负责调度每个小区的广播消息并进行重复广播。

2.3 合法监听

2.3.1 原则

对公共电信网络进行依法（或合法）监听（LI）是全球每个国家的监管责任。因此监听是每个现代电信网络的一个综合能力。为了避免滥用这一功能，国家法律和电信条例严格规定了命令和执行监听的程序。

几乎所有国家和网络的架构都是相同的，不同国家法律只是规定了不同的监听功能的细节。

执法机构（LEA）是一个负责法律强制执行的政府机构，3GPP LI 架构向 LEA 提供了三个接口可以发起合法的监听并将数据交付给 LEA。这些接口称为切换接口 1、2 和 3（HI1、HI2 和 HI3）（如图 2.7 所示）。在本节中的“切换”并不指由于移动性而使 UE 从一个小区切换到另一个小区，而只是向 LEA 提供从网络中获得的内容。

切换接口 1（HI1）用于向电信业务提供商发送监听许可命令，并向特定用户发起 LI。HI1 接口通常是一个基于传真或是纸质化的接口，不是标准接口。该许可描述了监听目标［例如移动用户 ISDN 号（MSISDN）、IMSI 或 IMEI］、监听周期，以及截获的通信和事件的交付地址。这些交付地址与其他在许可中收到的监听标识一起用于通过切换接口 2（HI2）和切换接口 3（HI3）将数据发送给 LEA。额外的标识符可以帮助 LEA 将来自 HI2 和 HI3 接口接收的侦听数据与相同的通信事件进行关联。

HI2 在监听记录信息（IRI）事件中将与呼叫相关的数据，例如日期、时间、通信方标识符、呼叫持续时间以及所使用的补充服务等信息传送到 LEA。在进行通信时，IRI 包含了可以使 LEA 能够识别相关 HI3 监听数据的关联信息。

HI3 可用于向 LEA 提供实际通信内容（如语音和视频片段、数据）的副本，这对于电路交换和分组交换通信都是有效的。HI3 接口也可以将关联信息传递到 LEA，用来识别匹配的 HI2 IRI 事件报告。LEA 可以通知网络是否只交付与呼叫相关的数据或包括通信内容。

网络附加的仲裁功能为 IRI 提供了网络隐藏和后处理功能，在某些情况下也为侦听的通信流提供了这些功能。如果超过一个 LEA 同时监听相同的目标，则它们还将监听数据复制到数个 LEA。

出于安全方面的考虑，需要对监听许可信息进行保密，也就是对谁将被监听要进行保密，甚至网络运维人员也不能访问这些信息。因此，由于对于 LI 业务，eNodeB 和 UE 都是不能被信任的，因此它们是不能参与 LI 过程的。

需要指出的是，LI 机制也适用于公共安全通信。

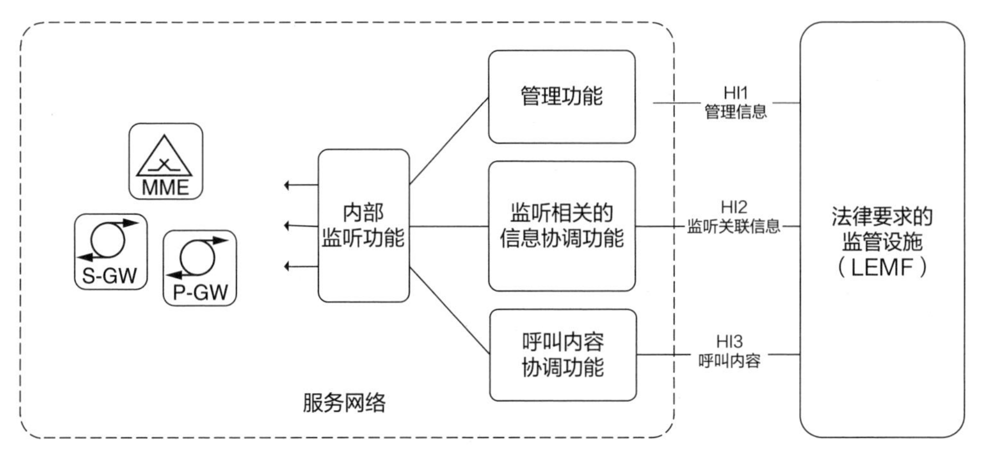

图 2.7　合法监听的切换接口

2.3.2　合法监听 EPS

在 3GPP Release 8 中定义了 EPS 的合法监听功能。通信的内容（一般指 IP 数据包）和监听相关信息由 EPS 网关节点 S-GW 或 P-GW 提供。额外的包头信息被添加到被监听的数据包。这个额外的包头能够识别实际的监听，并将 HI3 的监听数据与 HI2 IRI 事件报告关联起来。

此外，由于 MME 和 HSS 在切换和漫游等移动性管理过程中扮演了重要角色，因此它们要向 LEA 提供与监听相关的信息。

在 3GPP TS 33.107［15］中描述了 EPS 监听配置架构，3GPP TS 33.108［16］规定了监听内容和监听相关信息的编码。

2.4　增强型多媒体优先服务

在网络拥挤的情况下，增强型多媒体优先服务（eMPS，参见 3GPP TS 22.153［17］）允许授权服务用户优先接入无线和核心网的网络资源。这就要求网络有能力以更高的成功率传送和完成服务用户请求。如果授权的服务用户已经从授权机构（如本地政府）获得了优先分配权，则支持 eMPS 服务的移动网络运营商将可以对其进行优先分配。

因为 eMPS 定义了分组交换业务和 IMS 业务的优先访问机制，而 WPS 仅处理电路交换的语音或数据业务，因此 eMPS 可以看作是无线优先服务（WPS）的演进技术。

WPS只允许按需调用，但eMPS也允许“始终在线”类型的签约。eMPS整体架构及其相关参数和接口如图2.8所示。

HSS中的签约数据包含IMS优先级参数，该参数根据IETF RFC 4412［18］和相关优先级而规定。IMS注册过程中，该信息在由S-CSCF传递给P-CSCF，并允许P-CSCF相应地设置服务用户的IMS会话优先级。考虑一个典型的使用场景：eMPS用户拨打被叫号码，并在前端添加前缀（如*272）。根据移动交换中心（MSC）服务器或P-CSCF中的本地配置，服务网络将识别到该前缀并将eMPS签约用户设定为特别优先级。

IMS应用服务器也可以通过Sh对IMS优先级设置重新设置。这对于基于应用服务器的优先级业务检测（例如呼叫特定的800号段）非常有用。另一个签约等级参数是MPS-CS，它指示当调用CSFB业务时，UE是否可以发起“高优先级接入”，而MPS-EPS指示用于本地EPS服务。MME可以根据UE签约信息中的这些标识位来确定UE的优先请求是否合法。

与eMPS相关的签约数据可以分类如下：

1. EPS优先级：如果设置为“Yes”，就意味着EPS承载被指定为高优先级。如果这个参数总是被设置为“Yes”，那么这就对应于“always on”设置，这意味着在初始附着时，EPS承载就被分配为高优先级。如果允许更改此参数，则对应“on demand”类型，这意味着调用是基于服务用户的请求。例如服务用户调用应用或中央代理时可以远程请求进行优先级升级。
2. IMS信令优先级：意味着在IMS注册时，IMS信令承载和默认承载优先级更高。
3. Priority Level：PCRF使用此参数来确定在EPS使用的相关联的ARP值。

ARP参数决定系统将如何处理请求的EPS资源（在无线和核心网层面）。每个EPS承载都与一个ARP设置相关，网络中出现资源短缺时，ARP值用来指示资源是否可以从低优先级承载中抢夺资源，或者是否可以被其他高优先级请求所占用。

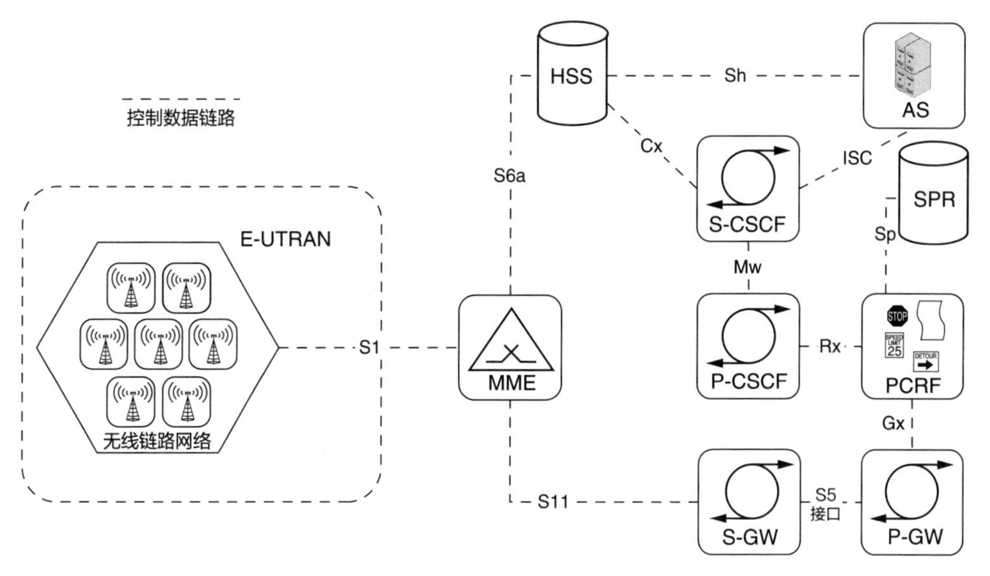

图 2.8　eMPS 架构

参考文献

[1] 3GPP TS 23.167："IP Multimedia Subsystem（IMS）Emergency Sessions".

[2] 3GPP TS 23.401："GPRS Enhancements for E-UTRAN Access".

[3] 3GPP TS 23.272："Circuit Switched（CS）Fallback in Evolved Packet System（EPS）".

[4] 3GPP TS 36.304："Evolved Universal Terrestrial Radio Access（E-UTRA）; Radio Resource Control（RRC）; Protocol Specification".

[5] 3GPP TS 23.122："Non-Access-Stratum（NAS）Functions Related to Mobile Station（MS）in Idle Mode".

[6] 3GPP TS 36.331："Evolved Universal Terrestrial Radio Access（E-UTRA）; User Equipment（UE）Procedures in Idle Mode".

[7] 3GPP TS 22.101："Service Principles".

[8] IETF draft："draft-ietf-ecrit-psap-callback".

[9] ETSI TR 103 140 "Mobile Standards Group（MSG），eCall for VoIP"，http://www.etsi.org/deliver/etsi_tr/103100_10319910 40/01.01.01_60/tr_103140v010101p.pdf.

[10] Next-Generation Pan-European eCall; draft-gellens-ecrit-ecall-01.txt.

[11] Internet Protocol-based In-Vehicle Emergency Calls; draft-gellens-ecrit-car-crash-01.

[12] 3GPP Tdoc：C1-141868，“Migration of eCall Transport”，ETSI MSG，Chairman Mr.Esa Barck，http://www.3gpp.org/ftp/tsg_CT/ WG1_mm-cc-sm_ex-CN1/TSGC1_87_Phoenix/docs/C1-141868.zip.

[13] http://en.wikipedia.org/wiki/Public_warning_system.

[14] 3GPP TS 23.041：“Technical Realization of Cell Broadcast Service（CBS）”.

[15] 3GPP TS 33.107：“Lawful Interception Architecture and Functions”.

[16] 3GPP TS 33.108：“Handover Interface for Lawful Interception（LI）”.

[17] 3GPP TS 22.153：“Multimedia Priority Service”.

[18] IETF RFC 4412：“Communications Resource Priority for the Session Initiation Protoc-ol（SIP）”.

第3章 LTE公共安全网络

3.1 公共安全网络为什么选择LTE?

在全球正在广泛采用LTE技术的背景之下，美国联邦通信委员会（FCC）决定采用长期演进计划（LTE，Long-Term Evolution）作为公共安全通信的新型无线电技术。在撰写本书时，根据全球移动供应商协会（GSA，Global Mobile Suppliers Association）的统计，107个国家部署了300个LTE网络，到2014年年底预计部署的LTE网络将会达到350。到目前为止，市场上有将近1900种支持LTE技术的设备。更多的市场数据信息请参阅文献[1]。

与现有公共安全通信技术相比，选择LTE技术用于公共安全通信的主要原因是其达到的市场规模。不仅仅是选择LTE可以降低基础设施成本（CAPEX，Capital Expenditure），同时还降低了运营成本（OPEX，Operational Expenditure，运营支出）。既有的公共安全网络技术，如电信工业协会工程委员会TR-8[2]负责进行标准化的P.25（Project 25）和APCO-25（Association of Public Safety Communications Officials），以及由欧洲电信标准协会TETRA及关键通信演进技术委员会（TCCE）负责标准化下的陆地集群无线电（TETRA，Terrestrial Trunked Radio）[3]，都瞄准了仅有少数供应商的相对较小的市场，因此降低公共安全网络的建设和设备成本的可能性很小（例如，与当前流行的智能手机价格相比，公共安全设备至少要1000美元起价，这就显得非常昂贵了）。相比之下，LTE是一项全球性标准，仅需要对LTE设备进行一些必要的小改动，就可以在全球范围内使用，这样可以显著降低生产和部署的成本。

从OPEX方面来看，使用广泛被接纳的LTE技术可以建立公网和专网间的伙伴关系，有助于建立公私伙伴关系，各种研究表明，在10年的运营中可以节省大量的独立建网成本。在这种情况下，公共安全网络运营商可以与3GPP网络商业运营商进行合作共同使用他们的基础设施，在必要时也可以增强覆盖质量。

另一个原因是LTE有能力提供高效、高速、低延迟、低建立时间和高安全性的数据连接，这是提供多媒体业务，尤其是关键多媒体通信业务的先决条件。例如，TETRA系统每个时隙只能提供7.2 kbit/s的数据传输速率（P.25提供的速率更小）。即使四个时隙合并使用，总数据速率也只能达到28.8 kbit/s。新版本的TETRA标准支持最高691.2 kbit/s的数据传输速率。

使用LTE的另一个好处是给在各种不同的部署场景提供了各种无线设备。LTE基站可满足从宏小区到微小区、微微小区甚至毫微微小区［毫微微小区是近似于居住区无线局域网（WLAN）或有线路由器调制解调器的覆盖大小］等不同大小的小区的无线覆盖需求，这使得即使在没有宏蜂窝网络覆盖的乡村地区也可以很方便地快速建立公共安全网络。

3.2 什么是公共安全网络?

在3GPP的角色模型中，公共安全网络是用来为公共安全实体（如警察、消防员、民防或医务人员服务）提供通信服务的网络。根据部署国家的具体情况，公共安全网络也可以由安全公司进行商业化运营，例如为机场或者公司园区提供安全服务。

早期的公共安全通信网络是基于工作人员和指挥中心的调度员间的直接通信而建立的。这些网络当时采用专门开发的特有技术和特殊频段进行通信。这些网络都是独立的解决方案，最糟糕的是这些解决方案甚至不能实现城市间的互通。这项技术的另一个主要缺点是与单一供应商绑定在一起，存在明显的定价缺陷、功能不可用性以及交付等问题。

由于这些网络仅能专门官方使用，并且严格由位于指挥中心的调度员管理，本质上是调度员通过仲裁通信请求（通常是通话请求）使得网络具有了优先级和类似于抢占的机制。调度员属于控制层面，他来裁决谁有权进行下一次进行通信。由于主要是通过“直接通信”模式来进行通信，只有指挥中心和工作人员的“对讲机”设备参与了通信，因此这些网络通过提高其内在可靠性防止网络故障。

即使是在指挥中心发生故障的情况下，工作人员之间仍然能够进行相关通信。然而这种直接通信方式的一个显著缺点就是覆盖范围有限。虽然中继节点和一些其他网络基础设施设备可以扩大通信范围，但同时也增加了额外的故障点。

随着蜂窝通信系统兴起以及网络的广泛部署（例如全球 GSM 系统覆盖区域不断增长），公共安全有关部门对采用这些技术的兴趣逐渐浓厚，因为这些网络不仅部署成本较低，还有多家供应商支持。

在第二代蜂窝系统兴起的同时，起源于美国的 APCO P.25 系统和欧洲的 TETRA 数字公共安全通信也在同步发展。这些系统很大程度上降低了公共安全通信市场的割裂程度。P.25 系统在包括美国、加拿大、澳大利亚、新西兰、巴西、印度和俄罗斯在内的 50 多个国家进行了部署。而 TETRA 在欧洲、中东、非洲、亚太地区和拉丁美洲的 100 多个国家投入使用。然而由于 P.25 和 TETRA 无法实现互通，因此全球范围内的市场存在割裂状态。

人们在 20 世纪 90 年代中期第一次尝试使用 GSM 来进行公共安全通信。在欧洲最初研究 TETRA 时，曾探讨过是否要使用 GSM 技术，但当时的研究结论是 GSM 欠缺一些重要功能。当时在某些特定的频段上是不能运营的，而其优先级和抢占机制也处于早期阶段。因此欧洲将用于公共安全通信的专用蜂窝 TETRA 网络进行了标准化，至今该网络仍被广泛使用。然而令人意想不到的是，90 年代中期，对 GSM 技术进行了升级用来为铁路提供通信服务（也就是 GSM-R 网络），这在一定程度上与公共安全部门的通信需求类似。GSM-R 取得这种成功，尤其是在欧洲以外的地区取得成功的一个主要原因是，比如在中国，专用于铁路的无线频谱与用于商业网络的欧洲 GSM 900 频段相邻。一方面无线系统不需要进行大规模改造，另一方面这些频段也足够满足业务需求，在起始阶段也没有必要执行精细的优先级和抢占机制。

随着 GSM 从纯话音网络向以数据业务为核心网络进行演进，GSM 也同时向全球标准化组织（3GPP）融合，最初使用 3GPP 技术进行公共安全通信的问题也就不存在了。例如，UMTS 和 LTE 已部署在全球许多国家并在不同的频带上运营。LTE 甚至可以同时工作在不同的频段上。

3.3 LTE 满足公共安全网络需求

除成本方面的优势，LTE 还可以在不进行升级的情况下为公共安全网络提供许多功能。LTE 不仅可以实现不同网络间的互联互通以及不同设备制造商的网络设备间的互联互通，还可以实现国内或国际（称为漫游）间网络的互联互通，这在像欧洲这样的地区非常重要，因为网络以每个国家为基础进行运营。如果国家之间有漫游协议，那么一个国家的公共安全网络用户也可以在其他国家使用该国的公共安全网络基础设施。LTE 还提供了目前最先进的鉴权、认证和加密机制用于公共安全通信。LTE 允许网络对用户进行身份认证，也允许用户对网络进行身份认证，从而有效保护了公共安全用户免受窃听攻击。

LTE 的内在优势在于所使用的安全标准的开放性（详情请参阅 3GPP TS 33.401［4］）以及有众多安全专家监控安全漏洞和软件后门，并在这些安全漏洞被利用之前提供标准更新。例如，在第一个加密算法 A5/1 被攻击的很久之前，3GPP 就已经定义了新的算法 A5/3。由于该标准具有公开性，而且全球很多国家都参与标准制定，参与标准制定的各方想在标准中留下后门是不太可能成功的。尽管由 3GPP 负责标准化的部分，特别是设备和网络之间的通信被公认为是相当安全的，但 3GPP 网络依赖于回程和域间安全，因此仍必须特别注意防止攻击。

LTE 允许灵活的网络共享机制（参见 3GPP TS 23.251［5］），商业或公共安全运营商可以在一定程度上共享部分网络。最常见的情况是无线接入网（RAN）共享，不同运营商使用不同的核心网设备但与其他运营商共享无线网设备。这样可以降低部署成本，同时可以弥补无线覆盖面方面的问题。

最初设计用于应对海啸、地震和台风等灾害场景的优先级和抢占机制，可以在网络过载的情况下优先保障重要通信需求。这些已经成为 LTE 规定的内置功能，因此 LTE 可以很容易地用于公共安全网络。

LTE 为每个用户、每个业务或每个应用提供不同等级的服务质量。这使得对吞吐量和时延有很高要求的业务（如视频流），可以优先于普通数据传输的获得处理。

由此得出结论，只有极少数的公共安全通信特性是 LTE 无法满足的。从 R12 起，3GPP 已经开始将这些功能放在工作程序中。这些功能具体包括：直接通信模式（详情参见第 4 章和 3GPP TS 23.303［6］）、组通信（详情请参阅第 5 章和 3GPP TS 23.468［7］），以及关键对讲通信（MCPTT）业务（将在 3GPP Release 13 中进行标准化，参见 3GPP TS 22.179［8］）。这些附加功能可以提供模拟传统公共安全系统的对讲语音通信形式的资源高效利用的组通信。除 MCPTT 业务外，其他应用也可以使用一些 3GPP 进行了规范的引擎程序。

3.4　用于公共安全的各种 LTE 设备

正如前面所指出的，随着采用 LTE 作为公共安全网络的无线通信技术，并且为了满足功能需求要求芯片组支持 ProSe 或 GCSE，那么公共安全 LTE 设备的价格可能将下降，并且将有更多的厂商进入公共安全设备市场。这对于非加固设备和半加固设备尤其如此，其中半加固手机在市场中已经供应了一段时间了。

公共安全设备是基于智能手机研发的，因此它们不仅能支持语音、视频、组通信或 D2D 通信，还能简化警务人员的工作流程。图 3.1 为哈里斯（Harris）公司的基于 LTE 的公共安全平板电脑。

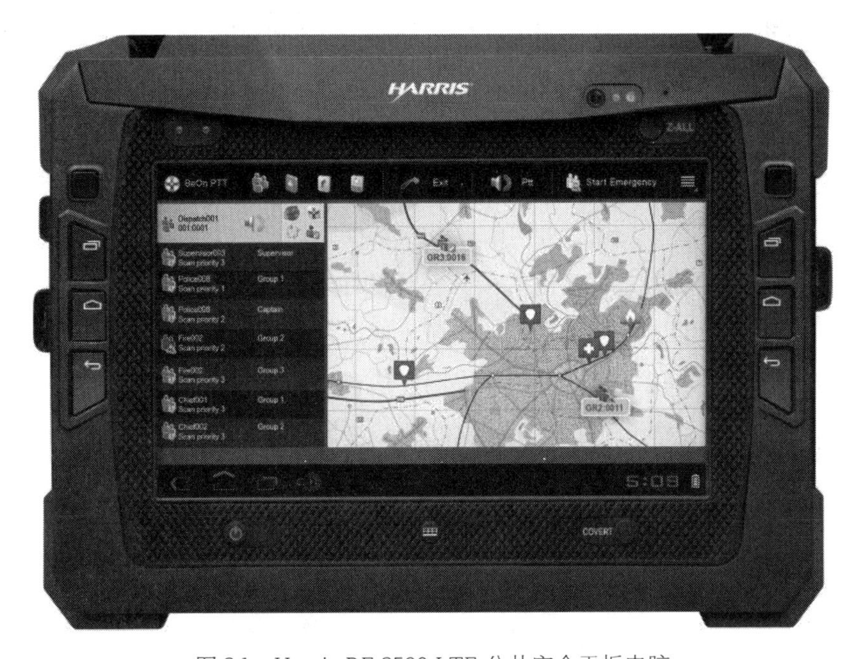

图 3.1　Harris RF-3590 LTE 公共安全平板电脑

LTE 不仅会改变技术生态系统，还会改变经济条件，从而激发一些有趣的新用例和各种设备。

对于较恶劣的操作环境，人们会希望使用一些内置了少量应用的普通智能手机或平板电脑来进行公共安全通信。除机械弹性外，专业的公共安全设备与普通手机之间的差别也越来越模糊。预计未来公共安全移动设备将不仅支持包括 LTE

定义的公共安全通信的相关功能，而且还将取决于设备所使用的区域，比如在LTE公共安全系统刚开始运营时，可能要求在没有LTE覆盖情况下通过TETRA或P.25提供业务。这两种应用之间的网络互通超出了3GPP的工作范围，该工作将留给个别设备制造商和国家/地区监管机构。

3.5 独立与共享部署

在大多数情况下，公共安全网被设计成独立的网络，通常由国家或政府部门部署。这种做法可以简单地实现对网络的完全掌控以确保隐私和信息安全。以这种方式部署最终成为完全由政府控制的网络，在实现高质量、高可靠的同时也付出了高成本的代价。

正如预期的那样，这是提供公共安全网络成本最高的方式，无法在初期全面评估建网成本。因此，在许多国家，部署完覆盖所有相关领域的传统公共安全系统的最终支出均大大超出了最初的预算。

为了解决这个问题，商业移动运营商采用3GPP开发的RAN共享机制，该机制允许运营商共享无线基站以及已经部署基站的站点或部分站点。如果公共安全网络运营商与国家的移动运营商签订了分享协议，那么他就可以在网络的联合覆盖面和容量等方面受益，不仅包括在某个网络有边缘覆盖的区域，还包括像人口密集的市中心这种会出现流量高峰的区域。通过制定（国家）漫游协议，公共安全网络运营商甚至可以在某些地区利用商业运营商的基础设施，而无需部署自己的基础设施。图3.2显示了部署选项的范例，包括从完全移动网络运营商托管的部署方案到专用的、独立的公共安全部署方案。

使用多个网络时，更好的网络/服务可用性和可靠性还可以降低由于多个运营商的技术问题导致网络中断的概率，前提是这些运营商在该地区拥有独立的基础设施。

3.6 网络互通

3.6.1 设备方面

预计基于LTE的公共安全设备（符合3GPP规范的UE）也将支持包括TETRA和P.25在内的传统公共安全网络，那么选择使用哪一个网络将由UE上运行的

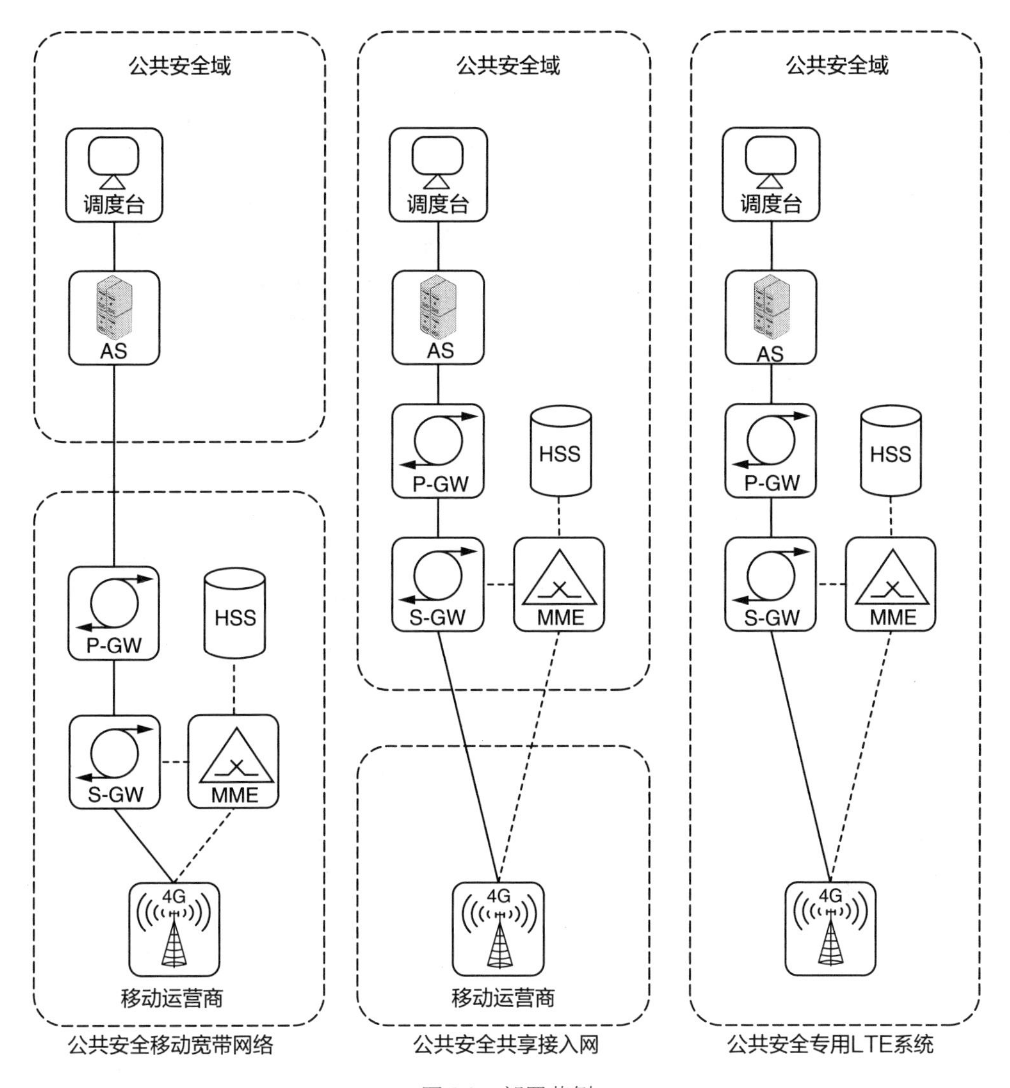

图 3.2　部署范例

应用程序来控制。虽然 3GPP 规范了 MCPTT 应用，但它没有权限处理其范围之外的议题，也就是说，3GPP 对 MCPTT 进行标准化时将不会涉及如何与 P.25 或 TETRA 网络进行互通。

当然，3GPP 标准是知悉公共安全设备还有其他通信方式的。例如，需要对何时从基于网络的 GCSE 切换到基于 ProSe 的通信进行决策时，MCPTT 应用需要 3GPP 底层提供必要的信息。部分上述信息连同设备与 P.25 或 TETRA 相关的信息也可以用来决定何时从 LTE 切换到 P.25/TETRA，反之亦然。

3.6.2 网络方面

另一种网络互通场景是，当前通过 LTE 连接并使用 MCPTT 应用的设备想要与一个或多个设备进行通信，其中某些设备可能只能通过传统公共安全网络才能到达，反之亦然。在这种情况下，网络必须确保不同层上的互通，例如传输层和应用层。对于应用层来说，如果设备使用不同的编解码器，这可能需要协议转换和转码功能。

参考文献

[1] Global Mobile Suppliers Association（GSA）：http://www.gsacom.com/.

[2] Telecommunications Industry Association（TIA）TR-8：http://www.tiaonline.org/all-standards/committees/tr-8.

[3] ETSI TCCE：http://www.etsi.org/technologies-clusters/technologies/tetra.

[4] 3GPP TS 33.401："3GPP System Architecture Evolution（SAE）；Security Architecture".

[5] 3GPP TS 23.251："Network Sharing；Architecture and Functional Description".

[6] 3GPP TS 23.303："Proximity-Based Services（ProSe）".

[7] 3GPP TS 23.468："Group Communication System Enablers for LTE（GCSE_LTE）".

[8] 3GPP TS 22.179："Mission Critical Push to Talk MCPTT（Release 13）".

第4章 邻近业务（ProSe）

4.1 邻近业务介绍

4.1.1 概述

邻近业务（Proximity Services，ProSe）能够使设备发现附近的其他设备并与其直接通信，无需通过网络的路由中转。我们举一个例子来说明ProSe：消防员约翰和鲍勃在同一座大楼里，当他们相距不远时，他们希望能够发现对方的存在并且进行通话。在传统的蜂窝网络中，如果约翰和鲍勃要通话，即使两个人离得非常近，他们的手台也必须先连接到网络，因为任何数据的传输都必须经过基站和核心网。引入ProSe之后，约翰和鲍勃的手台就可以在“邻近范围”内发现对方，并且可以直接传递用户面数据。当然，这里所说的“邻近范围”与无线信号的强度和干扰等相关，实际场景中这个范围可能相差很多（比如50米、200米、1000米），取决于信号的功率强度。

ProSe功能主要包括的是LTE无线的机制，从而可以实现两个或多个设备之间的直接发现和通信。只要是支持ProSe功能的设备上运行的应用，都可以使用ProSe引入的功能和能力。公共安全只是ProSe的一个场景，其他可能的场景还包括文件共享、寻找附近的好友等。

可以说，ProSe打破了UE“先接收再发送”的惯例，不过由于UE现在的发送使用了以前只用于收听的频率，所以也增加了无线干扰。

在3GPP标准中，ProSe是可选功能，UE是否实现ProSe由设备商决定。目前有两种支持ProSe的UE：一种是普通移动用户使用的，支持“社会性”或者

“商业”场景的 UE，称为 ProSe-enabled non-Public Safety UE；一种是专业用户（如消防员、警察）使用的，用于公共安全场景的 UE，称为 ProSe-enabled Public Safety UE。两种 UE 在 ProSe 特性上有所不同，对于公共安全场景，“直接通信”是必选功能，“直接发现”则可以省略。

4.1.2 ProSe 通信

在 ProSe 之前，不管是 UE 发起的数据，还是发往 UE 的数据，或多或少都要经过网络，如图 4.1 所示。

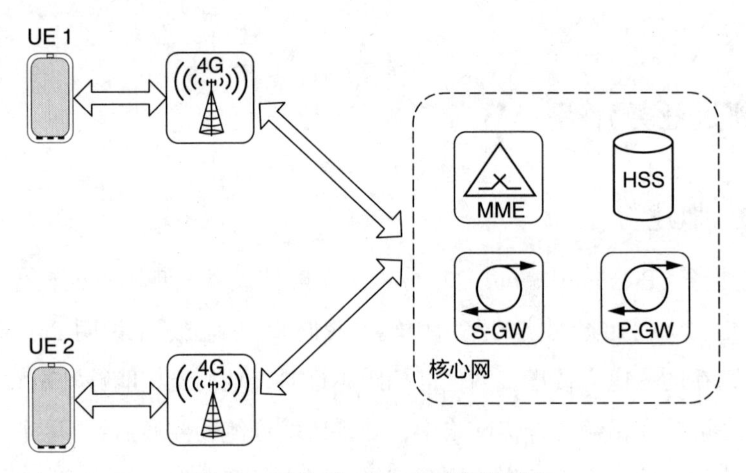

图 4.1 不使用 ProSe 时的数据路径

此前也曾有过 UE 间直接通信的尝试。20 世纪 90 年代后期，曾经在 GSM-R 中定义过一种直接模式，但是由于无线干扰问题没有解决，也没有芯片商支持，到现在也还没有被实际部署。

随着无线技术的发展以及智能手机引发的移动通信浪潮，形势开始发生了变化。单设备的数据流量大大增加，而单位流量的收益却在不断减少，这是运营商不愿看到的。针对这种变化，3GPP 提出了 LIPA 和 SIPTO 等一系列本地疏导机制，将那些低收益的流量卸载到本地网络（如家庭网、校园网），或者连接到更靠近用户侧的互联网上，避免它们占用过多的网络资源。

这种低收益流量中，有一些业务只包含两个参与方：相距很近的发送方和接收方，比如可能只是坐在一起的两个朋友在分享照片，或者在玩网络游戏，于是，直接通信的概念又一次被提到了讨论桌上。

图 4.2 的场景可称为 ProSe 通信，或者“直通”（Direct Communication），它可以使用 LTE 技术，也可以使用 WLAN 技术。对于 WLAN 技术，由于 WLAN 不属于 3GPP 范畴而且已经支持直接通信了（即 WLAN ad hoc 网），因此 WLAN 中的 ProSe 只是辅助连接建立以及业务连续性。在 ProSe 通信下，移动网络可以控制 ProSe 通信所使用的资源，并且必须对 ProSe 通信的使用进行授权。这主要是由于 ProSe 通信使用了运营商的授权频谱，而且在很多国家，运营商如何使用授权频谱是有法规限制的。

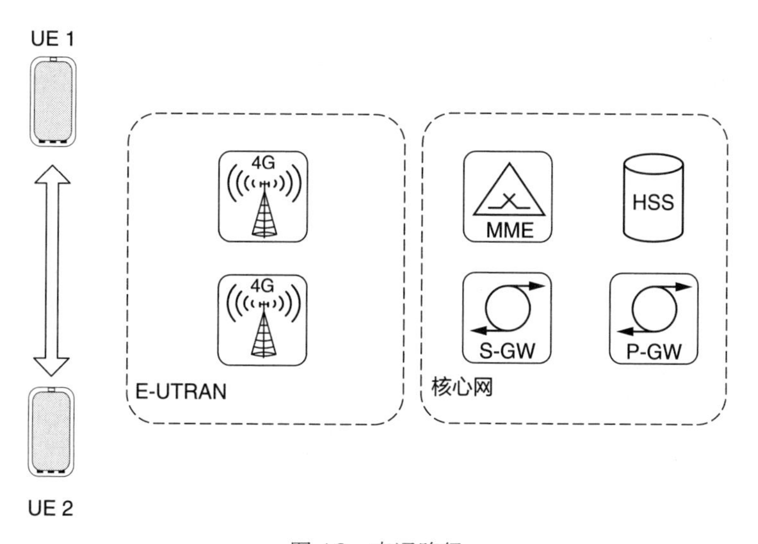

图 4.2　直通路径

3GPP 还引入了一种本地路由通信场景，可以对资源进行更严格的控制：流量要通过 eNodeB 路由后才能到达另一个终端，如图 4.3 所示。然而这种模式违

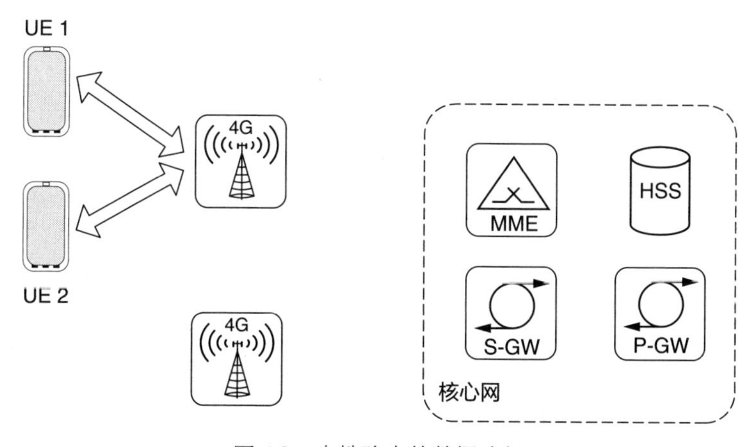

图 4.3　本地路由的数据路径

背了有效利用资源的初衷，因为授权频谱是很昂贵的，而且仍然使用了 UE 到 eNodeB 的链路——这条链路资源已经很紧张了。因此，本地路由的场景估计不会大范围部署，Release12 中也没有规定。

4.1.3 ProSe 发现

ProSe 发现的设计初衷，是为社交应用、广告、位置服务等提供新的邻近服务。而实际上现在的位置服务主要是靠 GPS、蜂窝和 WiFi 技术的联合定位。

ProSe 发现是一个竞争性功能，它允许 UE 发现邻近的另一个 UE。ProSe 发现可以看作是一个独立的功能，它的使用可以独立于 ProSe 通信，从而可以作为一种独立的服务提供给支持 ProSe 的 UE。不过要实现终端之间的直接通信，先进行 ProSe 发现对于 PS 通信的邻近终端还是有好处的。 使用发现机制的权限可以直接授权给某个 UE，也可以只授权给 UE 上的某些应用。例如，运营商可以允许 ProSe 发现功能用于“找朋友”软件，但是不允许用于商店定位或者聊天程序更新联系人列表。

ProSe 发现功能有“开放模式”和“限制模式”。对于开放模式，无需被发现的 UE 进行任何授权，但是在限制模式下则需要被发现 UE 的允许。

如何判断 UE 是否处在另一个 UE 的邻近区域呢？运营商可以自行定义，当然运营商同时还需要授权 UE 使用相关的发现机制以及对应的资源。

下面是 R12 中支持的两个发现流程：

1. ProSe 直接发现（ProSe Direct Discovery）
2. EPC 级的发现（EPC-level Discovery）

公共安全终端最有意思的发现机制就是“ProSe 直接发现”机制，也可以简称为“直接发现”机制，这种机制下，UE 可以在网络覆盖之外发现其他 UE。有一些 PS 用例中可能不会强制要求自动发现机制，因为用可以在某个区域内直接识别出对方（比如两个消防员可以直接看到对方），不过在隔离的火场场景中，直接发现就成了一个必不可少的功能。

再比如，一名警察在某些场景中需要从网络中断开，此时 EPC 辅助发现或者 EPC 级的发现是不可用的。EPC 级的发现主要是用于商业场景以及终端或网络不

支持直接发现的情况。如果两位朋友在足球场走散了，想找到对方的位置，那么终端可以使用 EPC 级的发现机制，在二人距离靠近的时候进行提醒。

4.1.4　用于 PS 的 ProSe

前文所述的机制也可以用于 PS 通信。PS 场景的一个核心需求就是当没有网络覆盖时或者用户主动离网时，可以实现两个或多个 UE 之间的直接链路通信。

不过如果要用于 PS 通信，ProSe 还需要满足一些特别的条件，因此 3GPP 定义了一种特殊的 UE 类型，即支持 ProSe 的公共安全终端：ProSe-enabled Public Safety UE。

与普通的 ProSe UE 终端相比，支持 ProSe 的公共安全终端可以在紧急情况下不执行发现过程而直接发起 ProSe 通信，从而缩短通信建立的时间。这有点类似于传统 PS 终端之间的对讲机式的通信，此时其他 UE 的接收是无法保证的。

与商业通信场景不同，支持 ProSe 的公共安全终端可以与其他的支持 ProSe 的公共安全终端之间建立 ProSe 直通链路，无论是否有 E-UTRAN 网络的覆盖。支持 ProSe 的公共安全终端在任何时候都有能力加入邻近的支持 ProSe 的公共安全终端直通中。

支持 ProSe 的公共安全终端使用 ProSe 功能时，仍需要网络运营商的授权。但是实际上这些 UE 可能工作在无网络覆盖的场景，并不是所有的场合下都能向网络请求授权，有的需求中甚至要求新 UE 在第一次开机时如果无网络覆盖，仍可进行工作——例如在消防员可能需要在信号盲区临时更换 UE。因此，授权需要通过离线配置或者烧入 USIM 卡等方式实现。

与普通的 ProSe UE 相比，支持 ProSe 的公共安全终端有两个独有的功能：

- 一是 ProSe 的 UE-Network 中继，即一个处在网络覆盖区中的 Public Safety ProSe-enabled UE 可以作为中继点，将无网络覆盖的支持 ProSe 的公共安全终端与网络联通起来。
- 二是 ProSe 的 UE-UE 中继，即一个支持 ProSe 的公共安全终端可以作为中继点，把距离较远的其他的支持 ProSe 的公共安全终端联通起来。

这两个功能都是为脱网场景设计的，例如消防员进入火场后脱离了网络覆盖，但是仍然需要与外部的指挥员或者车辆进行通信。两种中继场景如图 4.4 所示。

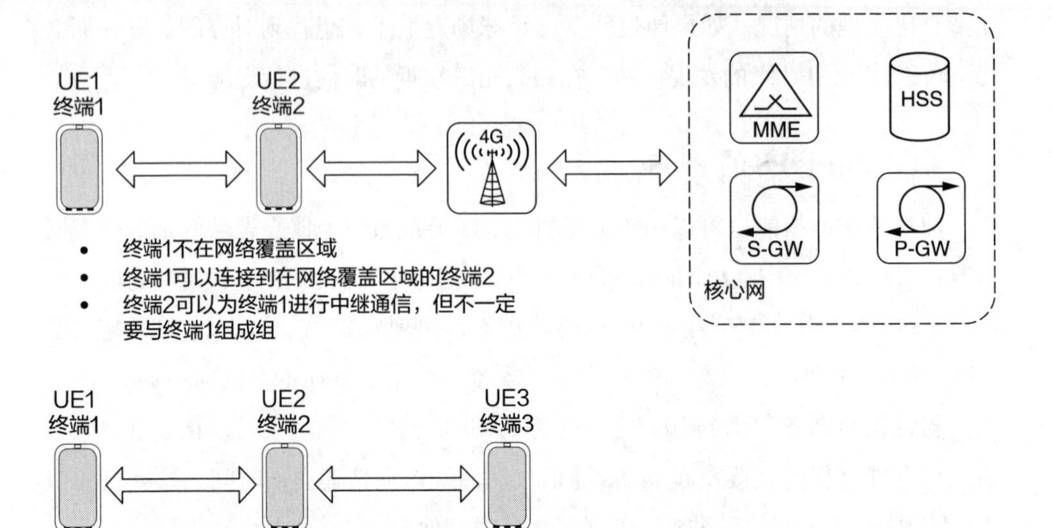

- 终端1无法直接连接终端3
- 终端2可以连接终端1和终端3，终端2可以为终端1或终端3进行中继通信，但不一定与终端1或终端3组成组

图 4.4 使用 ProSe 公共安全中继场景

在后续的章节中，我们还会描述邻近服务是如何在 LTE 网络和设备中实现的。Stage 1 的可行性研究已经输出在 3GPP TR 22.803［1］，主要的业务需求可见 3GPP TS 22.278［2］。

4.2 Proximity Services Architectures ProSe 业务架构

TS 23.203［3］中定义了支持 ProSe 业务的架构，其中主要的新功能实体称为 ProSe 功能（ProSe Function）。这个功能实体在不同的 ProSe 特性中扮演了不同的角色。ProSe 功能在归属 PLMN（HPLMN）、拜访 PLMN（VPLMN）以及本地 PLMN（Local PLMN）中都可以存在，上述 PLMN 的定义请见“术语和定义”一节。

此外，应用层引入了一个 ProSe 应用服务器（ProSe Application Server）来对 PS 进行管理（主要是发现和通信功能）。下文的架构描述中，我们假设有两个 UE（UE-A 和 UE-B）希望通过 ProSe 业务相互通信，也就是 UE-A 和 UE-B 之间进行直接发现和直接通信。

ProSe 引入的新的参考点要匹配 ProSe 应用服务器，且应支持直接发现、EPC 级的发现，以及直接通信。

4.2.1　非漫游架构

图 4.5 的架构假设了最简单的配置情况，UE-A 和 UE-B 在同一个 PLMN 签约，且两个 UE 都注册在各自的归属 PLMN 中。

场景示例：消防员鲍勃和约翰是同一个公共安全网 PLMN A 的签约用户。两人的归属网络位于同一个城市。现在两人想互相通信。

ProSe 的主要参考点、参考点的作用以及协议栈见 4.2.5 节。

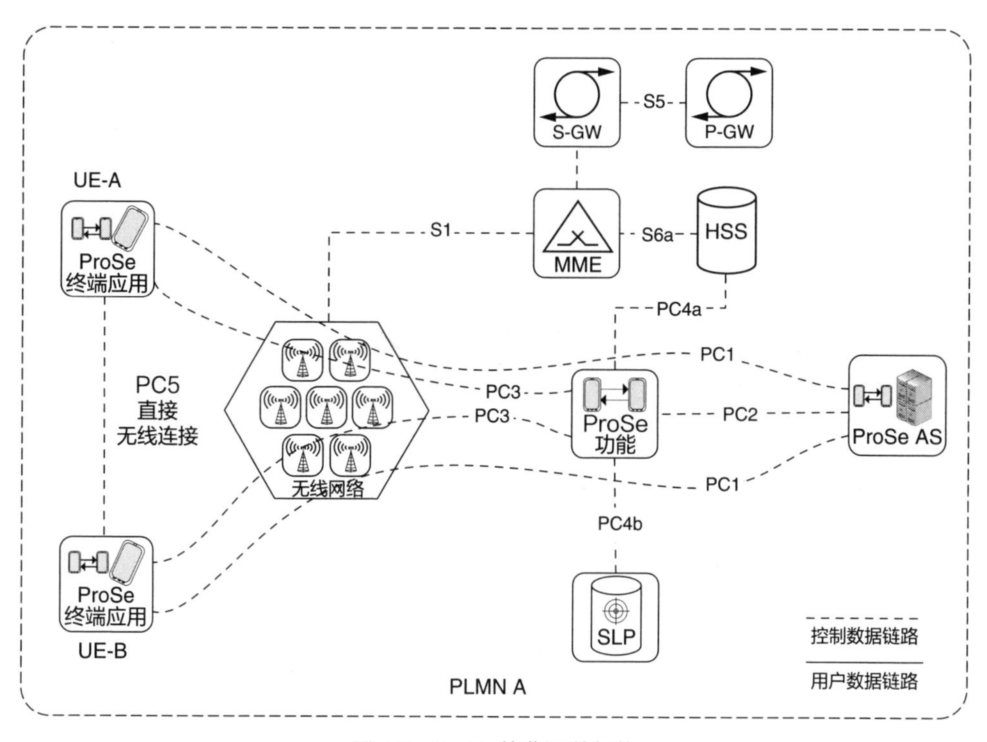

图 4.5　ProSe 的非漫游架构

4.2.2　跨 PLMN 的架构

图 4.6 的架构中，UE-A 和 UE-B 分别签约在 PLMN A 和 PLMN B 下，两个 PLMN 位于同一个城市。两个 UE 分别注册在其归属 PLMN 下。

场景示例：消防员鲍勃是公共安全网运营商 A 的签约用户，消防员约翰则是公共安全网运营商 B 的签约用户。运营商 A 和 B 在同一个城市中提供服务。鲍勃和约翰位于同一个城市。现在二人想直接通信。

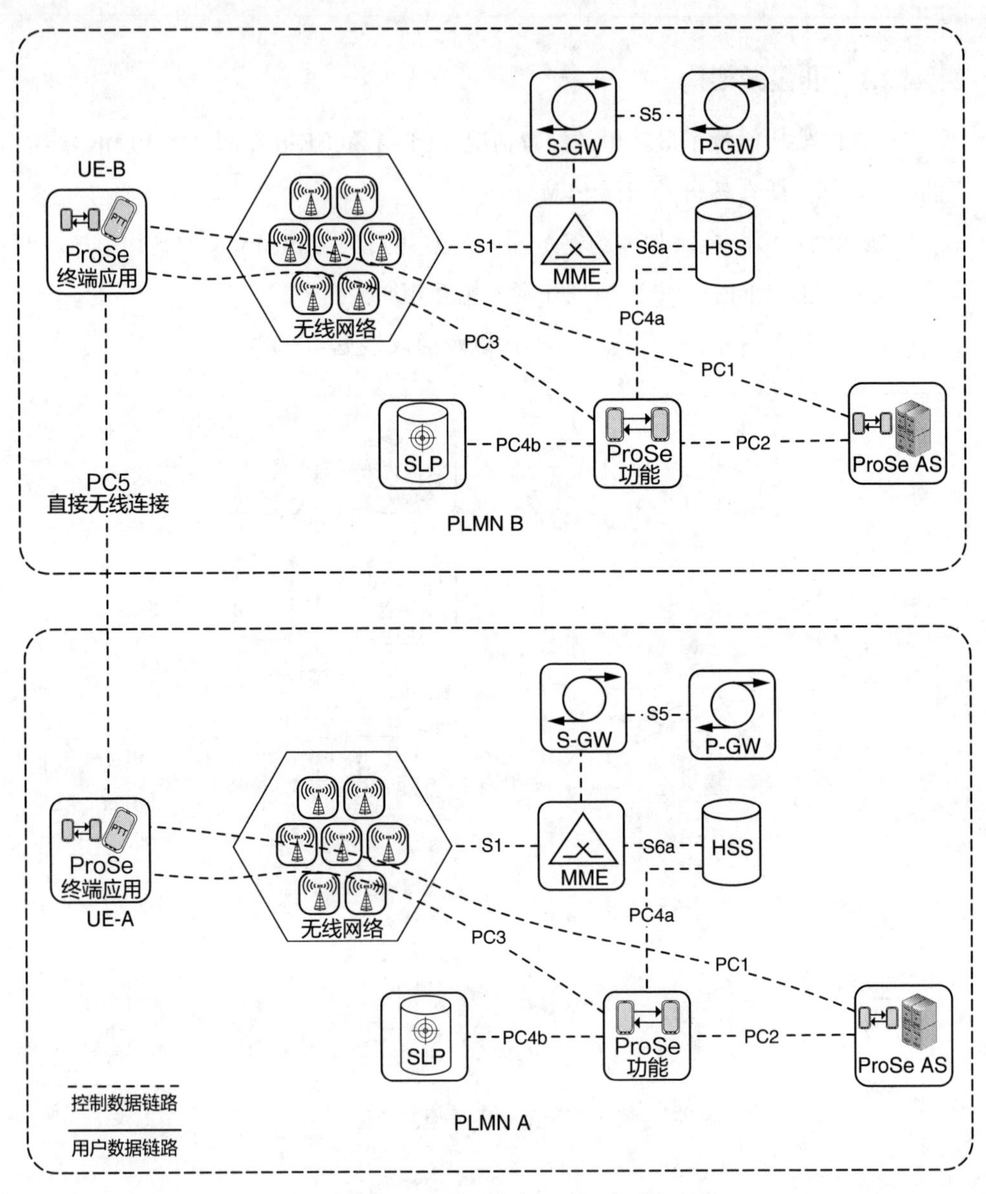

图 4.6　ProSe 的跨 PLMN 架构

4.2.3　漫游架构

图 4.7 的架构使用了更复杂的配置，假设 UE 签约在不同的 PLMN 下且其中一个 UE 正在漫游。例如，UE-A 是 PLMN A 的签约用户，正在 PLMN C 漫游；UE-B 是 PLMN B 的签约用户，位置也在 PLMN B。

场景示例：消防员鲍勃是公共安全网络运营商 A 的签约用户（由于网络 A 的覆盖缺失），正在商业网络 C 中漫游。消防员约翰是公共安全网络运营商 B 的签约用户，并且处于该网络 B 的覆盖下。鲍勃和约翰希望直接通信。

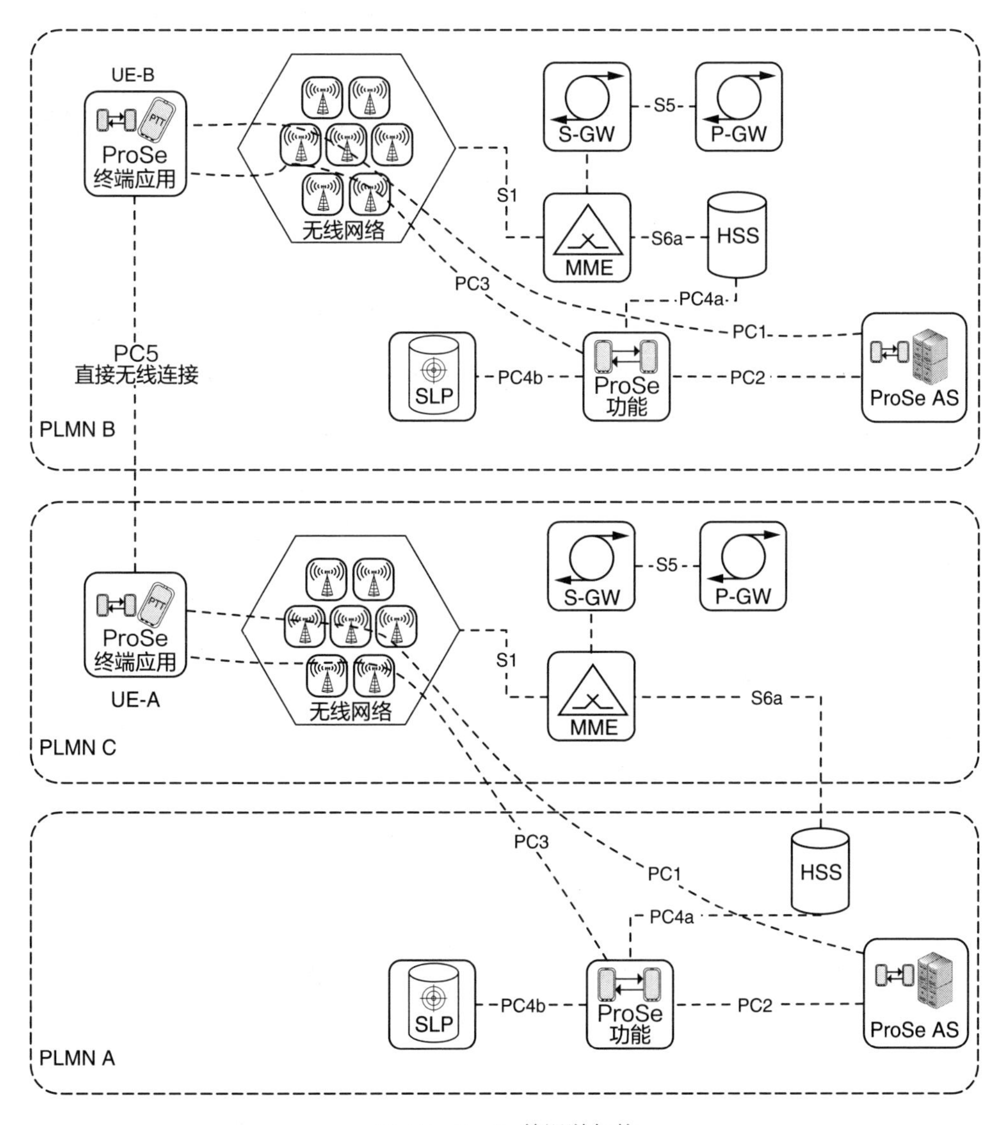

图 4.7　ProSe 的漫游架构

4.2.4　功能实体描述

要支持 ProSe，除了 LTE/SAE 基本功能之外（见第 1 章）还需要一些额外的功能实体。本节对这些额外的功能实体进行介绍。

4.2.4.1 ProSe 功能（ProSe Function）

ProSe 功能在支持 ProSe 特性时可以有多种角色。在 3GPP R12 中假定每个支持 ProSe 的 PLMN 中只有 1 个 ProSe 功能，因此如果运营商在一个 PLMN 下部署多个 ProSe 功能时，UE 如何发现这些 ProSe 功能是取决于实现的（当然最简单的方法是在 UE 上配置 ProSe 功能的逻辑名称或者地址）。在实际部署中，ProSe 功能可能不是作为单独的网元，而是与用户面路径上的某个网元合设，这也就意味着可以将某个已部署的网元升级为支持 ProSe 功能。

ProSe 功能包括 3 个主要的子功能：

—— **直接供应功能（Direct Provisioning Function，DPF）**，用于向 UE 提供必要的参数，以支持 ProSe 直接发现和 ProSe 直接通信。参数包括允许 UE 执行直接发现的 PLMN 列表、UE 脱网后直接通信所需的参数等，这些参数都是 PLMN 粒度的。

—— **直接发现名称管理功能（Direct Discovery Name Management Function）**，用于开放的 ProSe 直接发现（也即开放模式的 ProSe 直接发现），主要负责分配和处理 ProSe 应用标识（ProSe Application ID）和 ProSe 应用码（ProSe Application Code）的映射。该功能使用 HSS 中 ProSe 相关的签约数据来为每个发现请求授权。该功能也负责向 UE 提供必要的安全数据来保护空中接口的发现消息。

—— **EPC 级发现 ProSe 功能（EPC-level Discovery ProSe Function）**，用于向 UE 提供使用位置信息的网络辅助的发现。

此外，ProSe 功能还提供必要的功能以支持在 HPLMN、VPLMN、本地 PLMN 下使用 ProSe 直接发现、ProSe 直接通信、EPC 级的 ProSe 发现时的计费数据采集。

ProSe 功能的 IP 地址可以通过与 DNS 交互获得。HPLMN 下 ProSe 功能的完全限定域名（Fully Qualified Domain Name，FQDN）可以预配在 UE 中，也可以由网络提供给 UE，也可以由 UE 自行构造（例如通过某种算法从 HPLMN ID 中获取）。

ProSe 功能内部架构见图 4.8，ProSe 功能接口见图 4.9。

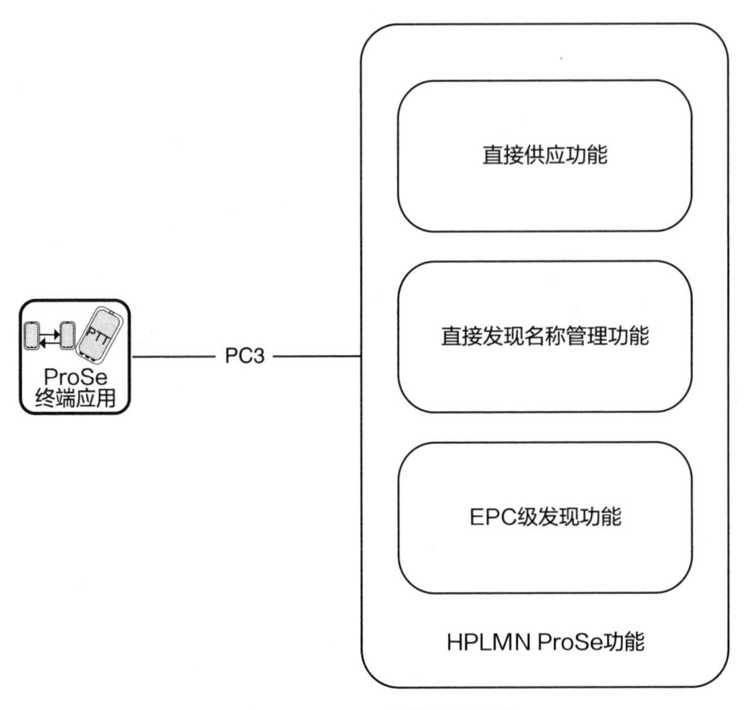

图 4.8　ProSe 功能内部架构

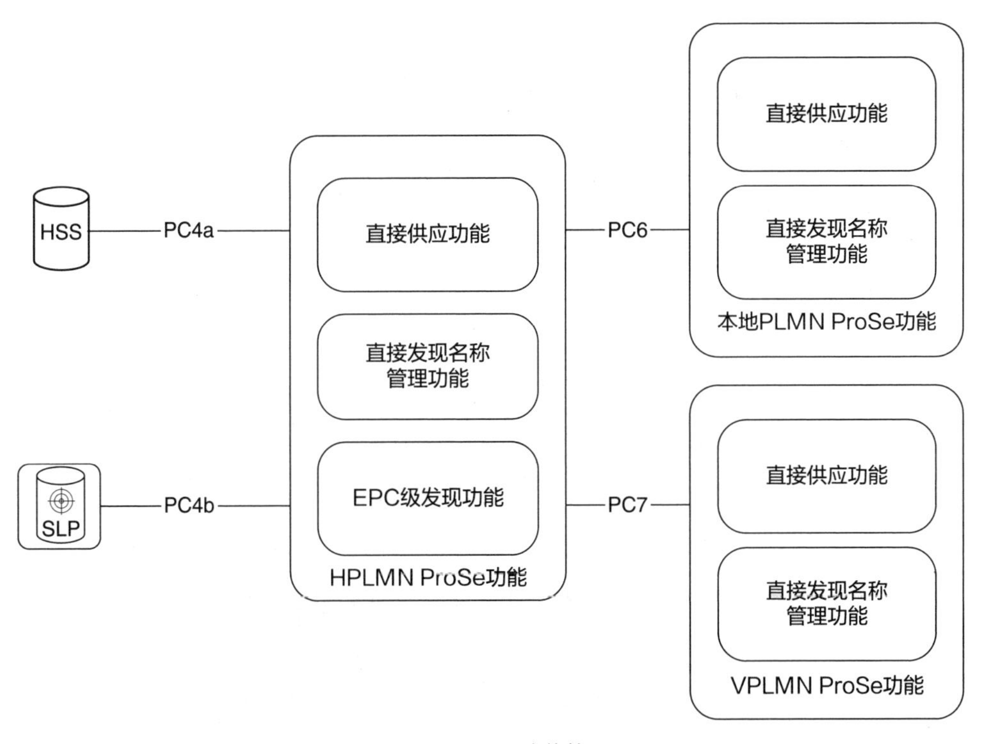

图 4.9　ProSe 功能接口

4.2.4.2 ProSe 代理功能（ProSe Proxy Function）

ProSe 代理功能位于 VPLMN 中，适用于本地疏导方案下的漫游架构，也即 PDN 连接终结在 VPLMN 的 P-GW。借助 ProSe 代理功能，VPLMN 下的 UE 可以与 HPLMN 中的 ProSe 功能进行通信。

当 UE 和 HPLMN 中的 ProSe 功能之间的信令连接不安全时，可以使用 ProSe 代理功能。ProSe 代理功能对于 UE 是透明的。

4.2.4.3 User Equipment 用户终端（User Equipment）

支持 ProSe 的 UE 可以分成两大类：支持 ProSe 的公共安全 UE（ProSe-enabled Public Safety UE）、支持 ProSe 的非公共安全 UE（ProSe-enabled non-Public Safety UE），也就是支持 ProSe 的商业 UE。

除了第 1 章提到的 LTE 功能外，支持 ProSe 的 UE 还可以支持如下功能：

—— 与 ProSe 功能交换控制信息，例如请求业务授权、发现请求通知（见 4.5.1 节）等。

—— 通过 PC5 参考点与其他支持 ProSe 的 UE 进行开放的 ProSe 直接发现。

除了上述功能外，ProSe-enabled Public Safety UE 还可以支持如下功能：

—— 通过 PC5 参考点进行一对多的 ProSe 直接通信。

—— 作为 ProSe UE-Network 中继（中继特性在 R12 中未定义）。远程 UE（即脱离网络覆盖的 UE）与 ProSe UE-Network 中继通过 PC5 参考点通信，从而接入网络服务。

—— 通过 PC5 参考点与 ProSe UE 之间交换控制信息，例如用于 ProSe UE-Network 中继探测和 ProSe 直接发现的控制信息。

—— 通过 PC3 参考点与另一个支持 ProSe 的 UE 和 ProSe 功能之间交换 ProSe 控制信息。对于 ProSe UE-Network 中继场景，远程 UE 通过 PC5 的用户面发送控制信息，再从 LTE-Uu 接口中继到 ProSe 功能。

—— 配置 UE 参数，包括 UE 的 IP 地址、ProSe 层 2 的组 ID、组安全数据、无线资源参数等。这些参数可以预配在 UE 中，也可以在有网络覆盖的时候通过 PC3 由 ProSe 功能提供。

4.2.4.4　ProSe UE-to-Network 中继（ProSe UE-to-Network Relay）

ProSe UE-to-Network 中继（见图 4.10）为脱网的远程 UE 提供“单播”连接。这个功能在 3GPP R12 中未明确。

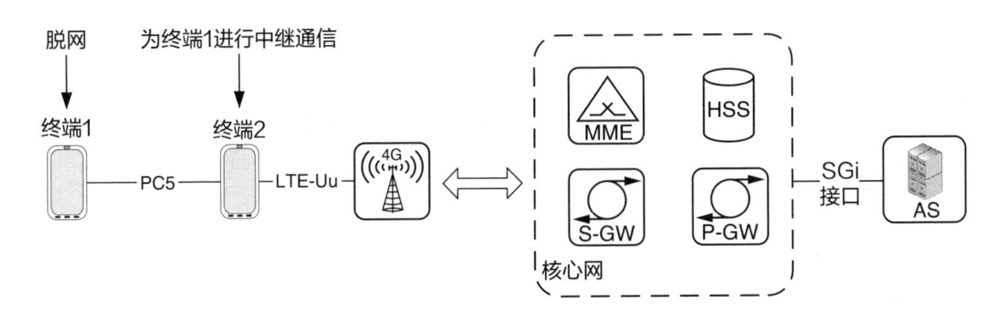

图 4.10　ProSe 终端—网络中继

ProSe UE-to-Network 中继可以在远程 UE 和网络之间中继上下行的单播业务，也可以为任何一种与公共安全通信相关的业务提供通用的中继服务。如果远程 UE 移出了 ProSe UE-to-Network 中继的覆盖范围，则 ProSe UE-to-Network 中继不会保留 UE 的 IP 地址。

4.2.4.5　ProSe 应用服务器（ProSe Application Server）

ProSe 应用服务器主要支持 PEC 级发现的应用侧功能，其保存的数据包括 EPC ProSe 用户标识（EPC ProSe user ID，EPUID）、ProSe 功能标识（ProSe Function ID，PFID）等，同时也支持应用层用户标识（Application Layer user ID，ALUID）和 EPUID 的映射。

4.2.4.6　MME

除了第 1 章提到的功能，MME 还应支持如下功能以支持 ProSe：

——从 HSS 接收 ProSe 相关的签约信息。

——获取直接发现特性相关的 UE 能力数据。

——如果 UE 支持必需的能力且 UE 已经获得授权使用对应的服务，则通过 S1-AP 信令（见 3GPP TS 36.413［10］）向 eNB 提供一个指示，表示 UE 已经获权使用 ProSe 服务。

4.2.4.7 SUPL 位置平台（SUPL Location Platform，SLP）

SLP 向 ProSe 功能提供位置信息，用于 EPC 级的发现过程。

4.2.5 接口和协议

4.2.5.1 控制平面

控制平面协议负责控制和支持用户平面的建立、修改和释放，包括如下功能：

—— 控制 ProSe 相关的 UE 配置数据。

—— 控制 ProSe 直接发现功能。

—— 控制远程 UE 和 ProSe UE-to-Network 中继之间的连接建立。

—— 控制已经建立的网络连接的属性，如 IP 地址的激活。

UE 到 ProSe 功能

UE 和 ProSe 功能之间的 ProSe 控制信令（PC3 接口）通过用户（数据）平面传输，如图 4.11 所示。

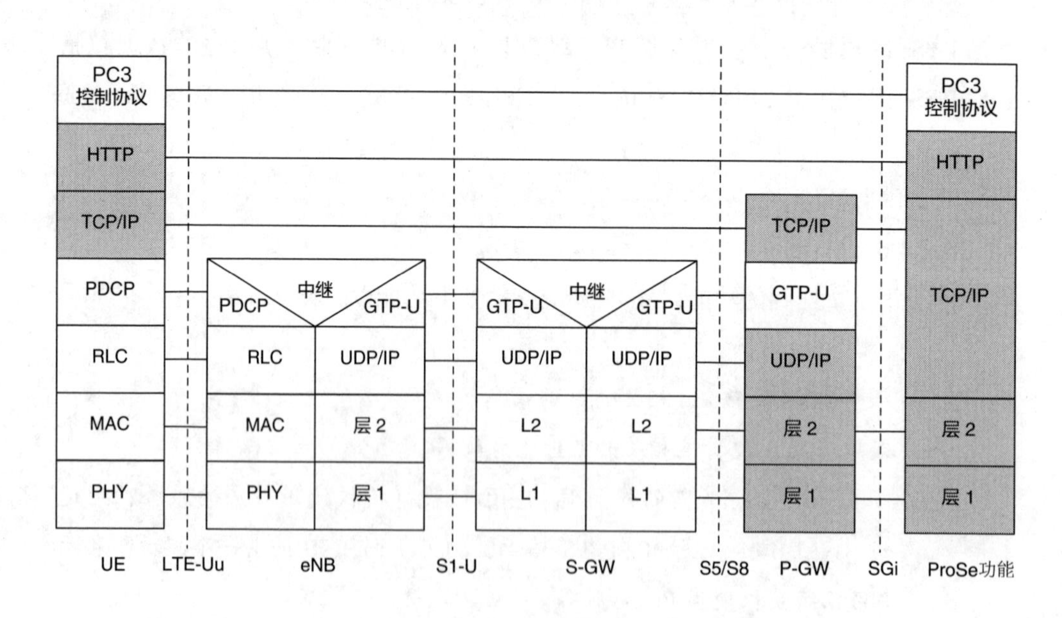

图 4.11 UE 与 ProSe 功能之间的控制面协议栈

PC3 Control Protocol PC3 控制协议

PC3 协议用于支持 ProSe 的 UE 与 ProSe 功能之间的通信，见 3GPP TS 24.334［5］。UE 和 ProSe 功能使用 IETF RFC2616（［11］）定义的超文本传输协议 1.1 版本（HTTP 1.1）作为 PC3 接口上 ProSe 控制面消息的传输协议。

HSS 到 ProSe 功能

HSS 与 ProSe 功能之间的控制面协议栈见图 4.12。

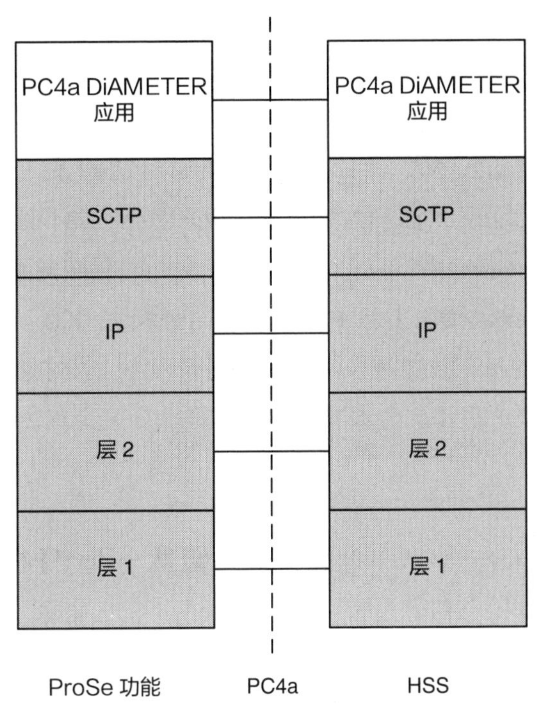

图 4.12　HSS 与 ProSe 功能之间的控制面协议栈

PC4a DIAMETER 应用

PC4a 的主要功能是在 HSS 和 ProSe 功能之间传输订阅和认证数据，PC4a DIAMETER 应用见 3GPP TS 29.344［6］，DIAMETER 定义见 IETF RFC 3588［12］。

SLP 到 ProSe 功能

图 4.13 是 ProSe 功能与 SUPL 位置平台（SLP）之间的控制面协议栈。

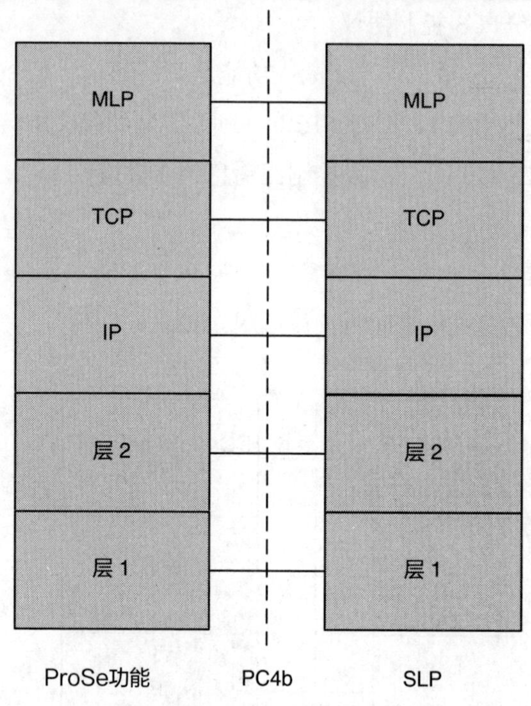

图 4.13　ProSe 功能与 SLP 间的控制面协议栈

移动位置协议（Mobile Location Protocol，MLP）

MLP 用于携带 SLP 和 ProSe 功能之间的位置信息，详见移动开放联盟位置互操作论坛移动位置协议（Open Mobile Alliance Location Interoperability Forum Mobile Location Protocol，OMA LIF MLP）。

UE 到 UE

图 4.14 是两个支持 ProSe 的 UE 之间的控制面协议栈。

ProSe 控制协议

ProSe 控制协议定义见 3GPP TS 24.334［5］，用于处理支持 ProSe 直接发现和 ProSe UE-to-Network 中继发现功能的控制消息。

接入层（Access Stratum，AS）

AS 协议执行如下功能：

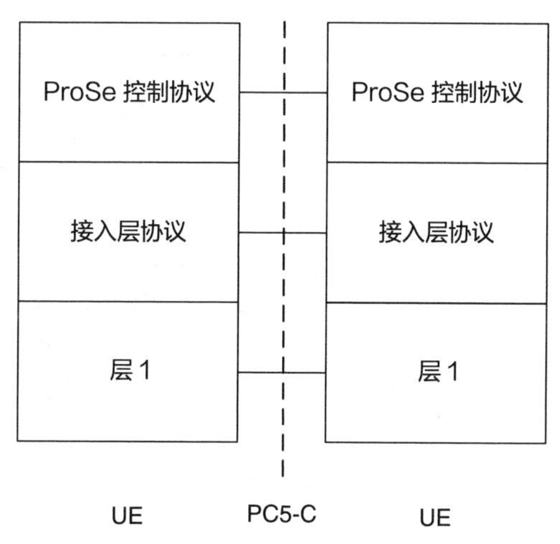

图 4.14　支持 ProSe 的 UE 之间的控制面协议栈

—— 与上层接口：媒体接入层（Medium Access Control，MAC）从上层（应用层或者 NAS 层）收到发现信息。IP 层在传输发现信息中不使用，发现信息直接透传到 AS 层。

—— 调度：MAC 层决定传输发现信息所使用的无线资源。

—— 发现协议数据单元（Discovery Protocol Data Unit，PDU）生成：MAC 层构造 MAC PDU 携带发现信息，并将 MAC PDU 发给 PHY 层，以便在无线资源上传输。

ProSe 功能到 ProSe 功能

图 4.15 是两个 ProSe 功能之间的控制面协议栈。其中 PC6 是 PLMN 之间的接口，PC7 是对应的漫游接口。

PC6/PC7 DIAMETER 应用协议

PC6 和 PC7 接口传输签约用户位置相关的信息。当 HPLMN 中的 ProSe 功能从其他的 PLMN 收集认证和配置信息时，使用此接口。在漫游场景中，该接口也用于授权 ProSe 直接发现请求、提取发现筛选器对应的 ProSe 应用 ID 名，以及将发现筛选器对应的 ProSe 应用 ID 名翻译为 ProSe 应用 ID 名。PC6/PC7 的详细定义见 3GPP TS 29.345［9］。

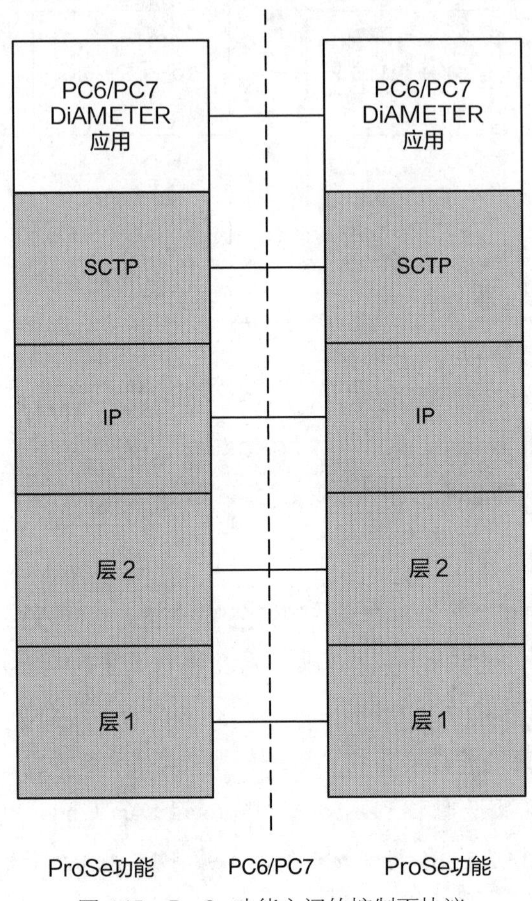

图 4.15 ProSe 功能之间的控制面协议

ProSe 功能到 ProSe 应用服务器

图 4.16 是 ProSe 功能和 ProSe 应用服务器之间的控制面协议栈。

PC2-AP

PC2-AP 是 PC2 应用协议，定义见 3GPP TS 29.343 [4]。这个接口用于 EPC 级的 ProSe 发现，例如创建应用层用户标识与 EPC ProSe User ID 之间的映射。

用户平面

UE 到 UE

图 4.17 是两个支持 ProSe 的 UE 之间的用户面协议栈。

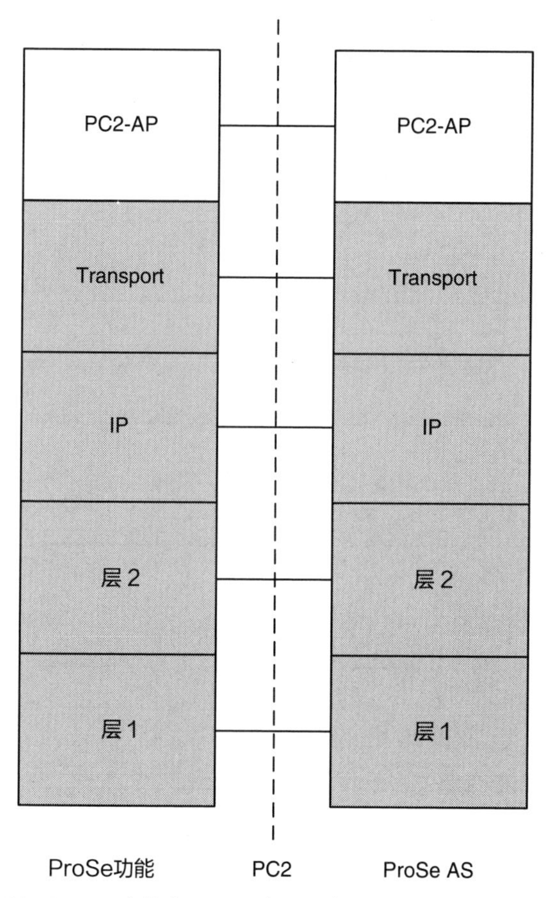

图 4.16　ProSe 功能和 ProSe 应用服务器之间的控制面协议栈

PC5-U

两个支持 ProSe 的 UE 之间的 E-UTRA 无线协议，包括 PHY 层、MAC 层、RLC 层和 PDCP 层（与 eNB 和 UE 之间的协议类似），如第 1 章所描述，定义见 3GPP TS 36.300［8］。

UE 到 UE-to-Network 中继

图 4.18 是支持 ProSe 的 UE 与 UE-Network 中继之间的用户面协议栈。

参考点和协议的总结

表 4.1 总结了 ProSe 相关的参考点和协议。

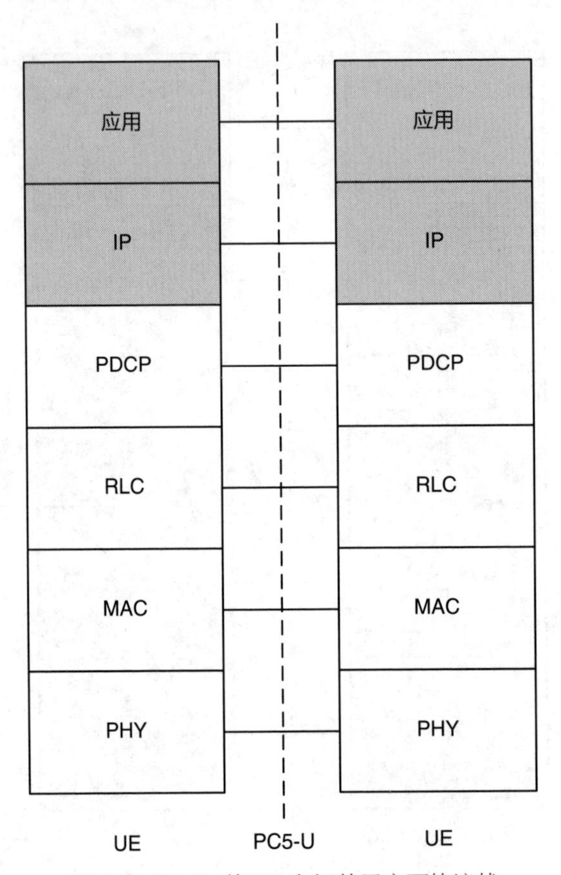

图 4.17　ProSe 的 UE 之间的用户面协议栈

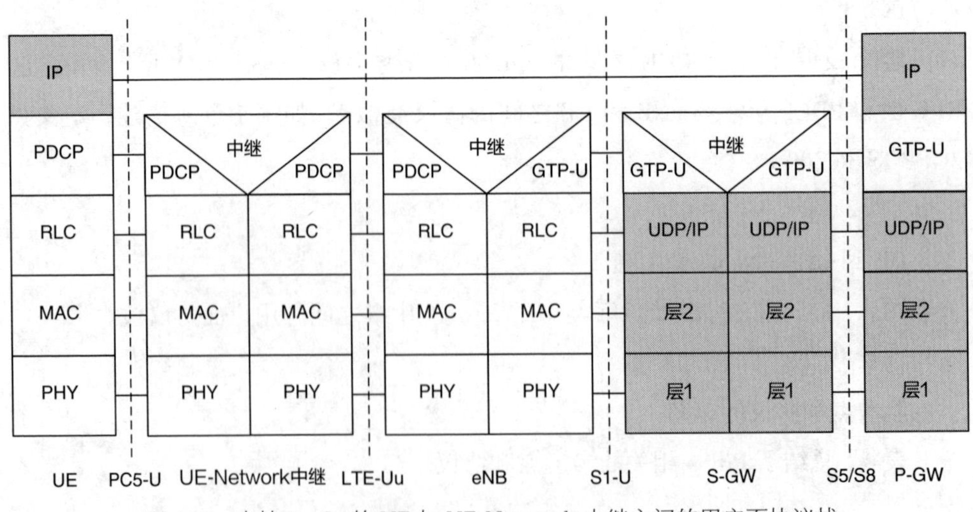

图 4.18　支持 ProSe 的 UE 与 UE-Network 中继之间的用户面协议栈

表 4.1　ProSe 参考点和协议

参考点	协　议	标　准
PC1	3GPP 未定义	3GPP 未定义
PC2	PC2-AP	TS 29.343 [4]
PC3	（HTTP上的）ProSe协议	TS 24.334 [5]
PC4a	DIAMETER	TS 29.344 [6]
PC4b	MLP	OMA LIF MLP [7]
PC5	用户面：PHY、MAC、RLC、PDCP 控制面：ProSe协议	TS 36.300 [8]，TS 24.334 [5]
PC6	DIAMETER	TS 29.345 [9]
PC7	DIAMETER	TS 29.345 [9]

4.3　同步

"同步"，是指对在一个系统中所发生的事件进行协调，使其在时间上出现一致性与统一化。在移动通信系统中，同步使得设备能够成功驻留到蜂窝网络，使得设备能够发现其他设备并与其直接通信。本节对 LTE 系统中的主同步和辅同步信号进行简要介绍，这两个信号是小区同步和设备到设备（Device-to-Device，D2D）同步信号中必需的，同步完成后才能进行 D2D 发现和 D2D 通信。

本部分中，我们使用 D2D 来代表 ProSe。

4.3.1　LTE 主同步和辅同步信号

UE 想要驻留到某个小区，首先要做的就是小区同步。在同步过程中，UE 能够获得物理小区标识（Physical Cell ID，PCI）、时隙以及帧同步，然后才能读取系统信息块（System Information Block，SIB）。该过程可参考 3GPP TS 36.300 [8]。

UE 的射频会在支持的频段上进行调谐搜索。当 UE 调谐到某个频率信道上后，首先检测到主同步信号（Primary Synchronization Signal，PSS），该信号位于无线帧第一个子帧（子帧 0）的第一个时隙的最后一个 OFDM 符号。此时 UE 能够获得子帧级的同步。PSS 会在子帧 5 重复发送，由于每个子帧长度是 1 ms，所以 UE 每 5 ms 就能同步一次。从 PSS 中，UE 还能够获取 PCI 的物理层标识部分（0 到 2）。

下一步，UE 发现辅同步信号（Secondary Synchronization Signal，SSS）。SSS 符号与 PSS 位于相同的子帧，是 PSS 前面的那个符号，如图 4.19 所示。UE 可以从 SSS 中获取 PCI 的小区标识组号码部分（0 到 167）。

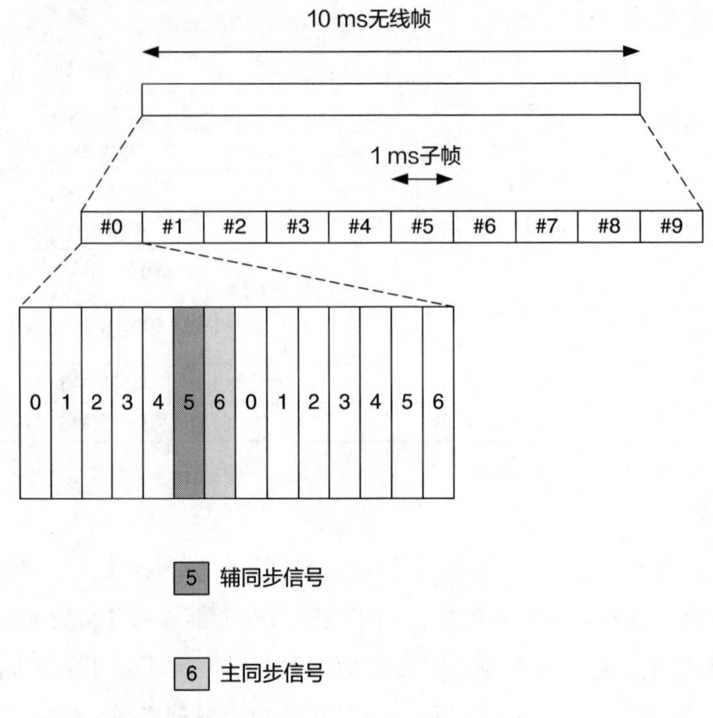

图 4.19 LTE 同步信号

有了物理层标识和小区标识组号码，UE 就知道了当前小区的 PCI。LTE 共有 504 个可用的 PCI，可以划分为 168 个唯一的小区组，每个组包括 3 个物理层标识。如前文所述，UE 从 PSS 中获得物理层标识，从 SSS 中获得小区标识组号，然后计算出 PCI。

UE 知道了小区的 PCI 后，同时也就知道了小区参考信号的位置。参考信号将用于信道评估、小区选择、小区重选、切换等流程。

小区同步过程（见 3GPP TS 36.211［13］）完成后，UE 开始读取主信息块（Master Information Block，MIB）和其他的 SIB，如 SIB1 和 SIB2。在获得足够的参数后，UE 可以向 eNodeB 请求建立 RRC 连接，以便与网络通信。然后，UE 使用建立的 RRC 连接注册到网络，这个过程叫作初始附着（Initial Attach）。初始附着的具体过程见本书的 1.6.9 节。

4.3.2 LTE D2D 同步

D2D 同步源要至少发送一个 D2D 同步信号（D2D Synchronization Signal，D2DSS）。

D2D 同步源可以是一个支持 ProSe 的 UE，也可以是 eNodeB。UE 通过 D2DSS 来获取时域和频域的同步信息。如果 D2D 同步源是 eNodeB 时，D2DSS 就是 R8 LTE 系统中的 PSS/SSS。如果 D2D 同步源不是 eNodeB，则 D2DSS 的结构符合 R12 中为 D2D 设计的信令设计。目前假定同步源要有一个物理层的标识，称为 PSSID。在本书编写时，D2DSS 的结构还在 3GPP RAN1 进行讨论。

3GPP 可能会定义一个专用的信道，即物理层 D2D 同步信道 PD2DSCH。

探测到 D2D 同步源之后，UE 首先把接收机与源同步，然后再发送 D2DSS。UE 从 D2D 源收到 D2DSS 后提取出 D2DSS，也可以发送至少 1 个 D2DSS。如果 UE 发送 D2DSS，应该遵循一定的规则，以判决 UE 应使用哪个 D2D 同步源作为它发送 D2DSS 的时间参考。判决 UE 应使用哪个 D2D 同步源作为它发送 D2D 信号的时间参考的规则如下：

—— eNodeB 形态的 D2D 同步源，优先级比 UE 形态的 D2D 同步源要高。

—— 对于 UE 形态的 D2D 同步源，在网的 UE 的优先级比脱网 UE 要高。

—— 首先为 eNodeB 形态的 D2D 同步源赋予优先级，然后是在网 UE 形态的 D2D 同步源。后续的 D2D 同步源选择基于判据（metric），如 D2DSS 接收质量。

如果没有探测到 D2D 同步源，UE 仍可以发送 D2DSS。如果探测到 D2D 同步源有变化，UE 可以重新选择一个 D2D 同步源作为其发送 D2DSS 的时间参考。具体的重选策略将在 3GPP 后续研究中体现。

在标准中，如果网络同时支持 ProSe 直接发现和 ProSe 直接通信，则认为 D2DSS 的传输配置对于二者是相同的。D2D 同步是执行 ProSe 直接发现和 ProSe 直接通信的先决条件。

4.4　业务授权

在成功完成同步，注册到网络之后，支持 ProSe 的 UE 需要获得（业务）授权，才能够使用 ProSe 直接发现和 / 或 ProSe 直接通信。授权一般是在某段时间内生效。授权请求一般在以下几种场景下触发：

1. 为了发起 ProSe 直接发现或 ProSe 直接通信；
2. UE 已经启用了 ProSe 直接发现或 ProSe 直接通信，但是移动到了新注册的 PLMN；
3. 业务授权的生效时间过期。

无论是否漫游，UE 都应该从 HPLMN 中的 ProSe 功能处获得业务授权，如图 4.20 所示。

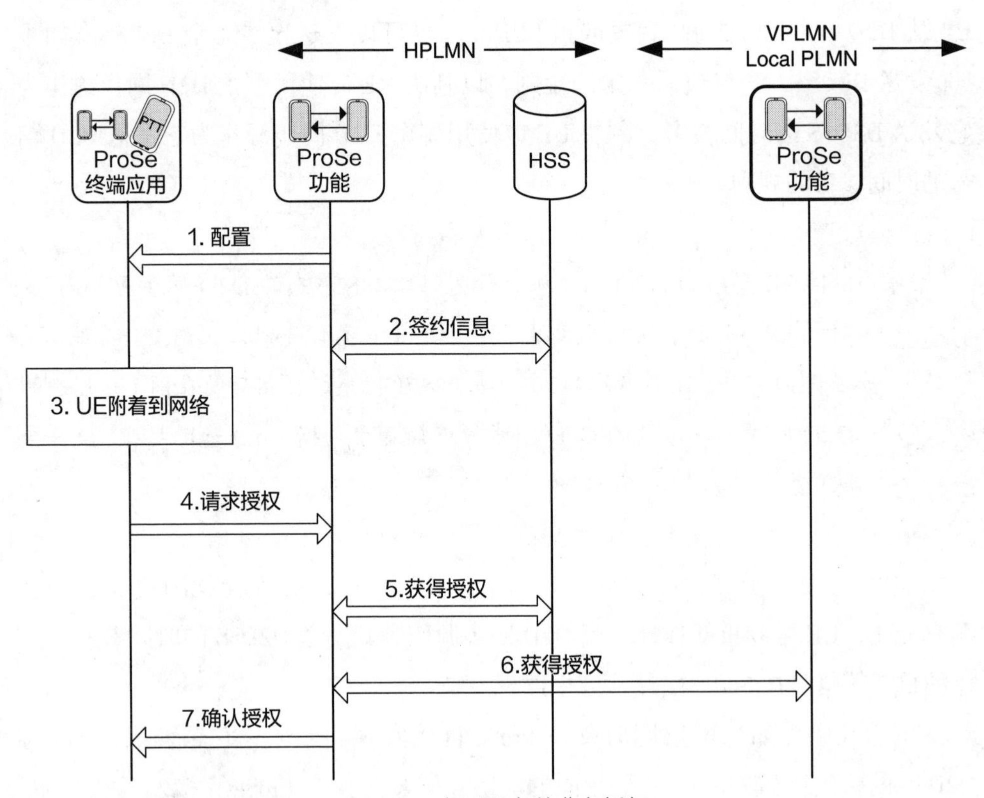

图 4.20　邻近服务的业务授权

授权过程使用基于 IP 的机制，只需要建立 UE 到 ProSe 功能的 IP 连接即可。

在漫游场景中，HPLMN 中的 ProSe 功能从 VPLMN 中的 ProSe 功能处获取授权。

如果 UE 可以监视服务 PLMN 之外的 PLMN（这里称为本地 PLMN）下的其他 UE，则 UE 可能需要本地 PLMN 的授权，HPLMN 中的 ProSe 功能要从本地 PLMN 中的 ProSe 功能处获取授权。

UE 的最终授权总是由 HPLMN 中的 ProSe 功能执行。HPLMN 中的 ProSe 功能把归属 PLMN、服务 PLMN 以及本地 PLMN 的授权信息进行融合后做最终授权。本地 PLMN、VPLMN 或者 HPLMN 可以随时取消授权。当本地 PLMN 或者 VPLMN 取消授权时，会通知 HPLMN 中的 ProSe 功能。HPLMN 中的 ProSe 功能负责通知 UE 授权信息的变化。

4.5 ProSe 直接发现

ProSe 直接发现指的是支持 ProSe 的 UE 无需网络，通过 PC5 接口使用 E-UTRA 直接无线信号发现邻近的其他支持 ProSe UE 的过程。在 R12 中，只有 UE 在 E-UTRAN 网络中时才支持 ProSe 直接发现。前文已经提过，ProSe 直接发现可以（与 ProSe 直接通信无关）单独使用，为 UE 运行的已授权的应用提供被发现的 UE 的信息，例如“寻找附近的出租车”或者“寻找一家咖啡馆”（这种场景中，被发现的 UE 可以是出租车上或者咖啡馆中的设备）。另外，根据获取信息的情况，ProSe 直接发现还可以用于后续的动作，例如发起 ProSe 直接通信。

为了实现邻近 UE 的直接通信，UE 需要首先探知对方的存在（公共安全 UE 除外）。这条限制是为了加强对移动网络（如商业网络）运营商对授权频谱用于直通的控制，但是此功能在 R12 中尚未支持。对于公共安全 UE，认为 ProSe 直接发现不是必需的，UE 可以跳过该过程进行直接通信，因为公共安全人员基本上了解互相的位置，可以认为对方是处在直接通信范围内的。

此外，ProSe 直接发现也可以作为单独的服务提供给应用，例如可以给被发现的 UE 推送广告。这种应用可能不会发起通信请求。

4.5.1 ProSe 直接发现模型

以下是直接发现的两个可能的模型：

1. 模型 A（“我在这里”）：这种模型下，UE 主动向其他感兴趣的 UE 通知自己的存在。发出通知的动作称为“发布（announcing）”，进行发布的 UE 称为“发布 UE（announcing UE）”，允许发现或者有兴趣读取和 / 或处理发布 UE 发出的消息的 UE，称为“监听 UE（monitoring UE）”。
2. 模型 B（“有人吗？”或者“你在吗？”）：这种模型下，UE 发送一条询问消息来发现其他的 UE，消息里包含一些相关的信息例如自己的 ProSe

Application ID。发送询问消息的UE称为“发现者UE”（Discoverer UE），收到询问消息并回复的UE称为“被发现者UE”（Discoveree UE）。

3. GPP R12中，直接发现的方案和过程都是基于模型A的。

4.5.2 ProSe直接发现模式

直接发现有两种模式：开放发现和限制发现。开放发现模式中，不需要被发现的UE进行许可；限制发现模式中，需要被发现的UE进行明确的许可指示。3GPP R12的方案和过程都是针对开放发现模式的。

开放发现的用例包括发现一些无需许可的公共机器类型的设备（如某个餐馆旁边的自动售货机）；限制发现则是在个人设备中用得最为广泛，以避免隐私泄露（例如发现一位消防员进入大厦，或者发现一位顾客走近了咖啡馆，则可能需要消防员或顾客明确允许）。

4.5.3 模型A的直接发现过程

该过程只用于开放ProSe发现模式，此时UE是驻留到E-UTRAN网络的。UE从HPLMN和服务PLMN获取业务授权，授权过程见业务授权章节。

ProSe直接发现过程使用ProSe Application ID来识别应用。ProSe Application ID是全球唯一的，可以是区分PLMN的，区分国家的，或者直接是全球标识。每个ProSe Application ID由ProSe Application ID Name和PLMN ID组成。ProSe Application ID Name使用不同级别的数据结构来描述，例如，行业分类（0级）、行业子分类（1级）、行业名称（2级）、店铺标识（3级）。PLMN ID部分则包括了分配ProSe Application ID的PLMN的移动国家码（Mobile Country Code，MCC）和移动网络码（Mobile Network Code，MNC）。如果ProSe Application ID是区分国家的，则MNC部分填写“*.”；如果ProSe Application ID是全球标识，则MCC和MNC均为“*.”。

当UE发布自己的存在时，它向HPLMN的ProSe功能发起一个发现请求“discovery request for announcing”。该请求中携带了想要发布的应用的ProSe Application ID。如果请求成功，UE会从ProSe功能处获得一个ProSe应用码（ProSe Application Code）。UE使用这个应用码在PC5接口进行发布过程。

ProSe应用码是一个临时代码，它对应一个ProSe Application ID，并且是区分UE的。该码可以用于启用监听UE“从而发现”发布“UE”。ProSe应用码的组成包括一个临时标识，以及分配该 ProSe 应用码的 PLMN 的 PLMN ID。这个临时标识的内部结构也要与 ProSe 应用标识相符，即它包含应用 ID 的每一层的标识符，从而保证监听 UE 侧可以使用 ProSe 应用掩码（ProSe Application Mask）或者发现过滤器来进行局部的匹配。

ProSe 应用掩码包含了 ProSe 应用码的临时标识的一个或多个部分，来实现对 ProSe 应用码的局部匹配。ProSe 应用掩码包含在发现过滤器之中。

当一个应用程序触发 UE 开始监听邻近的其他 UE，并且 UE 有权进行监听时，UE 向 ProSe 功能发起一个监听发现请求。监听 UE 需要知道它发送的监听请求是针对 PLMN 级的、国家级的还是全球级的 ProSe Application ID，因为这个级别范围是暗含在这个应用标识中的。

如果请求成功，则 UE 获取到了发现过滤器，过滤器中包含了 ProSe 应用码和 / 或 ProSe 应用掩码。然后 UE 在 PC5 接口开始对这些 ProSe 应用码进行监听。当 UE 探测到有 ProSe 应用码与过滤器匹配（也即是过滤器的一部分）的时候，UE 向 ProSe 功能上报该 ProSe 应用码。

ProSe应用码的所有部分都与过滤器匹配时，ProSe应用码才能与过滤器匹配。当 PLMN ID 和临时标识都与发现过滤器中对应的部分匹配时，称为完全匹配。因此，如果发现过滤器中的 ProSe 应用掩码设为全“1”，可以用来实现对 ProSe 应用码指示的应用进行完全匹配。发现过滤器中的 ProSe 应用掩码中也可以把需要匹配的部分设为“1”，无需匹配的部分设为“0”（也就是“掩住了”），这样就可以对 ProSe 应用掩码进行部分匹配。部分匹配指的是 PLMN ID 与发现过滤器完全匹配，临时标识则只有一部分与发现过滤器匹配。4.8.6 节详细解释了发现过滤器、应用掩码和应用码在匹配过程中的使用。

后续的章节将介绍直接漫游和非漫游场景中的直接发现过程，包括发布、监听、匹配过程，同时也从无线资源分配角度对直接发现过程进行了一些深层解读。

4.5.4　无线特性以及物理层设计

UE 在 RRC_IDLE 和 RRC_CONNECTED 状态下均可进行直接发现的发布和监听过程。在半双工模式中，由于发射机和接收机不能同时工作，所以 UE 的发布和监听过程也有对应的限制。半双工的发射模式下，UE 可以发起发布过程；在接收模式下，UE 可以进行监听过程。简单地说，半双工意味着一方说话时，其他人只能听（即对讲机的工作方式）。

3GPP RAN 工作组的工作假设是“发布 UE”。发布的内容有助于“监听 UE”使用新的物理信道和传输信道进行直接发现，信道定义见 3GPP TR 26.843 [14]。直接发现所用的传输信道和逻辑信道与直接通信使用的信道不同。UE 进行直接发现需要使用 E-UTRA 无线资源。E-UTRA 网络（即 eNodeB）进行资源分配的控制，也就是负责配置资源池，或者直接调度所使用的资源。发现过程的消息以及信息，是通过新的物理传输信道直接在发布 UE 和监听 UE 之间传输。发布 UE 在资源池中选择适当的资源用于发布，监听 UE 从网络侧获得信息，来确定在哪个信道以及哪个时隙去寻找是否有发布 UE 的发现消息。目前认为监听 UE 是通过收听网络的系统信息广播（SIB）来获得对应信息的。

发布 UE 和监听 UE 要维护当前的协同通用时间（Coordinated Universal Time，UTC）。发布 UE 的 ProSe 协议栈在生成发现消息时会考虑到传输这条消息时的 UTC 时间。监听 UE 的 ProSe 协议栈在收到消息后，会把消息以及收到消息的 UTC 时间一并提供给 ProSe 功能进行验证。UTC 时间的使用细节见本书的 4.8.3 节。

4.5.5 直接发现的无线资源分配

发现传输资源配置数据包括：发现周期、发现周期中可用于传输发现信道的子帧数量，以及物理资源块（physical resource block，PRB）。3GPP 尚未定义 PDB 的具体数目。前文已经提到，发现的距离取决于信号和无线环境（例如干扰）。执行发现过程的发现信号的“最大功率传输”级别需要由 eNB 授权。

发现信息的发布有两种资源分配类型：

——类型 1：资源分配过程不是针对单个 UE，在过程中，发布发现信息所需的资源由网络分配。在这种场景中，eNB 向各 UE 提供发布发现信息所用的资源池配置，该配置可以通过 SIB 进行发送。UE 在资源池中选择无线资源，然后将其用于发布发现信息。监听过程所需的资源池也可以在 UE 配置。

——类型 2：资源分配过程是针对单个 UE，在过程中，发布发现信息所需的资源由网络分配。当处于 RRC_CONNECTED 状态时，UE 可以通过专用 RRC 信令向 eNB 请求发布发现信息所需的资源，eNB 通过专用 RRC 信令进行资源分配。UE 的 NAS 层（见 3GPP TS 24.301 [16]）发送一条 Service Request 消息触发 RRC 建立过程，从而获得所需的无线资源。监听过程所需的资源池也可以在 UE 配置。

当 UE 处于 RRC_IDLE 状态时，eNB 可以通过 SIB 提供类型 1 的资源池来用于终端发布发现信息。有权进行发布的 UE 可以利用这些资源进行发现信息的发布。另外，eNB 也可以声明自身支持 D2D 发现特性但是并不提供任何资源，这意味着 UE 需要进入 RRC_CONNECTED 状态，来向 eNB 请求发布发现信息所需的 D2D 资源。

当 UE 处于 RRC_CONNECTED 状态时，有权进行 ProSe 直接发现的 UE 可以向 eNB 请求资源。首先，eNB 根据从 MME 收到的 UE 的上下文信息验证该 UE 是否有权进行 ProSe 直接发现过程。如果 UE 有权进行发现，则 eNB 通过方式 1 的方式提供资源池或者直接通过专用 RRC 信令来将所需的资源通知到 UE。

无论 UE 处于 RRC_IDLE 状态还是 RRC_CONNECTED 状态，都要根据授权对类型 1 和类型 2 的资源池进行监听。eNB 通过 SIB 提供资源池配置，同时 SIB 中也可能包含邻小区中用于发布的发现资源。

不同小区的发现资源可能是重叠的，也可能是不重叠的。当前服务小区可以在 SIB 中说明哪些邻频是支持 ProSe 的。如果是同步的、全重叠的同频部署，eNB 只提供一个资源池。

eNB 提供的资源可以持续有效，直到 eNB 用 RRC 信令显式地对该资源进行了重分配，或者 UE 进入了 RRC_IDLE 状态。

4.5.6　异频 ProSe 发现

在 R12 标准中，监听 UE 将支持异频 ProSe 发现（包括 PLMN 内和 PLMN 之间的发现）。发布 UE 在网络授权下，应只在服务小区的载波频率上发送发现信号。如此设计的原因在于，对于发现过程，无论监听 UE 驻留在哪个载频上，都会监听当前小区的所有其他载频以发现发布 UE 及其传输的发现信息。监听 UE 通过监听异频小区的 SIB（如 SIB18）来获取监听过程所需的异频资源。监听 UE 的服务小区只提供可能有发现信息出现的频率（在 SIB 中可能称为 SIB19）。

eNodeB 可以在 SIB 中广播一个载频列表，想要监听的 UE 可以在其中接收 ProSe 发现信号。监听 UE 的服务小区不会为 UE 提供其他载波的具体 ProSe 资源配置。UE 可以在驻留在非 ProSe 载波小区时读取 ProSe 载波小区的 SIB 来获取后者的资源信息。如果是双 RxUE，则 UE 可以使用第二接收链（second receiver chain）来完成上述动作。

4.5.7 发布过程（非漫游）

示例场景： 消防员鲍勃和消防员约翰是运营商 A 的签约用户。鲍勃已经进入足球场，其终端已经注册到运营商 A 的网络中。鲍勃知道其他消防员（包括约翰和其他人）也会到这个足球场。鲍勃想要通知场内的其他人自己已经到达，也即，鲍勃发布“我在这里”。为此，鲍勃的终端需要发起一个发布过程，如本节所述（见图 4.21）。

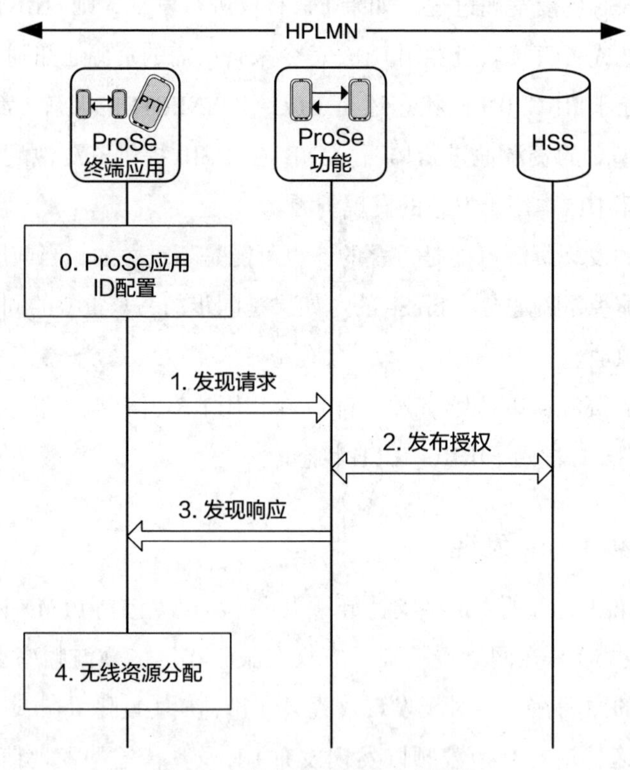

图 4.21　发布请求过程（非漫游）

4.5.7.1　过程描述

条件

UE 配置了授权的策略，可以在 HPLMN 中进行发现。UE 也配置了 HPLMN

对应的 ProSe Application ID。

（1）基于授权策略，UE 与 HPLMN 的 ProSe 功能建立安全连接，并发起发现请求。请求消息中会携带发布命令、ProSe Application ID、UE 标识、应用标识。应用标识可以唯一地区分该应用本身。注意所有的通用移动操作系统都有命名空间，用来识别操作系统中的应用。ProSe Application ID 用来指示 UE 希望发布的应用。UE 标识（如 IMSI）用于区分 HSS 中的签约数据。UE 总是向 HPLMN 的 ProSe 功能发送发现请求。

（2）ProSe 功能检查是否有可用的 UE 上下文。如果没有相关的 UE 上下文，则 ProSe 功能向 HSS 确认发现请求的授权是否与签约数据相符。HSS 根据 UE 的签约数据为 UE 授权，并将签约和授权信息发送给 ProSe 功能。ProSe 功能为 UE 新建一个上下文，并决定 UE 有权进行发现的时间长度（即决定有效定时器）。ProSe 功能在有效定时器的时长内维护 UE 的上下文。如果在有效定时器时长内 UE 没有发起新的发布请求，则 ProSe 功能会从 UE 上下文中删除与所请求的 ProSe Application ID 相关的入口。

（3）ProSe 功能向 UE 回复发现响应（Discovery Response）消息，启动发布过程。ProSe 功能在消息中提供了应用码和有效定时器。ProSe 应用码对应着 ProSe Application ID，有效定时器则指明了 ProSe 应用码在当前 PLMN 内的有效时长。UE 可以在有效时长内直接进行发现，无需再去请求一个新的 ProSe 应用码。如果 UE 移动到了新的 PLMN，或者有效定时器超时了，则 UE 需要请求一个新的 ProSe 应用码。

（4）UE 可以使用 E-UTRAN 授权和（或）配置的用于 ProSe 发现的无线资源，在 HPLMN 中发布该 ProSe 应用码。

4.5.8　发布过程（漫游）

示例场景：消防员鲍勃是运营商 A 的签约用户。鲍勃已经进入足球场，其终端已经注册到运营商 B 的网络中。鲍勃知道其他消防员（包括约翰和其他人）也会到这个足球场。鲍勃想要通知场内的其他人自己已经到达，也即，鲍勃发布“我在这里”。为此，鲍勃的终端需要发起一个发布过程，如本节所述（见图 4.22）。

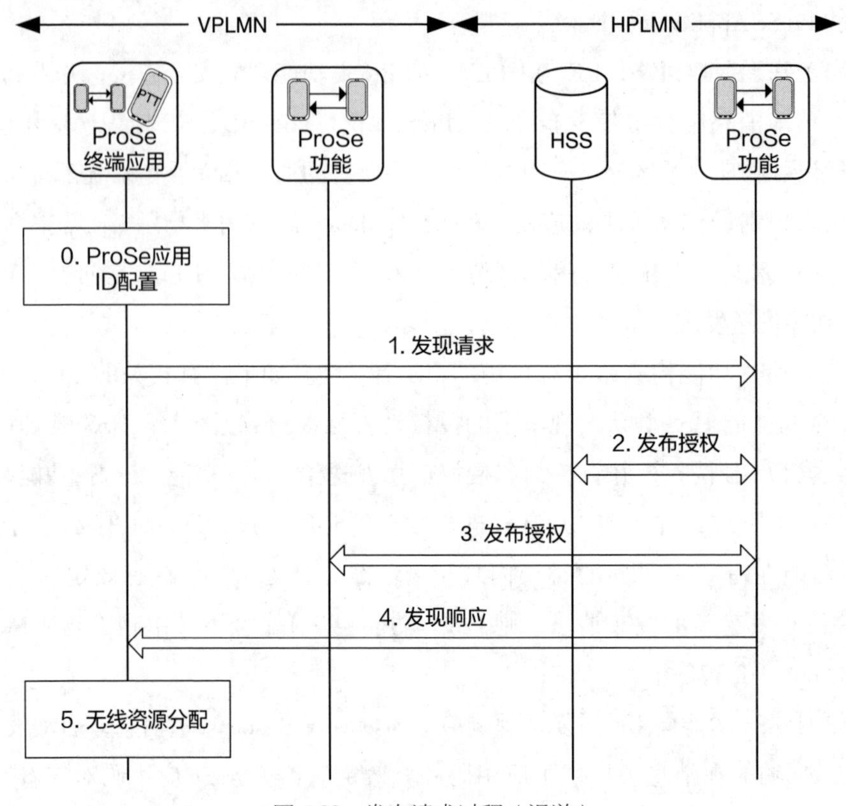

图 4.22 发布请求过程（漫游）

4.5.8.1 过程描述

漫游场景下的发布请求过程与非漫游场景的过程（见 4.5.7）类似，但有以下不同：

1. UE 与 HPLMN 的 ProSe 功能建立安全连接，并向其发送发现请求（Discovery Request）。
2. 如果 UE 有权发送发现请求，则 HPLMN 中的 ProSe 功能通知 VPLMN 中的 ProSe 功能该 UE 已经获权进行发布。HPLMN 中的 ProSe 功能可以根据配置（例如基于一定数量 PLMN 之间的漫游协议）来确定 VPLMN 中的 ProSe 功能，它也会向 VPLMN 中的 ProSe 功能提供 ProSe Application ID、ProSe 应用码以及 UE 标识。ProSe Application ID 对应着 UE 的请求，ProSe 应用码指示了为该请求分配的代码。请求消息还会包含 UE 身份信息，如 IMSI 或者 MSISDN，以允许 VPLMN 中的 ProSe 功能进行计费。

3. UE 可能还需要 VPLMN 的授权。如果需要，HPLMN 中的 ProSe 功能应该从 VPLMN 中的 ProSe 功能获得授权并发给 UE。

4.5.9 监听过程（非漫游）

示例场景：消防员约翰是运营商 A 的签约用户。约翰已经进入足球场，其终端已经注册到运营商 A 的网络中。约翰希望监听到其他消防员（如鲍勃以及其他人）的到来。如果约翰的终端有权在其他网络中监听，约翰还能监听到对应网络中的消防员（如签约在运营商 B 或者运营商 C 的消防员）。为此，约翰的终端需要发起监听过程，如本节所述（见图 4.23）。

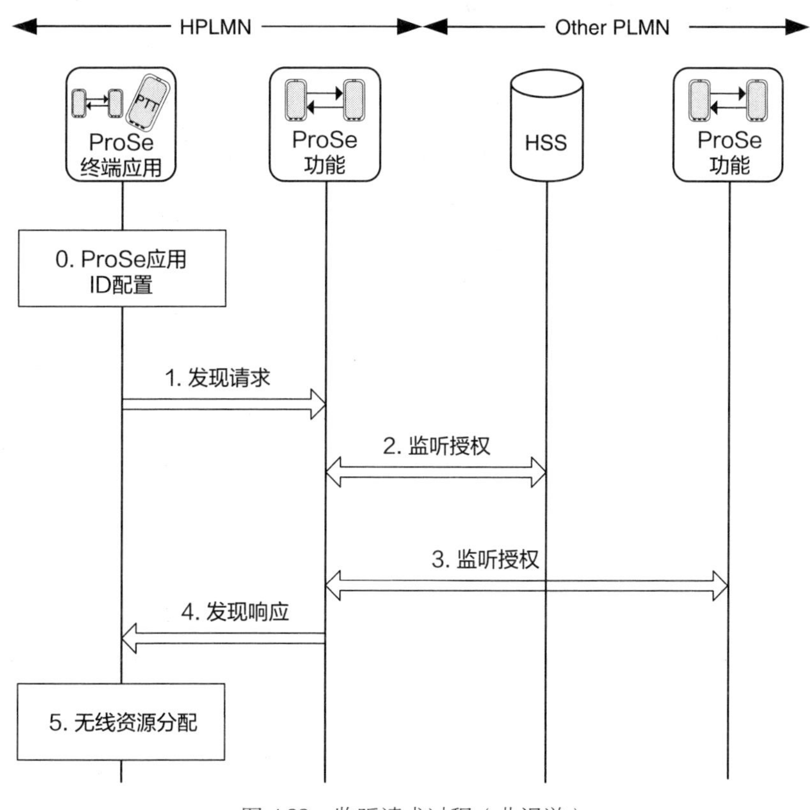

图 4.23 监听请求过程（非漫游）

4.5.9.1 过程描述

条件

UE（终端）配置了授权的策略，可以在 HPLMN 中进行发现。UE 也配置了

HPLMN对应的ProSe Application ID。

（1）基于授权策略，UE与HPLMN的ProSe功能建立安全连接，并发起发现请求。请求消息中会携带监听命令、ProSe应用ID、UE标识、应用标识。ProSe应用ID用来指示UE感兴趣的应用。如果UE希望监听其他PLMN（也即本地PLMN）下的UE，则UE可以在ProSe应用ID中声明。UE总是向HPLMN的ProSe功能发送发现请求。

（2）ProSe功能检查是否有可用的UE上下文。如果没有相关的UE上下文，则ProSe功能向HSS确认发现请求的授权。HSS根据UE的签约数据为UE授权，并将签约和授权信息发送给ProSe功能。响应消息中还会包括允许UE在哪些PLMN中进行监听。ProSe功能为UE新建一个上下文，并决定UE有权进行发现的时间长度。ProSe功能在有效定时器的时长内维护UE的上下文。

（3）如果发现请求已经授权，且UE在步骤1中发送的ProSe应用ID里声明了其他的本地PLMN，则HPLMN中的ProSe功能与这些本地PLMN联系，获取Public ProSe Application ID Name对应的掩码。该请求还应包含UE的身份信息（如IMSI）以允许本地PLMN中的ProSe功能进行计费。如果UE在步骤1中发送的ProSe Application ID里声明了该标识是由HPLMN中的ProSe功能分配的，则HPLMN中的ProSe功能可以直接回复UE。

（4）如果本地PLMN中的ProSe功能保存了所请求的Public ProSe Application ID Name对应的有效的ProSe应用码，则本地PLMN中的ProSe功能应返回相关的掩码以及每个掩码对应的生存时间（Time-To-Live，TTL）。如果本地PLMN中的ProSe功能没有返回任何掩码，则意味着UE无权在该本地PLMN中进行监听。

（5）HPLMN中的ProSe功能向UE发送发现响应，内含发现过滤器和过滤器标识。每个发现过滤器都包括一个ProSe应用码、一个或多个ProSe应用掩码，以及该发现过滤器的TTL定时器。

（6）UE可以使用PLMN授权和配置的无线资源，使用发现过滤器进行监听。

4.5.10 监听过程（漫游）

示例场景：消防员约翰是运营商A的签约用户。约翰已经进入足球场，其终端已经注册到运营商B的网络中。约翰希望监听到其他消防员（如鲍勃以及其他人）的到来。如果约翰的终端有权在其他网络中监听，约翰还能监听到对应网络中的消防员（如签约在运营商 C 的消防员）。为此，约翰的终端需要发起监听过程，如本节所述（见图 4.24）。

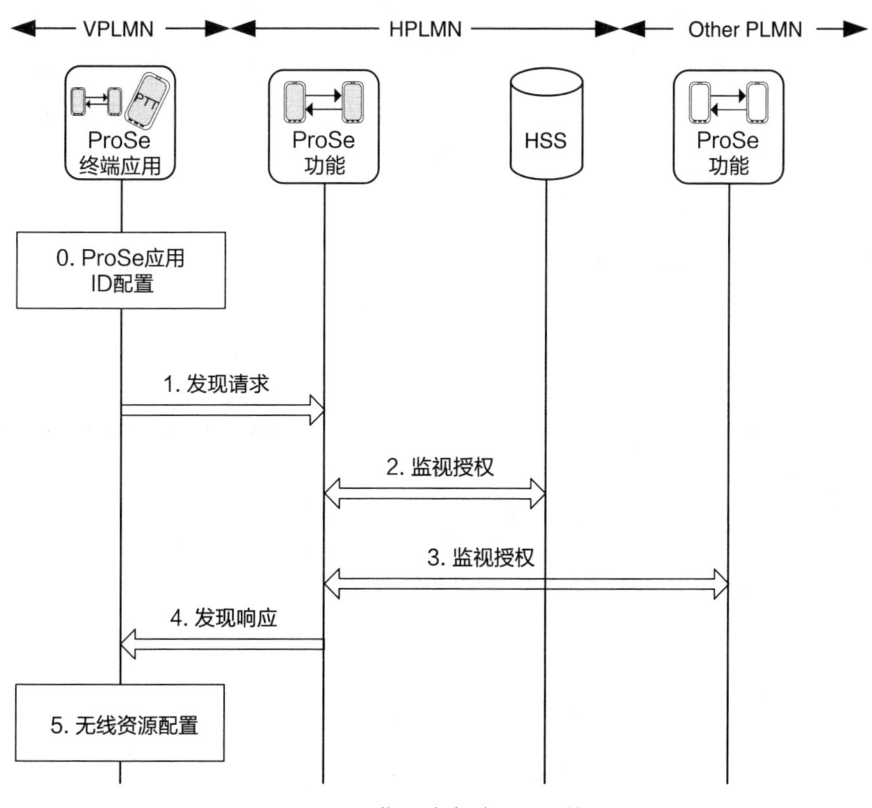

图 4.24　监听请求过程（漫游）

4.5.10.1　过程描述

漫游场景下的监听请求过程与非漫游场景的过程（见 4.5.9）类似，但有以下不同：

1. UE 与 HPLMN 的 ProSe 功能建立安全连接，并向其发送发现请求（Discovery Request）。
2. 如果 UE 有权发送发现请求，则 HSS 还要提供 UE 当前注册的 PLMN 标识（即 VPLMN ID）。
3. UE 可能还需要 Local PLMN 和 VPLMN 的授权。如果需要，HPLMN 中的 ProSe 功能应该从 Local PLMN 和 VPLMN 中的 ProSe 功能获得授权并发给 UE。

4.5.11 匹配过程（非漫游）

示例场景：消防员约翰和消防员鲍勃是运营商 A 的签约用户。约翰已经进入足球场，其终端已经注册到运营商 A 的网络中。约翰希望监听到其他消防员（如鲍勃以及其他人）的到来。如果约翰的终端有权在其他网络中监听，约翰还能监听到对应网络中的消防员（如签约在运营商 B 或者运营商 C 的消防员）。约翰的终端已经通过监听鲍勃终端的发布过程（鲍勃的终端发布了“我在这里”）探测到了鲍勃的到来。然而，约翰的终端还不确认这个发布过程到底是不是鲍勃的终端发起的。此时，约翰的终端需要执行匹配过程来进行确认，如本节所述（见图 4.25）。

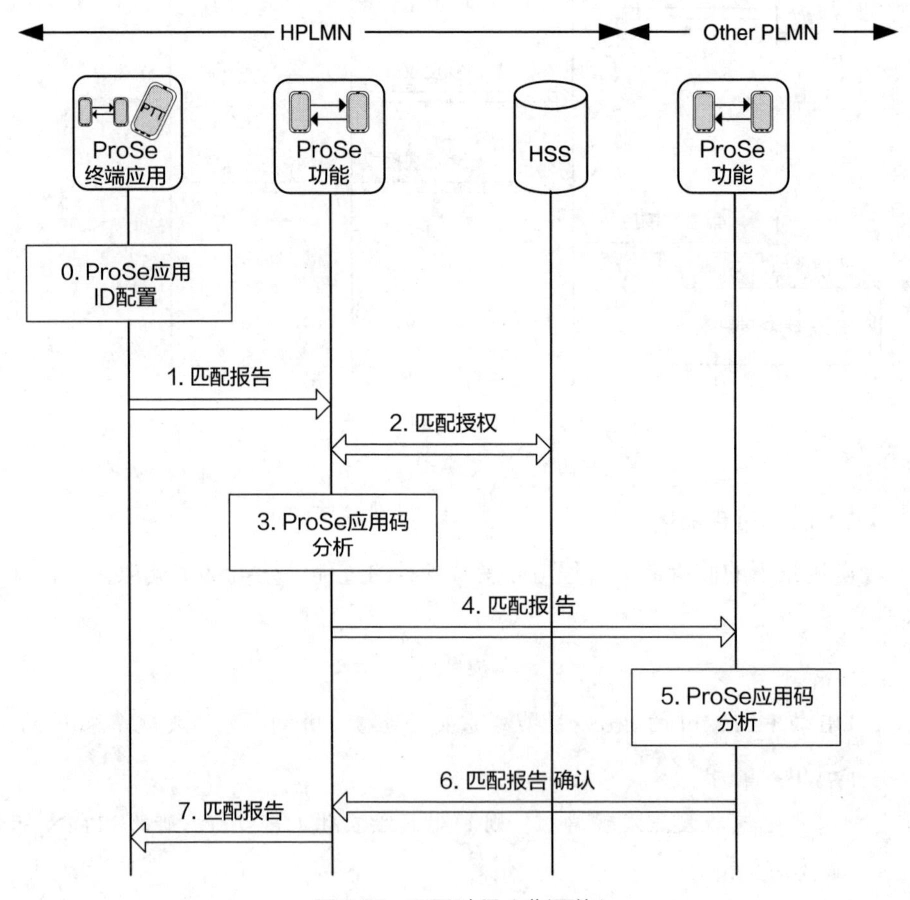

图 4.25 匹配过程（非漫游）

4.5.11.1　过程描述

条件

约翰的 UE 发起了 4.5.9 节描述的监听过程。鲍勃的 UE 发起了 4.5.7 节描述的发布过程。

（1）约翰的 UE 探测到一个应用码，该码与发现过滤器匹配，但是没有保存的应用标识。此时，约翰的 UE 与 HPLMN 的 ProSe 功能建立安全连接，并发起匹配报告请求。报告中包括 ProSe 应用码、发现过滤器和 UE 标识。ProSe 应用码对应了 UE 已经匹配上的那个发现过滤器。约翰的 UE 总是向 HPLMN 的 ProSe 功能发送匹配报告请求。

（2）ProSe 功能检查约翰的 UE 的上下文。授权信息还包含了 UE 可以进行发现的 PLMN。

（3）HPLMN 中的 ProSe 功能对 UE 发来的应用码进行分析。

（4）如果这个应用码是由另一个 PLMN 中（即本地 PLMN）的 ProSe 功能分配的，则 HPLMN 中的 ProSe 功能向对应 PLMN 中的 ProSe 功能（也就是"发布 UE"的 HPLMN 中的 ProSe 功能，也即是鲍勃的 UE）发送一个匹配报告请求，携带 ProSe 应用码和 UE 标识，其中 UE 标识用于允许本地 PLMN 中的 ProSe 功能进行计费。如果这个应用码是由 HPLMN 中的 ProSe 功能分配的，则 HPLMN 中的 ProSe 功能可以直接回复 UE。

（5）本地 PLMN 中的 ProSe 功能对 ProSe 应用码进行分析。

（6）如果 ProSe 应用码确认了，则本地 PLMN 中的 ProSe 功能向 HPLMN 中的 ProSe 功能发送匹配报告确认，内含 ProSe Application ID Name 以及有效定时器。消息中还可以包括 ProSe Application ID Name 对应的元数据，例如邮编、电话号码、URL 等。

（7）HPLMN 中的 ProSe 功能向约翰的 UE 发送匹配报告确认消息，内含 ProSe Application ID 和有效定时器。同样的，消息里也可以包含 ProSe Application ID Name 对应的元数据。有效定时器用来指示所提供的 ProSe 应用码的有效时长。UE 在有效定时器时长内保存 ProSe 应用码和对应的 ProSe Application ID 的映射关系。

4.5.12　匹配过程（漫游）

示例场景：消防员约翰和消防员鲍勃是运营商 A 的签约用户。约翰已经进入足球场，其终端已经注册到运营商 B 的网络中。约翰希望监听到其他消防员（如鲍勃以及其他人）的到来。如果约翰的终端有权在其他网络中监听，约翰还能监听到对应网络中的消防员（如签约在运营商 C 的消防员）。约翰的终端已经通过监听鲍勃终端的发布过程（鲍勃的终端发布了“我在这里”）探测到了鲍勃的到来。然而，约翰的终端还不确认这个发布过程到底是不是鲍勃的终端发起的。此时，约翰的终端需要执行匹配过程来进行确认，如本节所述（见图 4.26）。

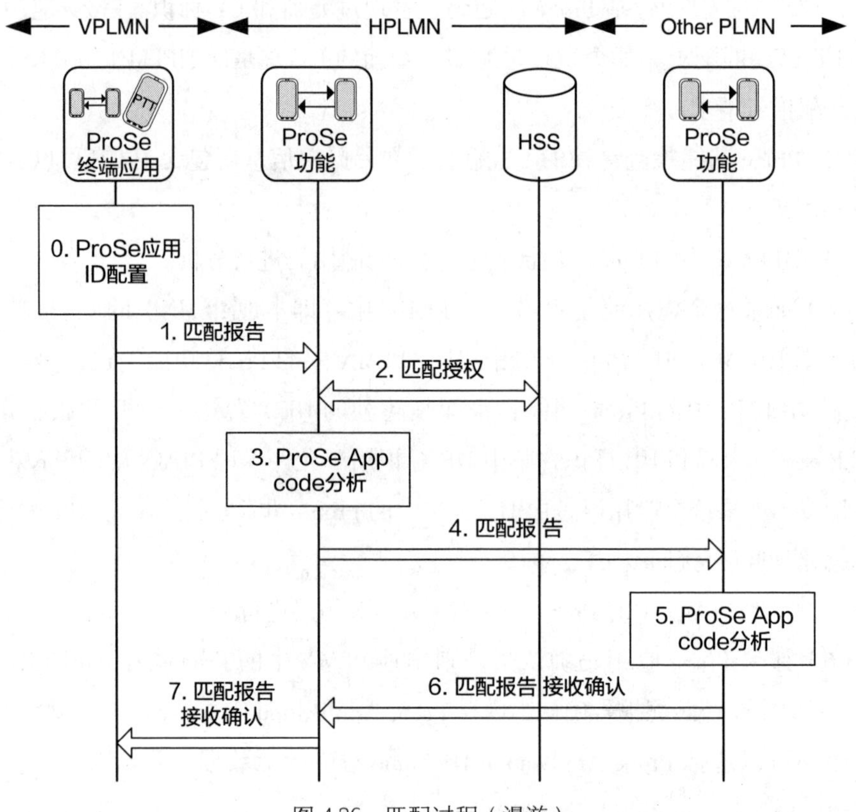

图 4.26 匹配过程（漫游）

4.5.12.1 过程描述

漫游场景下的匹配过程与非漫游场景的过程（见 4.5.11）类似，但有以下不同：

1. UE 与 HPLMN 的 ProSe 功能建立安全连接，并向其发送匹配报告，报告中包含注册 PLMN 的 PLMN 标识，以及监听的 PLMN 的 PLMN 标识。

监听的 PLMN 指的是发布 UE 的注册 PLMN。

2. UE 可能还需要 Local PLMN 和 VPLMN 的授权。如果需要，HPLMN 中的 ProSe 功能应该从 Local PLMN 和 VPLMN 中的 ProSe 功能获得授权并发给 UE。

4.5.13　模型 B 的直接发现过程

模型 B 允许 UE 发送一条包含特性信息（如 ProSe Application ID）的请求消息来发现其他 UE。发送这条请求消息的 UE 称为“发现者 UE”（Discoverer UE）。接收、处理并响应该请求的 UE 称为“被发现者 UE”（Discoveree UE）。

由于该过程已经不属于 3GPP R12 的范畴，故目前没有明确的方案。

4.6　ProSe 直接通信

直接通信，或者称为 ProSe 直接通信，指的是邻近的两个或多个 UE 通过 LTE 无线技术绕过移动网络直接进行通信。前文已经提到，支持 ProSe 的 UE 进行直接通信时，发现并非是必需前提。在 3GPP R12 中，直通只是为支持 ProSe 的公共安全终端定义的，不能用于支持 ProSe 的非公共安全 UE。

目前为 ProSe 考虑了两种通信模型：网络无关（network-independent）的直接通信、网络相关（network-dependent）的直接通信。

网络无关的直接通信无需网络辅助授权连接，只是用 UE 本地的功能和信息即可进行通信。该模型：

—— 只用于预授权的支持 ProSe 的公共安全终端。

—— 无需考虑 UE 是否有 E-UTRAN 服务。

—— 对于一对一 ProSe 直接通信和一对多 ProSe 直接通信均适用。

网络相关的直接通信必须要有网络辅助来授权连接。该模型：

—— 适用于一对一 ProSe 直接通信。

—— 要求通信双方 UE 都连接到 E-UTRAN。

—— 如果是公共安全 UE，则如果只有 1 个 UE 连接到 E-TRUAN 时，也可以适用。

3GPP 在 R12 中只明确了一对多 ProSe 直接通信的方案。由于该功能对于公共安全通信很重要，所以在 R12 中的优先级较高。

一对多 ProSe 直接通信（图 4.27）是无连接的，不需要 PC5 接口上的控制信令。组通信以及其他必需的连接参数，例如 ProSe 组 IP 多播地址、ProSe 组标识、组安全数据，以及无线相关的参数，都是由 ProSe 功能在 UE 配置的。通信中的组成员共享一个密令（secret），UE 可以根据密令生成组密钥来加密用户数据。除了优先级处理外，UE 不支持特别的 QoS。优先级处理指的是 UE 本身可以处理的用于 D2D 通信的优先机制。UE 可以在 MAC 子层进行逻辑信道优先级排序，即 3GPP TS 36.321［17］中所述的逻辑信道优先级处理。此外，如果 UE 是作为直接通信的调度员，UE 还可以支持动态调度，不过这个功能取决于具体应用。支持动态调度意味着 UE 可以基于资源进行优先接收。例如如果 UE A 正在接收来自 UE B、UE C 和 UE D 的数据，UE A 可以优先接收 UE B。

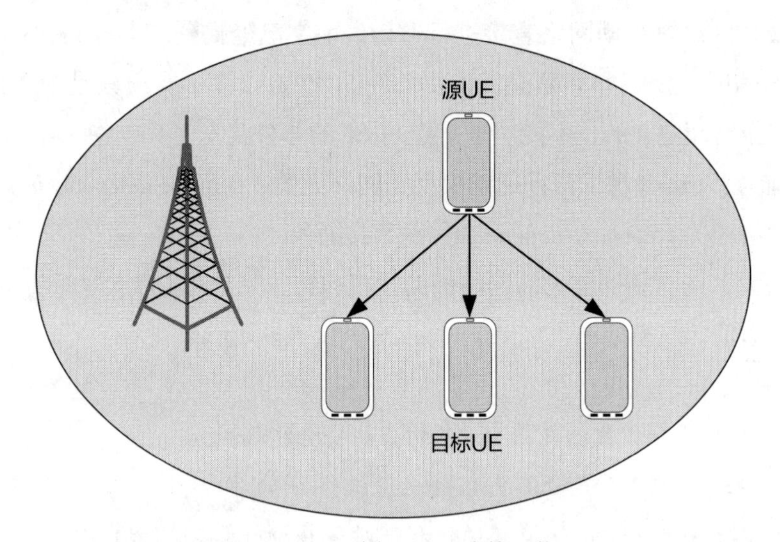

图 4.27　一对多 ProSe 直接通信

4.6.1　无线特性及物理层设计

根据本书编写时 3GPP 的讨论状态，直接通信所用的物理和传输信道很有可能与直接发现所用的信道不同。3GPP 将为邻近业务定义一个新的逻辑信道和一个新的传输信道（新信道类型的讨论可以参考 3GPP TR 36.843［14］）。新定义的逻辑信道叫作 ProSe 通信业务信道（ProSe Communication Traffic Channel，PTCH），新的传输信道叫作 ProSe 通信共享信道（ProSe Communication Shared Channel，PSCH）。

4.6.1.1　ProSe 通信业务信道（PTCH）

PTCH 是点到多点的信道，用于将用户信息从 1 个 UE 传到其他 UE。PTCH 在发送方和接收方都可以存在。该信道只用于支持 ProSe 直接通信的 UE。

4.6.1.2　ProSe 通信共享信道（PSCH）

PSCH 是单向的，既有发送方向的 PSCH，也有接收方向的 PSCH。PSCH 的特点如下：

—— 支持广播传输。

—— 支持资源分配模式 1 的动态分配（模式 1 将在后文介绍）。

—— 能够处理资源分配模式 2 的 UE 自主资源选择导致的冲突风险（模式 2 将在后文介绍）。

—— 不支持混合自动重传和请求（Hybrid Adaptive Repeat and Request，HARQ）反馈（HARQ 相关的信息见本章最后的 4.12 节“术语与定义”）。

PTCH 逻辑信道映射到发射和接收的 PSCH 传输信道（见图 4.28）。

进行 ProSe 发送时，PTCH 映射到发射方向的 PSCH 即 Tx-PSCH；进行 ProSe 接收时，PTCH 映射到接收方向的 PSCH 即 Rx-PSCH。

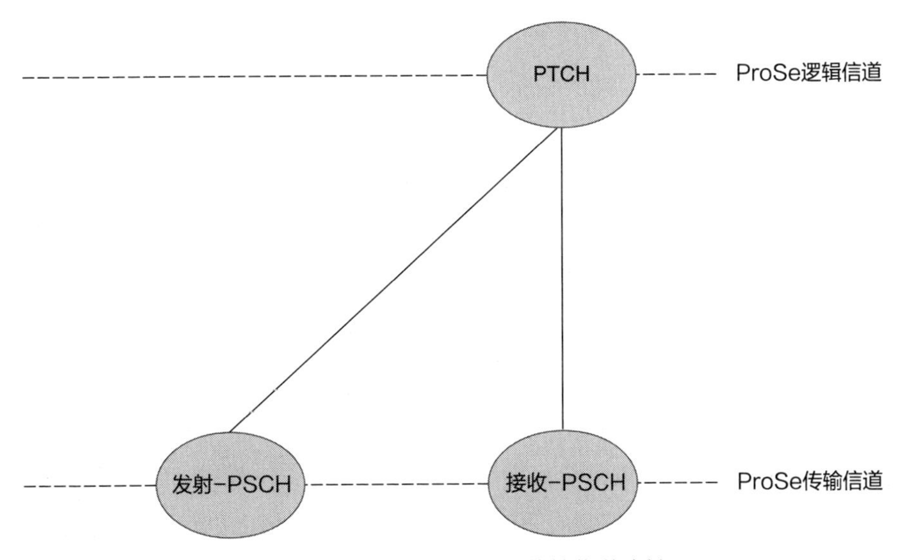

图 4.28　ProSe 逻辑信道和传输信道映射

4.6.2 直接通信的无线资源分配

无论是处于覆盖内还是覆盖外，UE 都需要知晓直接通信的无线资源（时间和频率）。发送 UE 需要发送一个调度分配（Scheduling Assignment，SA）来向接收 UE 指示自己发送数据所使用的资源。

支持 ProSe 的 UE 有两种操作模式：模式 1 和模式 2。eNB 可以配置 UE 在覆盖内时使用哪一种模式。当 UE 在覆盖内时，除非特殊情况，否则必须使用 eNB 配置的模式。当 UE 在覆盖外时，只能使用模式 2。如果 UE 处于 RRC_CONNECTED 状态，或者是 RRC_IDLE 状态驻留在 E-UTRA 小区中，则认为 UE 是在覆盖内。

模式 1（eNB 调度资源分配）

本模式下，eNB 进行资源调度。UE 要通信则需处于 RRC_CONNECTED 状态。UE 向 eNB 请求传输资源，eNB 为 SA 和实际数据的传输进行资源调度。UE 向 eNB 发送调度请求（D-SR 或者随机接入），然后发送缓存状态报告（Buffer Status Reports，BSR）。eNB 根据 BSR 确定 UE 有数据需要进行 ProSe 直接通信传输，并据此预计传输所需的资源。eNB 调度 SA 传输所用的特定资源，该特定资源是包含在提供给 UE 的资源池中的。

模式 2（UE 自主资源选择）

本模式下，UE 可以在资源池中自主选择传输 AS 和数据所需的资源。原则上讲，如果 eNB 配置 UE 使用模式 2，则 UE 在 RRC_IDLE 状态就可以进行直接通信。这是合理的，因为使用模式 2 时，UE 无需建立 RRC 连接。

当 UE 在覆盖外时，用于发送和接收 SA 的资源池是预配在 UE 中的。UE 在覆盖内时，用于发送和接收 SA 的资源池可以由 eNB 通过 RRC 专用信令或者广播信令进行配置。如果 UE 在覆盖内，则除了特殊情况［例如无线链路（重）建立失败］外，UE 应该只使用 eNB 配置的那个模式。

所有的 UE（模式 1 和模式 2 的 UE）都获得了一个资源池（时间和频率），池中的资源用于接收 SA。

UE 处于 RRC_IDLE 状态时，eNB 可以在 SIB 中提供模式 2 的传输资源池。有权进行 ProSe 直接通信的 UE 在 RRC_IDLE 状态即可使用该资源进行 ProSe 直接通信。eNB 也可以在 SIB 中指示它支持 ProSe 直接通信但是并不提供资源，此时

UE 需要进入 RRC_CONNECTED 状态才能进行 ProSe 直接通信传输。

UE 处于 RRC_CONNECTED 状态且已经获权进行 ProSe 直接通信时，UE 通知 eNB 希望进行 ProSe 直接通信。eNB 根据从 MME 收到的 UE 上下文确认 UE 是否有权进行 ProSe 直接通信，然后通过专用信令，向 RRC_CONNECTED 状态的 UE 配置模式 2 的资源池，UE 可以无限制条件地使用该资源。或者，eNB 可以通过专用信令向 RRC_CONNECTED 状态的 UE 配置模式 2 的资源池，池中的资源只能在特殊情况［例如无线链路（重）建立失败］下使用，正常情况下，UE 应该依赖模式 1 的资源分配。

4.6.3　异频 ProSe 通信

图 4.29 的场景中，一个公共安全运营商和一个商业运营商共同提供公共安全服务。两个运营商分别有自己的频段并部署了各自的基站。对于公共安全运营商不提供 LTE 覆盖的区域，允许公共安全 UE 驻留到商业运营商的小区下。这可以通过在 UE 配置等效归属 PLMN（Equivalent Home PLMNs，EHPLMN 列表）或者由商业运营商在小区中广播第二个 PLMN ID 来实现。在商业漫游场景也有类似的例子（例如公共安全运营商是 HPLMN，商业运营商是 VPLMN）。

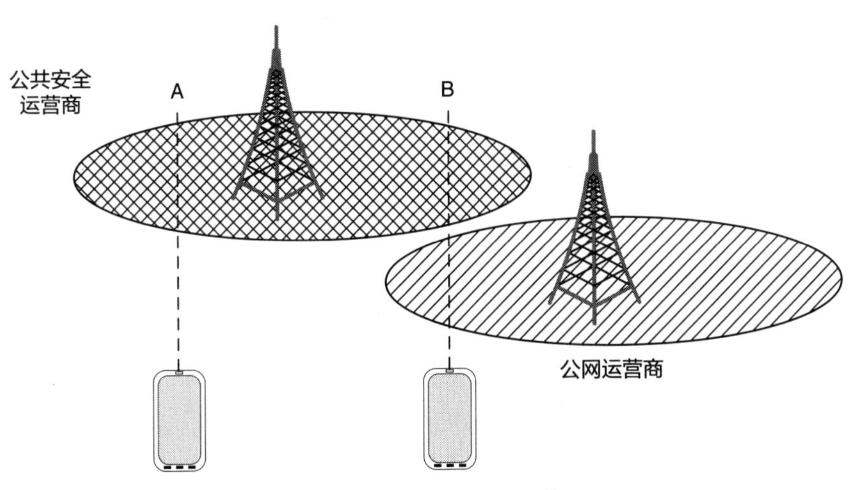

图 4.29　异频 ProSe 通信

在 R12［20］中，认为所有的 ProSe 通信都在单载波（ProSe 载波）上进行，该载波是配置到 UE 中的。驻留在非 ProSe 载波上的 UE 若对 ProSe 载波上的 ProSe 通信感兴趣，应该尝试寻找或探测 ProSe 载波上的小区，从而确定它是否处于覆盖内。

当 UE 希望进行 ProSe 通信时，如果处于 RRC-CONNECTED 状态，则向服务的 eNB 发送一个 ProSe 指示，该指示包含 UE 期望的 ProSe 频率。eNB 可以在 ProSe 载波上配置一个异频 RRM 测量，当 UE 进入一个使用 ProSe 载波的小区时，eNB 基于测量报告触发异频移动性动作，切换到该 ProSe 载波。如果 UE 是处于 RRC_IDLE 状态，则当探测到合适的小区时，UE 可以重选到 ProSe 载波上。如果 UE 在 ProSe 载波上探测到了合适的小区，UE 则不再使用通用集成电路卡（Universal Integrated Circuit Card，UICC）上配置的资源，而是改用为提供 ProSe 载波覆盖的 eNB 所配置的资源。

如果 eNB 没有通过 SIB 或者专用信令向 UE 提供资源，则 UE 应该停止所有的 ProSe 动作，以避免对网络和当前的连接造成伤害。在 R12 中，提供非 ProSe 载波覆盖的 eNB 无法配置 ProSe 载波的资源，也就是说，商业运营商的 eNB 不能去配置公共安全运营商控制的 eNB 的资源。这种配置其他 eNB 管理的资源的能力称为"跨载波资源调度"（cross-carrier scheduling of resources），R12 中不支持跨载波资源调度。

UE 首先完成到 ProSe 载波的移动性，然后提供 ProSe 载波覆盖的 eNB 为其进行资源配置。

4.6.4 IP 地址分配

UE 可以支持 IPv4 或者 IPv6 地址。以下是支持一对多 ProSe 直接通信的一些可能方案：

—— 可以配置 UE 在直接链路上使用 IPv6。这种情况下，UE 依照 IETF RFC 4862［21］定义的过程自动配置链路本地 IPv6 地址。这个地址只能用作一对多 ProSe 直接通信的源 IP 地址。

—— 可以配置 UE 在某个组一对多 ProSe 直接通信中使用 IPv4。这种情况下，UE 在对应的组一对多 ProSe 直接通信中使用配置的 IPv4 地址。如果没有为该组分配地址，则 UE 依照 IETF RFC 3927［22］，使用 IPv4 链路本地地址的动态配置，以获取 IPv4 地址。

4.6.5　一对多通信（发送）

示例场景：消防员鲍勃和约翰已经发现了对方（例如通过发布、监听、匹配报告过程）。现在鲍勃想要与约翰和其他消防员通信，鲍勃的终端需要按照本节的描述来发送数据（见图4.30）。如果鲍勃和约翰是通过其他方式发现的对方（比如直接互相看到了），他们希望进行通话，但此时终端没有执行直接发现过程。

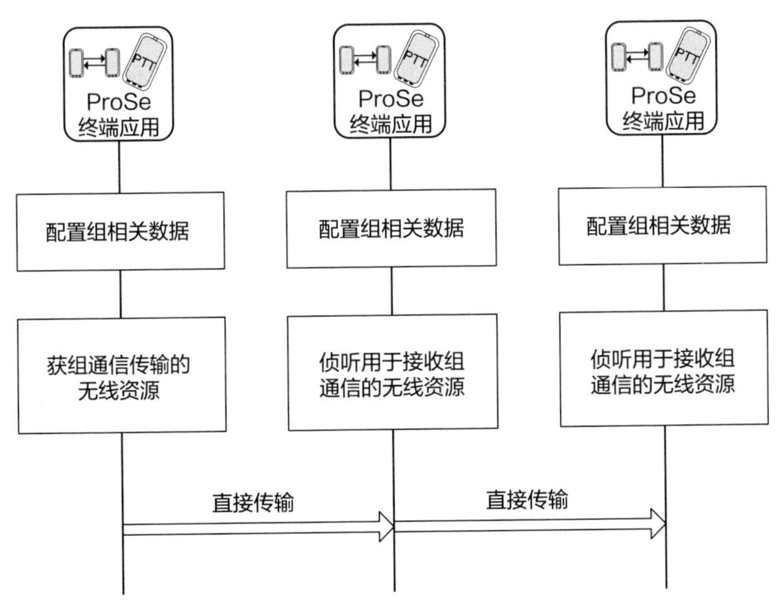

图 4.30　一对多 ProSe 直接通信的发送

4.6.5.1　条件

UE 已经配置了一对多 ProSe 直接通信必需的授权信息和无线资源信息。

4.6.5.2　过程描述

（1）UE 获取发送 IP 包所必需的组上下文（ProSe 层 2 组 ID，ProSe 组 IP 多播地址），以及直接通信所用的无线资源参数。

（2）发送 UE 找到合适的无线资源进行一对多 ProSe 直接通信。这取决于 UE 是在覆盖内还是覆盖外，以及 UE 的操作模式。

传给 AS 的 PDU 关联到层 3 的 PDU 类型。支持的层 3 协议数据类型（也就是说允许发送这些类型的 IP 包）是 IP 协议和地址解析协议（Address Resolution Protocol，ARP）。报文关联着对应的源层 2 标识和目标层 2 标识。源层 2 ID 设为

ProSe 密钥管理功能（ProSe Key Management Function）分配的 ProSe UE ID。目标层 2 ID 设为 ProSe 层 2 组 ID。

（3）发起 UE 使用 ProSe 层 2 组 ID 作为目标层 2 ID，把 IP 包发到 IP 多播地址上。

4.6.6 一对多通信（接收）

示例场景：消防员鲍勃和约翰已经发现了对方。现在鲍勃想要与约翰和其他消防员通信，鲍勃的终端需要按照本节的描述来接收数据（见图 4.31）。如果鲍勃和约翰是通过其他方式发现的对方（比如直接互相看到了），他们希望进行通话，但此时终端没有执行直接发现过程。

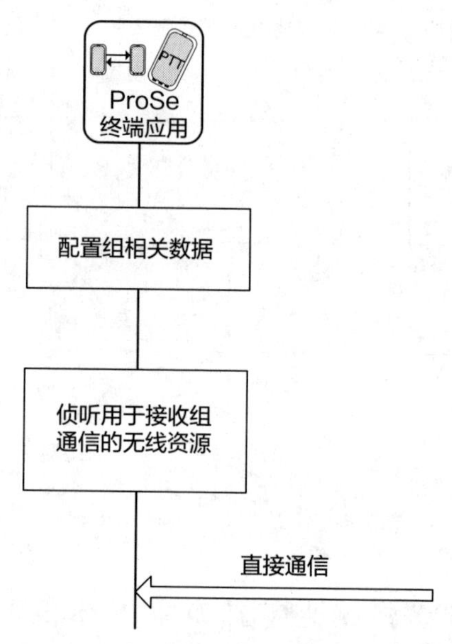

图 4.31 一对多 ProSe 直接通信的接收

4.6.6.1 条件

UE 已经配置了一对多 ProSe 直接通信必需的授权信息和无线资源信息。

4.6.6.2 过程描述

（1）UE 获取发送 IP 包所必需的组上下文（ProSe 层 2 组 ID，ProSe 组 IP 多播地址），以及直接通信所用的无线资源参数。

（2）接收 UE 使用分配的资源来接收一对多 ProSe 直接通信。

（3）接收 UE 根据目标层 2 标识中的 ProSe 层 2 组 ID，对接收到的帧进行过滤，如果与配置的组 ID 匹配，则将封装的数据包提交到高层。IP 协议栈根据组 IP 多播地址对收到的数据包进行过滤。

（4）传到高层的 PDU 关联到层 3 PDU 类型。前文已经说过，支持的层 3 协议类型包括 IP 和 ARP。

4.6.7　通过 ProSe 中继的直接通信

通过 ProSe 中继的 D2D 通信有助于增强城市地区的容量和覆盖。在密集城区环境中，大多数基站的典型部署位置都是路口或者附近，能够为该区域提供非常好的室外覆盖，但是总体来讲，这种环境的蜂窝覆盖，尤其是室内覆盖，有可能是不均匀的。再者，由于建筑架构对信号的阻挡，大型建筑内部覆盖经常很差。虽然可以通过部署额外的小小区来解决室内覆盖问题，但是增加了成本，而且有些时候连小小区都无法部署。

在这个问题上，D2D 通信提供了一种新的解决思路。信号强的用户可以作为一个网络到 UE 的中继，从而帮助附近的信号差的用户。这大大增强了覆盖，改善了建筑物（钢铁和水泥）内部用户的业务体验。不过 3GPP R12 中没有定义 ProSe（网络到 UE）中继的方案。

4.7　EPC 级的 ProSe 发现

EPC 级的 ProSe 发现允许 UE 在网络的辅助下发现邻近的 UE，也被称为网络辅助的发现。UE 可以将该过程作为独立的业务使用，也可以与直接通信联合使用，或者与 WLAN 直接发现和通信联合使用。该过程在 E-UTRAN 直接通信和 WLAN 直接通信中均可使用。WiFi 的 Peer-to-Peer（P2P）规范［24］定义了使用 IEEE 802.11［25］技术进行直接发现和通信的架构和协议族。如果 EPC 级的 ProSe 发现过程中也请求了 EPC 支持 WLAN 直接发现和通信，则支持 WLAN 直接发现和通信所必需的参数将作为辅助参数提供。辅助信息的设计原则是加速 WLAN 直接发现和通信。辅助信息的内容取决于 WLAN 直接链路上所用的技术。

4.7.1　EPC 级的 ProSe 发现过程

该过程包括了 UE 自身的注册、到 ProSe 功能注册 ProSe 应用，以及对注册

UE 距离靠近时的邻近提示请求。因此，过程也包括了网络根据 OMA SUPL 或者其他位置确定技术来判断 UE 位置的过程。当 UE 相互足够近时，ProSe 功能会根据 UE 的注册进行提示。

示例场景：消防员鲍勃和消防员约翰是运营商 A 的签约用户。鲍勃已经进入足球场，其终端已经注册到运营商 B 的网络中。鲍勃知道其他消防员（包括约翰和其他人）也会到这个足球场。鲍勃想知道这些人什么时候到达。为了让鲍勃和约翰发现对方，鲍勃和约翰的终端应该到 ProSe 功能注册邻近提示服务。这个高层过程见图 4.32（约翰的终端为 UE-A，鲍勃的终端为 UE-B）。

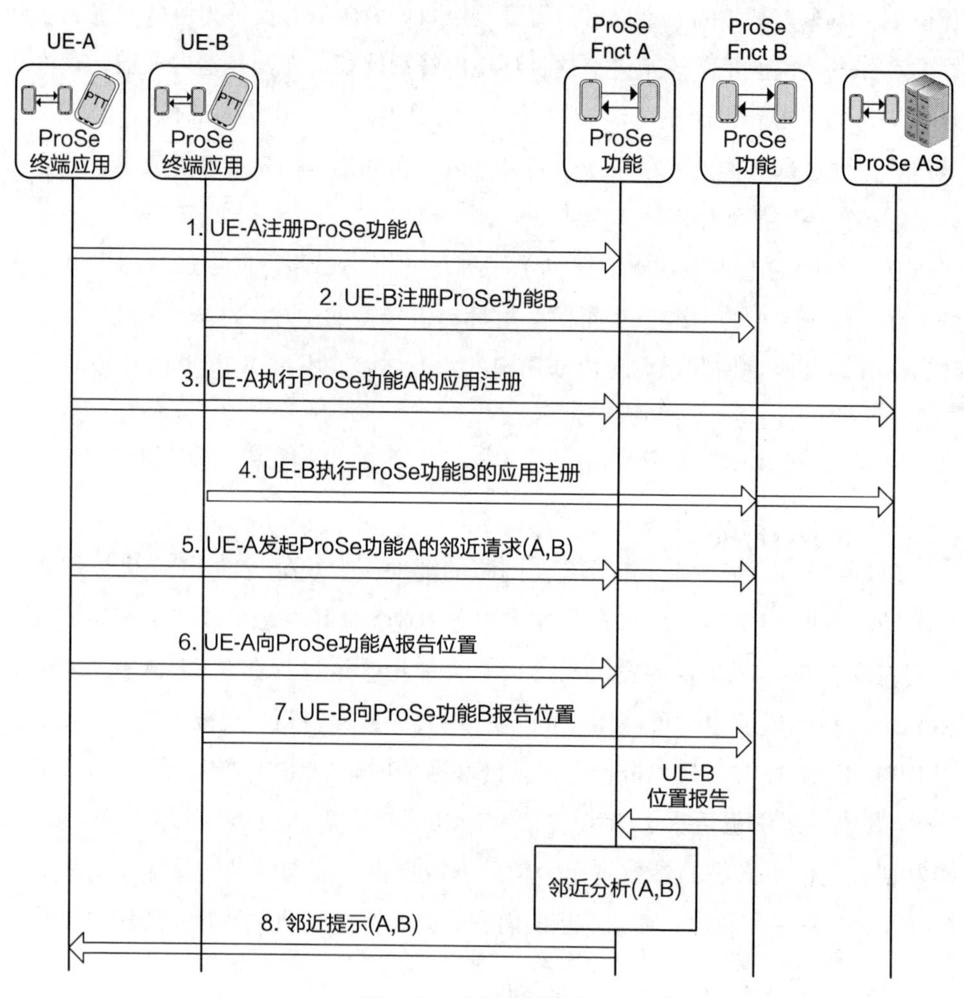

图 4.32　EPC 级的发现

（1）UE-A 发起注册过程，以获取 EPC 级的 ProSe 发现服务。UE-A 注册到其归属 PLMN 中的 ProSe 功能 A。

（2）UE-B 同理。

（3）如果某个应用（例如一个公共安全的应用）触发 UE 发起 EPC 级的 ProSe 发现，UE 将该应用向 HPLMN 中的 ProSe 功能注册。因此，如果有应用请求 EPC 级的 ProSe 发现，则 UE-A 向 HPLMN 中的 ProSe 功能 A 发起对这个应用的注册。

（4）类似的，UE-B 向自己的 HPLMN 中的 ProSe 功能 B 发起应用的注册。

（5）UE-A 发送一个针对 UE-B 的邻近请求，请求当 UE-B 与自己足够近的时候收到提示（可能是还会指示一个时间窗，表示请求的有效期）。UE-A 的 HPLMN 中的 ProSe 功能请求 UE-A 和 UE-B 的位置更新。位置更新可以是周期性的，或者事件触发的，或者两者的组合。ProSe 功能向 UE-A 的 HPMN 中的 SLP 请求 UE-A 的位置更新。为了获得 UE-B 的位置更新，UE-A 的 ProSe 功能会联系 UE-B 的 ProSe 功能，以获得 UE-B 的位置更新。

（6）UE-A 和 UE-B 的位置信息会陆续发送到它们各自的 ProSe 功能。ProSe 功能 B 根据 ProSe 功能 A 设置的条件，将 UE-B 的位置更新转发给 ProSe 功能 A。只要 ProSe 功能 A 收到了 UE-A 和（或）UE-B 的位置更新，ProSe 功能 A 都会对两个 UE 的位置进行邻近分析。

（7）当 ProSe 功能 A 探测到两个 UE 已经邻近时，则向 UE-A 发送邻近提示（Proximity Alert），提示 UE-B 已经靠近。如果邻近请求中还包含了 WLAN 辅助信息请求，则 ProSe 功能 A 还向 UE-A 提供与 UE-B 进行 WLAN 直接发现和通信所需的辅助信息。ProSe 功能 A 还会通知 ProSe 功能 B，后者转而将探测到的这一邻近事件通知 UE-B。类似的，如果 UE-B 的邻近请求中还包含了 WLAN 辅助信息请求，则 ProSe 功能 B 会向 UE-B 提供与 UE-A 进行 WLAN 直接发现和通信所需的辅助信息。辅助信息包括的参数有：

—— SSID：用于 Wi-Fi P2P 操作的服务集标识（Service Set Identifier，SSID）。为了与 Wi-Fi P2P 规范［24］兼容，SSID 应该是“DIRECT-ab”的形式，其中 a、b 是两个随机字符。

—— WLAN 密钥：Wi-Fi P2P 通信安全使用的预共享的密钥。UE 用它作为成对主密钥（Pairwise Master Key，PMK）。

——组拥有者（Group Owner，GO）指示：用于指示 UE 是否支持 Wi-Fi P2P 规范［24］中定义的 GO 功能。实现该功能的 UE 将作为发送包括 P2P 信元的信标的接入点（AP），并接受来自其他 Wi-Fi P2P 设备的关联，或者来自传统 Wi-Fi 设备（未实现 Wi-Fi P2P 功能）的关联。如果 GO 指示未置位，则 UE 作为 Wi-Fi P2P 客户端，尝试发现和关联 GO。

——P2P 设备的 self 地址：UE 对外标识自身的 WLAN 链路层 ID。实现 GO 的 UE 指示 GO 应该从这个 WLAN 直接设备接收 WLAN 关联请求。GO 应该拒绝所有来自其他 WLAN 设备的关联请求。

——P2P 设备的 peer 地址：UE 用来发现 peer UE 的 WLAN 链路层 ID。实现 GO 的 UE 应该只接受从这个列表地址中发来的 WLAN 关联请求。

——操作信道：Wi-Fi P2P 发现和通信所用的信道。

——有效时间：辅助信息所提供的内容的有效时间段。

4.7.2 用户设备（UE）注册

上一节（步骤 1 和 2）中解释过，UE 需要注册到 ProSe 功能。本节（见图 4.33）展示了 UE 向 ProSe 功能注册的过程。

（1）UE 发送 ProSe 注册请求（ProSe Registration Request），消息携带 IMSI 和

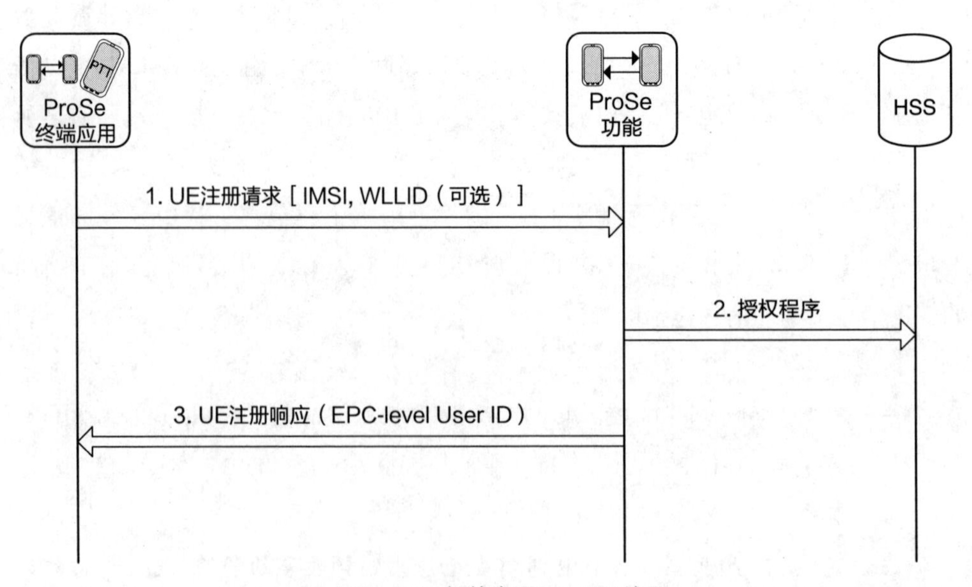

图 4.33 EPC 级的发现——UE 注册

WLAN 链路标识（WLAN Link Identifier，WLLID），向 ProSe 功能注册。如果 UE 支持永久的 WLLID 且希望使用 EPC 支持的 WLAN 直接发现和通信，则消息中携带永久 WLLID，否则可携带邻近请求过程中从 ProSe 功能获得的临时 WLAN 链路标识。

（2）ProSe 功能可能与 HSS 交互，以对用户进行认证，并检查用户是否有权使用 ProSe。另一种可能是，所有与 ProSe 认证授权相关的用户设备都配置在 ProSe 功能本地。

（3）ProSe 功能为 UE 生成一个 EPC ProSe User ID，将该 ID 与用户的 IMSI 保存后，向 UE 发送 UE 注册响应（UE Registration Response）消息，消息中包含该 EPC ProSe User ID。

4.7.3　应用注册

当用户注册到第三方应用服务器时，用户会被指定一个应用层用户标识（Application Layer User ID，ALUID）（例如，用户 A 的标识指定为 ALUID_A）。要为某个应用激活 ProSe 功能，例如 EPC 级的 ProSe 发现功能，UE 需要将该应用注册到 ProSe 功能，如图 4.34 所示。

（1）UE 向 ProSe 功能发送应用注册请求（Application Registration Request）消

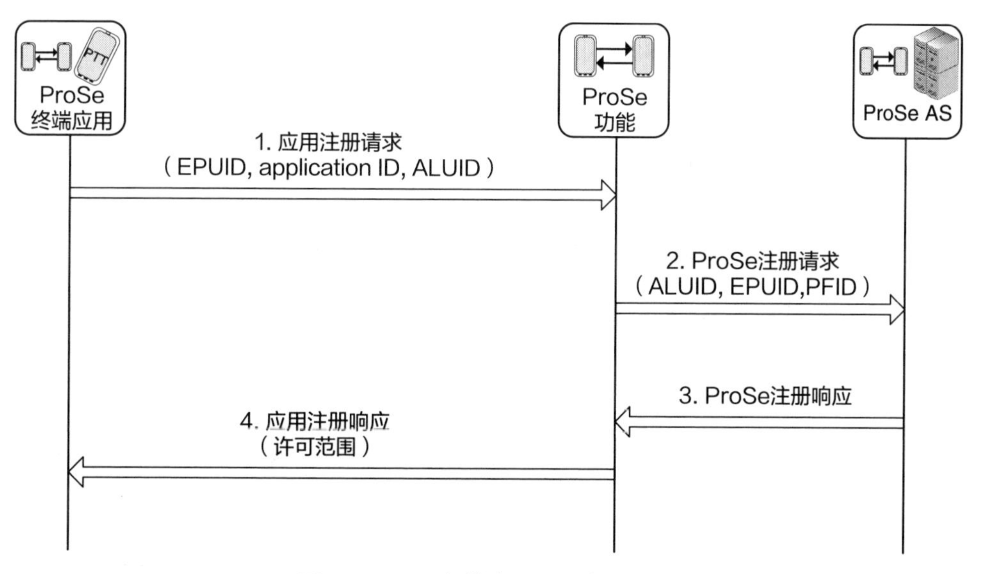

图 4.34　EPC 级的发现——应用注册

息进行应用注册，消息中包含 EPC ProSe User ID、应用标识、应用层用户标识。

（2）ProSe 功能使用 EPC ProSe User ID 提取用户数据，确认所请求的应用是在所保存的授权的应用标识列表中，并将 ProSe 注册请求（ProSe Registration Request）消息发送给应用服务器，指示这个应用（ALUID 所标识）有一个用户请求使用 ProSe 服务。如果应用服务器接受了请求，则保存用户的上下文信息，例如应用层用户标识、EPC ProSe User ID、ProSe 功能标识。ProSe 功能标识用来标识对应的 ProSe 功能。

（3）应用服务器向 ProSe 功能发送 ProSe 注册响应（ProSe Registration Response）消息，指示注册状态（成功或者失败）。ProSe 功能向 UE 发送应用注册响应（Application Registration Response），消息中包含允许的范围，同时也包括注册的状态。允许的范围参数包括该应用允许的范围等级集合。范围等级是一个 0 ~ 255 的整数，每个整数对应一个允许的范围（1 ~ 50 米，2 ~ 100 米，3 ~ 200 米，4 ~ 500 米，5 ~ 1000 米，其他数值尚未定义）

EPC 级的发现过程其他细节，可以参见 3GPP TS TS23.303［3］和 3GPP TS 24.334［5］。

4.8 邻近服务其他的重要功能

4.8.1 准备（Provisioning）

ProSe 直接发现和 ProSe 直接通信的准备参数可以配置在 USIM（见 3GPP TS 31.102［26］）、移动设备（Mobile Equipment，ME）中，或者同时配置在 USIM 和 ME 中。ME 准备参数指示了使用该 USIM 卡的 UE 是否允许使用 ProSe 直接发现和 ProSe 直接通信。只有当用户选择了获得 ProSe 直接发现和 ProSe 直接通信授权的 USIM，才能够使用 ProSe 直接发现和 ProSe 直接通信。当 USIM 更换或者取消选择的时候，ME 准备参数也不应被删除。如果 USIM 应用和 ME 都包含了相同的准备参数，则优先使用 USMI 的参数值。

发现和通信所需的准备参数由运营商配置到支持 ProSe 的公共安全终端，因此这种情况下无需 UE 建立到 ProSe 功能的连接。

支持 ProSe 的 UE 从 HPLMN 获取使用 ProSe 直接发现、直接通信或者通过 ProSe 中继通信的授权，这些授权是基于每个 PLMN 来获取的。ProSe 直接发现监听和发布过程的策略在 UE 是分别配置的。授权策略可以指示出 UE 在策略生效的 PLMN 内是否有权进行发布或者监听。

此外，还会为 UE 的发布过程配置一个授权的发现范围，这指示了发布授权策略生效的 PLMN 内进行 ProSe 直接发现的发布范围。配置的细节信息可以参见 3GPP TS 24.333 [27]。发布范围指的是 UE 在发布授权策略生效的 PLMN 内授权进行 ProSe 直接发现发布时的最大发射功率等级。

4.8.2　签约数据

签约用户需要获取签约数据来使用本章描述的邻近服务。用户获取签约数据可以用于单独的特性，例如发现、通信，也可以用于所有的特性。因此，以下特性可以单独进行签约：

—— 签约 ProSe 直接发现。

—— 签约一对多 ProSe 直接通信（在 3GPP R12 中仅适用于 ProSe-enabled Public Safety UE）。

—— 签约 EPC 级的 ProSe 发现。

—— 签约 EPC 辅助的 WLAN 直接发现和通信。

—— 签约 ProSe UE 到网络中继（仅适用于 ProSe-enabled Public Safety UE）。

签约信息保存在 HSS 的用户数据中，数据还可以包括其他的参数，例如 UE 授权进行一对多 ProSe 直接通信或者发布、监听的 PLMN 列表。

4.8.3　安全

4.8.3.1　直接发现的安全

为了支持 ProSe 开放模式的发现，安全方案减轻了重放攻击和伪装攻击。在发布过程中，UE 发布的代码是有完整性保护的。系统保证每个发现时隙都关联一个 UTC 时间参数，该参数对于发布 UE 和监听 UE 都是知晓的。使用消息完整性检查（Message Integrity Check，MIC）的完整性保护机制使得 ProSe 功能能够识别某发布 UE 确实是获权在该时刻发布 ProSe 应用码的。

4.8.3.2 直接通信的安全

一对多 ProSe 直接通信的安全包括承载级安全机制和媒体面的安全机制。

4.8.3.3 承载级安全

承载级安全使用基于身份的密文机制。对于所归属的每个组，UE 都需要获取该组的算法标识和一个 ProSe 组密钥（ProSe Group Key，PGK），这些都是预先提供给各个组的。根据 PGK，希望广播加密数据的 UE 生成一个 ProSe 业务密钥（ProSe Traffic Key，PTK），生成过程中所使用的参数能够保证 PKT 对于每个 UE 都是唯一的，这是在用户数据包的包头中传输的。

UE 从 PDK 提取出所需的 ProSe 加密密钥（ProSe Encryption Key，PEK）用于加密数据。UE 可以从承载级使用相关的密钥和算法对要发送的数据进行保护。接收 UE 需要使用承载头中的信息提取 PTK，并使用 PEK 对数据进行解密。

为了实现对 UE 之间业务的保护，支持 ProSe 的公共安全终端应该支持 EEA0、128-EEA1 和 128-EEA2 加密算法。此外，UE 也可以实现 128-EEA3 算法用于一对多的业务加密。注意，使用 EEA0 算法意味着不加密。

4.8.3.4 媒体面安全

一对多通信的完整性和机密性保护是通过使用安全实时传输协议（Secure Real Time Transport Protocol，SRTP）和安全 RTCP 协议（Secure RTCP，SRTCP）来实现的。

公共安全 UE 由密钥管理系统（Key Management System，KMS）为其提供与其身份关联的密钥材料。如果需要，可以使用通用引导架构（Generic Bootstrapping Architecture，GBA）来启动 UE 和 KMS 之间的连接安全。KMS 也为组管理员提供组身份相关联的密钥材料。

组管理员将组主密钥（Group Master Keys，GMK）分发给组内的 UE。GMK 使用与 UE 关联的用户标识进行加密，并使用组标识（关联的密钥）进行签名，其中组标识是 KMS 授权组管理员使用的。GMK 在组内完成分发后，UE 就可以建立组通信了。发起方 UE 生成一个组会话密钥（Group Session Key，GSK），将其加密后发给组成员。GSK 的传输使用 GMK 进行加密，可能需要鉴权，以对传输的源头进行检验。GMK 的分发过程也可以通过直接通信进行。

组会话密钥的分发使用预分享的 MIKEY 密钥消息。MIKEY 消息把会话密钥封装到 GMK 中，从一个 UE 直接发到或者通过网络转发到另一个 UE。MIKEY 消息可以使用发起方 UE 的身份进行签名。这提供了一种网络无关的 GSK 分发机制。

组成员在会话建立过程中使用相同的 GSK。GSK 是 SRTP 的主密钥，提供一对多通信的媒体面安全。会话可能只持续一次传输，也可能持续较长的时间以允许组内的多个成员进行沟通。

4.8.3.5　EPC 级发现的安全

两个试图发现对方的 UE（终端 A 和终端 B）的 ProSe 功能（ProSe 功能 A 和 ProSe 功能 B）可能属于不同的 PLMN（PLMN A 和 PLMN B）。应用服务器将目标 UE 的用户标识（EPC ProSe UE ID）公开给 PLMN A 的 ProSe 功能，以便其向管理该目标 UE 的 PLMN B 的 ProSe 功能请求位置信息。

这里的安全风险在于，ProSe 功能只要从 UE 收到过一次邻近请求，就可以保存一份［EPC ProSe UE ID，ALUID，Application ID］的映射记录，后续即使 UE 并没有真的请求邻近提示，ProSe 功能也有能力发送邻近请求了。这可能导致海量的来自其他 PLMN 对用户的监视，而服务 UE 的 PLMN 很难探测到这些监视。

为了减轻这一风险，3GPP 引入了应用服务器签名的邻近请求过程。UE A 并不对其发给 ProSe 功能的邻近请求进行签名，而是信任应用服务器来对以 UE 的名义发送邻近请求进行授权控制。授权的条件可以基于检测机制，例如，从一个 ProSe 功能发来的大量邻近请求都无法与 ProSe 应用的频率使用匹配上，或者也可以基于 PC1 接口的存在检测机制。ProSe 功能 A 向应用服务器请求每一个邻近请求的授权，应用服务器返回参数，明确哪些操作是授权的（例如，只授权发送 1 条请求，授权在某个日期之前发送 X 条请求，等等）。

根据这一机制，ProSe 功能 B 收到 ProSe 功能 A 发送的邻近请求后，可以通过 PC2 接口，从应用服务器获取一个令牌验证密钥，通过使用该密钥对签名进行验证，就能够确保该邻近请求的合法性。

ProSe 直接发现、直接通信和 EPC 级发现的安全细节，可以参见 3GPP TS 33.303［28］。

4.8.4　计费

3GPP TR 32.844［29］定义了邻近服务的计费的原则，3GPP TS 32.277［30］也将就邻近服务的计费达成一些共识。本节对这些原则和共识进行简要介绍。

对于 ProSe 直接发现和 EPC 级发现过程，在线计费和离线计费都支持。不过在线计费不适用于公共安全用户的 ProSe 一对多直接通信。

公共安全的在线计费可以使用即时事件计费（Immediate Event Charging，IEC）原则，详见 3GPP TS 32.299 [31]。

4.8.4.1 ProSe 直接发现的计费

为了支持 ProSe 直接发现场景的离线计费，HPLMN、VPLMN 和本地 PLMN 中的 ProSe 功能都要收集 ProSe 业务相关的计费信息。支持跨运营商的计费。当 UE 进行 ProSe 直接发现时，如发布、监听时，都会收集计费信息。

上报到计费数据功能（Charging Data Function，CDF）的计费事件包括诸多细节，例如：订阅 ID（如 IMSI）、PLMN ID、具体的 ProSe 直接发现模型（如“模型 A”“模型 B”）、具体的 ProSe UE 角色（如发布 UE、监听 UE）、具体的 ProSe 功能（如发布、监听、匹配）、分配给发布 UE 的 ProSe Application Code 以及对应的时间长度、分配给监听 UE 的过滤器集合自己对应的时间长度、监听 UE 匹配的 ProSe 应用码以及时间戳、ProSe 直接发现发布请求和监听的 ProSe Application ID。以下是计费信息采集的触发条件：

——ProSe 功能用命令（发布或者监听）对直接发现请求进行了回复。

——ProSe 功能对监听请求进行了回复。

——ProSe 功能对发布授权消息进行了回复。

——ProSe 功能对匹配报告消息进行了回复。

对于 ProSe 直接发现，在线计费适用于发布和监听过程。

4.8.4.2 EPC 级发现的计费

为了支持 EPC 级发现的离线计费，以下条件应该触发计费事件，并最终触发计费数据记录（Charging Data Records，CDR）的生成：

——EPC 级发现邻近请求相关的计费数据。

——EPC 级发现邻近提示相关的计费数据。

——EPC 级发现邻近请求取消相关的计费数据。

可计费的事件定义如下：

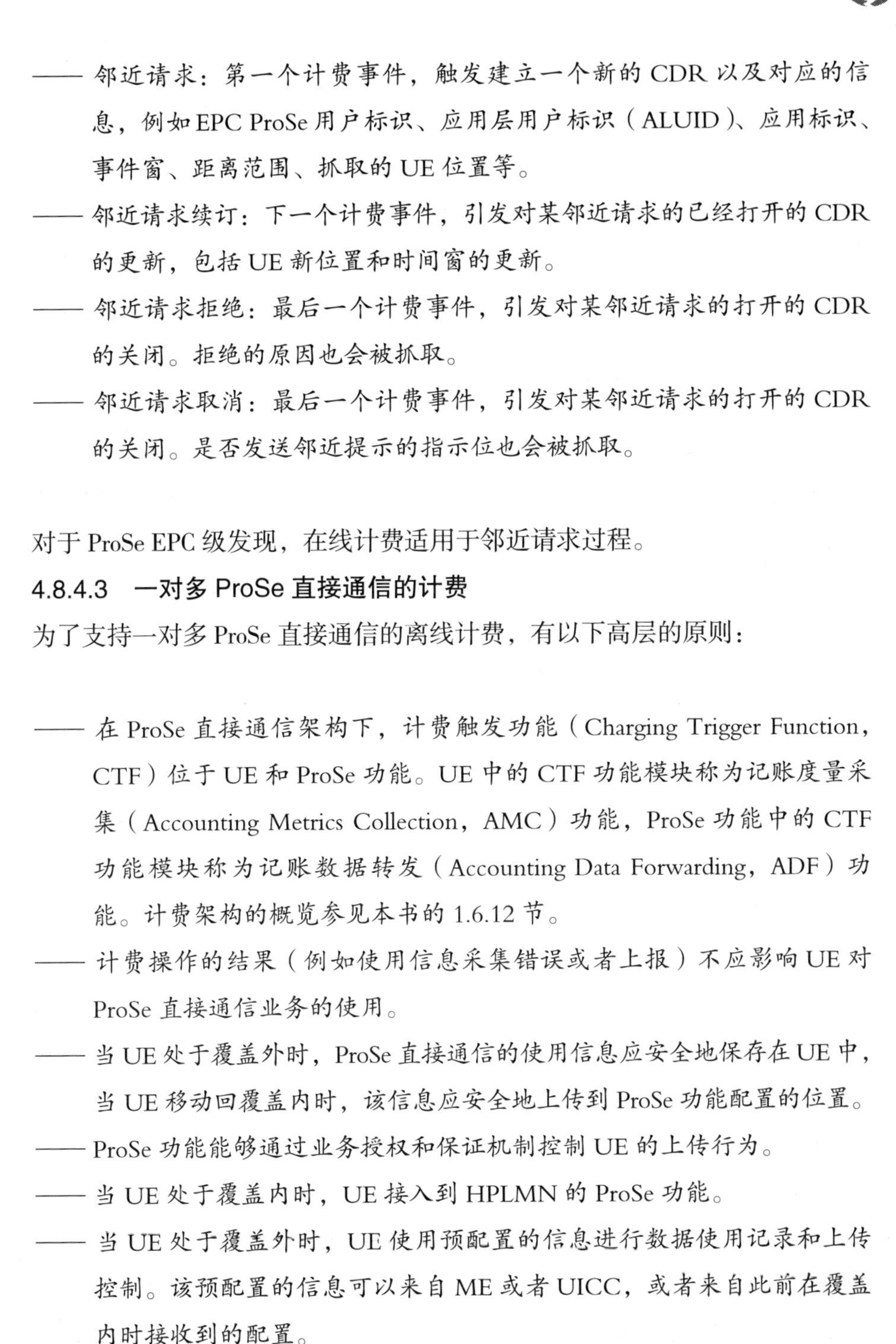

—— 邻近请求：第一个计费事件，触发建立一个新的 CDR 以及对应的信息，例如 EPC ProSe 用户标识、应用层用户标识（ALUID）、应用标识、事件窗、距离范围、抓取的 UE 位置等。

—— 邻近请求续订：下一个计费事件，引发对某邻近请求的已经打开的 CDR 的更新，包括 UE 新位置和时间窗的更新。

—— 邻近请求拒绝：最后一个计费事件，引发对某邻近请求的打开的 CDR 的关闭。拒绝的原因也会被抓取。

—— 邻近请求取消：最后一个计费事件，引发对某邻近请求的打开的 CDR 的关闭。是否发送邻近提示的指示位也会被抓取。

对于 ProSe EPC 级发现，在线计费适用于邻近请求过程。

4.8.4.3 一对多 ProSe 直接通信的计费

为了支持一对多 ProSe 直接通信的离线计费，有以下高层的原则：

—— 在 ProSe 直接通信架构下，计费触发功能（Charging Trigger Function，CTF）位于 UE 和 ProSe 功能。UE 中的 CTF 功能模块称为记账度量采集（Accounting Metrics Collection，AMC）功能，ProSe 功能中的 CTF 功能模块称为记账数据转发（Accounting Data Forwarding，ADF）功能。计费架构的概览参见本书的 1.6.12 节。

—— 计费操作的结果（例如使用信息采集错误或者上报）不应影响 UE 对 ProSe 直接通信业务的使用。

—— 当 UE 处于覆盖外时，ProSe 直接通信的使用信息应安全地保存在 UE 中，当 UE 移动回覆盖内时，该信息应安全地上传到 ProSe 功能配置的位置。

—— ProSe 功能能够通过业务授权和保证机制控制 UE 的上传行为。

—— 当 UE 处于覆盖内时，UE 接入到 HPLMN 的 ProSe 功能。

—— 当 UE 处于覆盖外时，UE 使用预配置的信息进行数据使用记录和上传控制。该预配置的信息可以来自 ME 或者 UICC，或者来自此前在覆盖内时接收到的配置。

—— 漫游场景下，支持跨 PLMN 的计费。

在线计费不适用于ProSe一对多直接通信。一对多直接通信是为公共安全用户设计的，不支持在线计费的一个原因是这些用户开始或者停止直接通信时根本不会与网络联系。此外，使用ProSe直接通信并不需要任何信用控制。公共安全的监管者也要求计费控制不应导致UE无法使用ProSe直接通信。而且，UE无论在覆盖内还是覆盖外都可以进行通信。因此，没有必要要求公共安全场景下的ProSe一对多直接通信支持在线计费。

4.8.5 ProSe相关的标识

4.8.5.1 ProSe UE ID

这是一个链路层标识，由ProSe功能中的ProSe密钥管理功能分配，在组的一对多ProSe直接通信的上下文中唯一地代表对应UE。在ProSe直接通信中，用作UE发出的所有数据包的源层2 ID。

4.8.5.2 ProSe Layer 2 组 ID

这是一个链路层标识，在一对多ProSe直接通信的上下文中标识一个组。在一对多ProSe直接通信中，UE发给组的所有数据包都用它作为目标层2 ID。

4.8.5.3 源层2 ID

该标识的作用是在PC5接口标识数据包的发送者。接收方的RLC UM实体使用Source Layer 2 ID进行识别。配置UE的Source Layer 2 ID时无需接入层信令，这是通过高层配置的。

4.8.5.4 目标层2 ID

目标层2 ID的作用是在PC5接口标识数据包的发送目标，MAC层使用它进行包过滤。目标层2 ID可以是广播、组播或者单播的标识。

注意，组信息是不需要AS信令的，在UE配置目标层2 ID也不需要AS信令。这些信息都是通过高层提供的。

4.8.5.5 SA L1 ID

SA L1 ID的作用是在PC5接口标识调度分配（Scheduling Assignment，SA），物理层使用它进行包过滤。SA L1 ID可以是广播、组播或者单播标识。对于组播和单播，MAC层会把高层的用于标识目的（组或UE）的ProSe标识（也即，ProSe层2组标识、ProSe UE ID）转换为2个字符串，其中一个转发给物理层用作SA L1 ID，另一个用作目标层2标识。对于广播，MAC层会通知物理层这是一次使用预定义 SA L1 ID 的广播传输，其格式与组播和单播的场景相同。

4.8.5.6　ProSe Application ID

ProSe 应用标识（ProSe Application ID）在 ProSe 直接发现中使用，用于标识支持 ProSe 的 UE 的应用相关信息。每个 ProSe Application ID 都是全球唯一的，例如，它可以在所有的 3GPP PLMN 中明确地区分一种业务。

当用在开放模式的 ProSe 发现过程时，ProSe 应用 ID 叫作公众 ProSe 应用标识（Public ProSe Application ID）。Public ProSe Application ID 的地理范围可以是 PLMN 级别、国家级别或者全球级别，这可以在 PLMN ID 的内容中体现。如果是 PLMN 级别，则 PLMN ID 对应一个 PLMN。如果是国家级别，则 PLMN ID 的 MNC 部分设为通配符“*.”。如果是全球级别，则 MNC 和 MCC 都用通配符代替。

Public ProSe Application ID 由以下部分组成：

a. ProSe Application ID Name。它使用不同层次的数据结构进行描述，例如，行业分类（0 级）、行业子分类（1 级）、行业名称（2 级）、店铺标识（3 级）。为了表达方便，ProSe Application ID Name 经常显示成一个标签字符串，其中的标签体现了垂直分级关系。

b. PLMN ID。分配 ProSe Application ID Name 的 PLMN 的标识。

下面是几个例子：

1. PLMN 级的 ProSe Application ID：mcc123.mnc012.ProSeApp.USA.Transport.Train.
2. 国家级的 ProSe Application ID：mcc123.mnc*.ProSeApp.USA.Transport.Train.
3. 全球级的 ProSe Application ID：mcc*.mnc*.ProSeApp.USA.Transport.Train.

4.8.5.7　ProSe Application Code

ProSe 应用码（ProSe Application Code）是对应 ProSe 应用 ID 的一个临时代码，长度为固定 184 比特，发布 UE 和监听 UE 都会用到。发布 UE 从自己的 HPLMN 的 ProSe 功能处获取 ProSe 应用码，并通过 PC5 接口发送给监听 UE。监听 UE 从自己的 HPLMN 的 ProSe 功能处获取发现过滤器，来监听对应的 ProSe 应用码。

ProSe 应用码由以下部分组成：

a. 临时标识，对应 ProSe 应用 ID；

b. 分配 ProSe 应用码的 ProSe 功能的 PLMN ID，也就是 MCC 和 MNC。

ProSe 应用码的匹配考虑了应用码的所有部分（即临时标识和 PLMN ID）。在匹配过程中，如果 PLMN ID 和临时标识都能够与发现过滤器中的对应内容匹配，则认为这是一次完全匹配。如果 PLMN ID 可以与发现过滤器中的对应内容匹配，但是临时标识只能匹配上一部分，则认为这是一次部分匹配。

ProSe 应用码是按照每发布 UE、每应用进行分配的，一并分配的还有一个有效定时器，该定时器在 UE 和 ProSe 功能中同时运行。

ProSe 功能可以改变 ProSe 应用码的临时标识（区分 UE），把这个 ProSe 应用码发给 UE 来替换此前分配的 ProSe 应用码。这个动作没有限制，ProSe 功能随时可以进行。应用码更新后，UE 和 ProSe 功能中的有效定时器也随之重置。

对于开放模式的 ProSe 发现：

—— 发布 UE 想要发布时，应该向 ProSe 功能发送发现请求（Discovery Request）消息，其中携带着 Public ProSe Application ID。ProSe 功能为其分配一个 ProSe 应用码。

—— 监听 UE 想要监听时，应该发送一条发现请求（discovery request），其中携带着 Public ProSe Application ID 的全集或者子集。例如，如果 Public ProSe Application ID 全集有 n 级，UE 可以提供其中的两级。

下面是一些 ProSe 应用码的示例：

1. PLMN 级的应用码：11-0001111011-0000001100-1101111110000

—— 范围 =11，表示这个 ProSe 应用码是 PLMN 级的，MCC 和 MNC 都有值；

—— MCC= 0001111011；

—— MNC= 0000001100；

—— 随机临时标识 = 1111111110000.

2. 国家级的应用码：11-0001111011-0000000000-1101111110000.

3. 全球级的应用码：11-0000000000-0000000000-1101111110000.

注：应用码中的符号“-”是分隔符，3GPP 中的协议定义中并不包含。下文实例中的“-”与此同。

4.8.5.8　ProSe 应用掩码

ProSe 应用掩码（ProSe Application Mask）包含在发现过滤器中，用来对 PC5 接口上收到的 ProSe 应用码进行部分匹配。ProSe 应用掩码包括一个或多个 ProSe 应用码的临时标识部分，从而实现对 ProSe 应用码的部分匹配。

以下是几个 ProSe 应用掩码的示例：

1. PLMN 级的应用掩码：11-1111111111-1111111111-1111111111111.

2. 国家级的应用掩码：11-1111111111-0000000000-1101111110000.

3. 全球级的应用掩码：11-0000000000-0000000000-1101111110000.

如果是全匹配，则 ProSe 应用掩码应设为全“1”用掩。对于部分匹配，也即 ProSe 应用码的 PLMN 需要完全匹配而临时标识只匹配一部分，ProSe 应用掩码中，无需匹配的临时标识部分应设为“0”，其他比特均设为“1”。ProSe 应用掩码的长度应该与 ProSe 应用码相同。

4.8.5.9　发现过滤器

发现过滤器（Discovery Filter）包括三部分：ProSe 应用码、ProSe 应用掩码、生存时间（Time To Live，TTL）参数。ProSe 应用掩码的长度应该与 ProSe 应用码相同。TTL 用于指示过滤器中对应的 ProSe 应用码或者 ProSe 应用掩码的有效时间（从接收到开始计时）。

发现过滤器由监听 UE 的 HPLMN ProSe 功能提供。监听 UE 使用过滤器来选择性地匹配 PC5 接口收到的 ProSe 应用码。

发现过滤器中，ProSe 应用码和 ProSe 应用掩码的范围（全球级、国家级或 PLMN 级）取决于所请求的 ProSe 应用 ID。ProSe 功能在分配发现过滤器的时候，应该将 ProSe 应用码和 ProSe 应用掩码的范围设成与所请求的 ProSe Application ID 的范围相同。例如，如果请求的 ProSe Application ID 是 PLMN 级的，则 ProSe 功能分配的 ProSe 应用码也应该是 PLMN 级的，ProSe 应用掩码的 PLMN ID 应该设成与对应的 PLMN 完全匹配。

图 4.35 展示了发现过滤器、ProSe 应用码和 ProSe 应用掩码的关系。

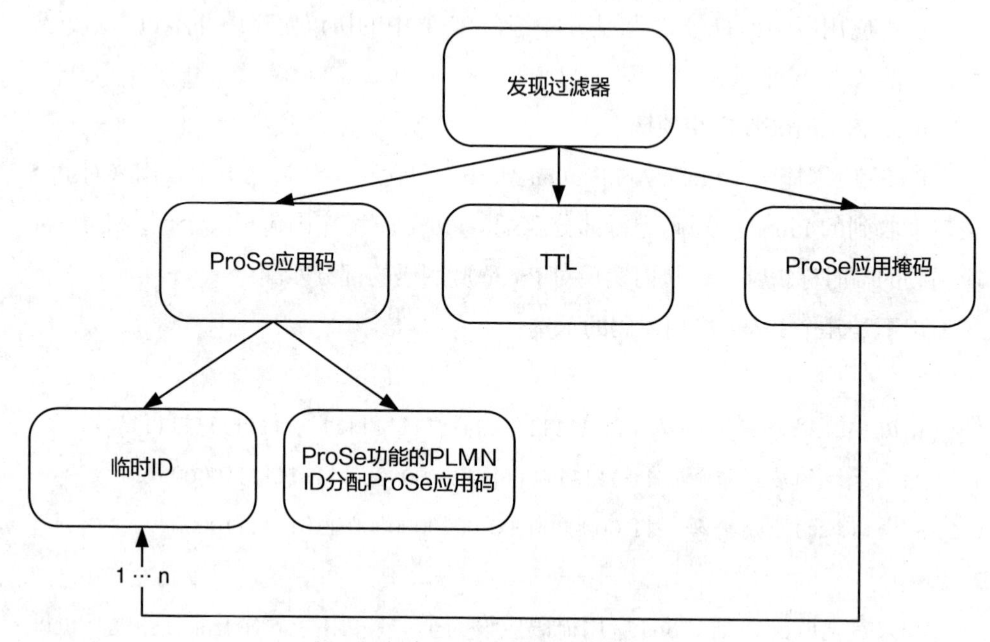

图 4.35 发现过滤器与各标识的关系

4.8.5.10 EPC ProSe User ID（EPUID）

该标识是 UE 在为 EPC 级发现进行注册的时候，由 ProSe 功能为 UE 生成。

4.8.5.11 ProSe Function ID（PFID）

该标识用于识别 ProSe 功能。

4.8.5.12 Application Layer User ID（ALUID）

该标识在用户注册到第三方应用服务器时，分配给用户。

4.8.6 匹配事件的说明

示例场景：监听 UE 想要接收列车服务。列车服务对应的 ProSe Application ID 已经配置在 UE 的应用中。

1. 监听 UE 发送一条发现请求，其中携带“监听”命令。请求中包含了 ProSe Application ID（本示例中，这是一个 PLMN 级的应用 ID）：mcc123.mnc 012.

ProSeApp.USA.Transport.Train。

2. ProSe 功能向监听 UE 提供发现过滤器，包括 ProSe 应用码、ProSe 应用掩码和 TTL：

a. ProSe 应用码：11-0001111011-0000001100-11110000（Value 1）。

b. ProSe 应用掩码：11-1111111111-1111111111-11111111（Value 2）。

c. TTL：5 分钟。

3. 发布 UE 发送一条发现请求，其中携带“发布”命令。请求中包含了 ProSe Application ID：mcc123.mnc012.ProSeApp.USA.Transport.Train。

4. ProSe 功能向发布 UE 提供 ProSe 应用码：11-0001111011-0000001100-11110000（Value 3）。

5. 监听 UE 根据 ProSe 应用码发现了发布 UE，执行匹配过程。

3GPP TS 24.334［5］中对匹配的定义如下：

对于发现过滤器中的任何一个掩码，该掩码和 PC5_ DISCOVERY 消息中包含的 ProSe 应用码进行按位的“与”操作，以及该掩码和过滤器中的 ProSe 应用码进行按位的“与”操作。如果两个“与”操作的输出相同，则认为是一次匹配事件。

因此，“监听 UE”用自己的 ProSe 应用码和 ProSe 应用掩码进行按位“与”操作，再用其收到的发布出来的 ProSe 应用码和 ProSe 应用掩码进行按位“与”操作，然后比较两次操作的结果。如果结果是匹配，则 UE 可以认为这是一次“匹配事件”。

下面我们看一下示例场景中的情况。监听 UE 的按位“与”操作如下：

1. Result1 = Value 1“AND”Value 2

2. Result2 = Value 3“AND”Value 2

3. 检查匹配事件：is Result 1 == Result 2?

在本例中，Result 1 和 Result 2 是相同的，所以这是一次“匹配事件”。上文中很明显可以看出两个 ProSe 应用码是匹配的，应用掩码设为全“1”用码，正符合“完全匹配”事件。

示例场景：高层的场景与上一个场景相同。监听 UE 请求列车服务。主要的区别在于 ProSe 在步骤 2 中为监听 UE 分配的 ProSe 应用码和 ProSe 应用掩码的取值不同。

1. PLMN 级的 application ID：mcc310.mnc012.ProSeApp.USA.Transport.Train。
2. 监听 UE 知道的 PLMN 级的 ProSe 应用码：11-0001111011-0000001100-11011100（Value 1）。
3. 监听 UE 知道的 PLMN 级的 ProSe 应用掩码：11-1111111111-1111111111-11100000（Value 2）。
4. 发布 UE 提供的 PLMN 级的 ProSe 应用码：11-0001111011-0000001100-11011110（Value 3）。

监听 UE 的按位“与”操作如下：

1. Result1 = Value 1“AND”Value 2
2. Result2 = Value 3“AND”Value 2
3. 检查匹配事件：is Result 1 == Result 2?

在本例中，Result 1 和 Result 2 是相同的，所以这是一次“匹配事件”。但是，ProSe 应用码的临时标识部分并不是完全相同，之所以匹配是因为 ProSe 应用掩码中，用于匹配的部分设为了“1”，而剩余部分设为了“0”，因此这是一次“部分匹配”事件。

4.9 部署场景

4.9.1 ProSe 直接发现

UE A 和 UE B 在不同的 E-UTRAN 网络覆盖下，ProSe 直接发现的场景如表 4.2 所示。

表 4.2　ProSe 直接发现场景

#	描　述	UE A	UE B	实　例	是否在Release 12中进行规范
1A	脱网	脱网	脱网	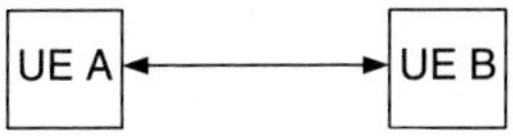 UE A UE B	否
1B	部分覆盖	覆盖之内	脱网	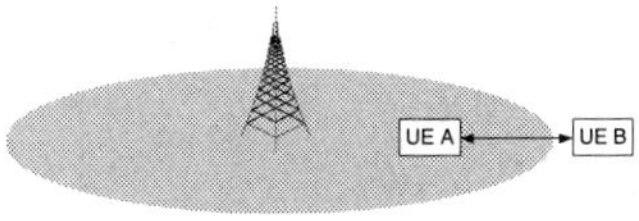 UE A UE B	否
1C	单小区覆盖	覆盖之内	覆盖之内	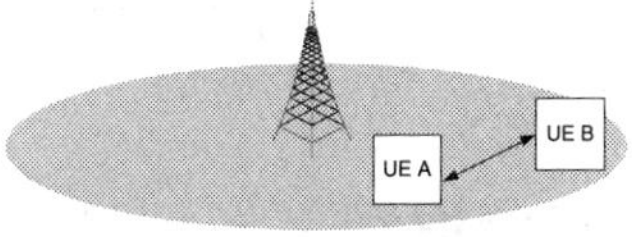 UE B UE A	是
1D	多小区覆盖	覆盖之内	覆盖之内	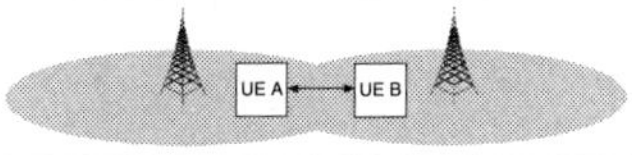 UE A UE B	是
2	中继	在网络覆盖之内，可用于中继	脱网	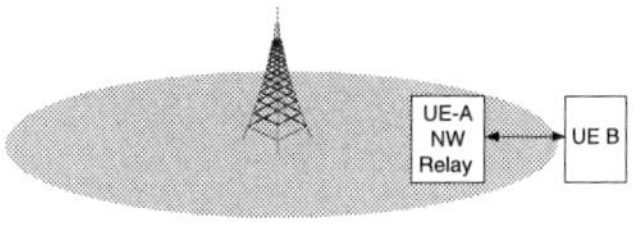 UE-A NW Relay UE B	否

4.9.2　ProSe 直接通信

表 4.3 展示了 UE A 和 UE B 在不同覆盖条件下进行 ProSe 直接通信的场景。UE A 的角色是发送 UE，UE B 的角色是接收 UE。UE A 的发送可以由其他一个或多个 UE 接收。UE A 和 UE B 可以交换其发送和接收角色。

表 4.3　直接通信场景

#	描　述	UE A	UE B	实　例	是否在Release 12中进行规范
1A	脱网	脱网	脱网	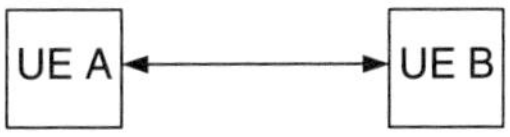 UE A UE B	是
1B	部分覆盖	覆盖之内	脱网	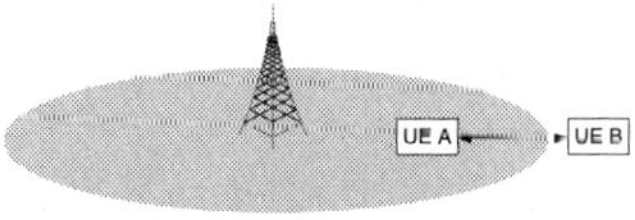 UE A UE B	是
1C	单小区覆盖	覆盖之内	覆盖之内	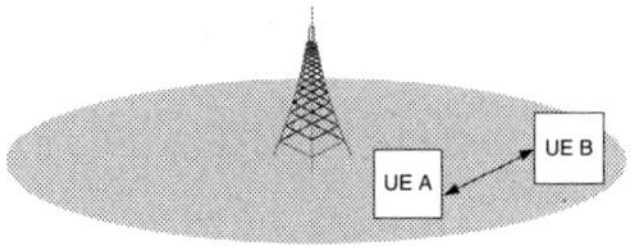 UE B UE A	是

续表

#	描　述	UE A	UE B	实　例	是否在Release 12中进行规范
1D	多小区覆盖	覆盖之内	覆盖之内	UE A ↔ UE B	是
2	中继	在网络覆盖之内,可用于中继	脱网	UE-A NW Relay ↔ UE B	否

4.10 公共安全用例

本节提供了一些典型的公共安全邻近服务的背景信息。除了“ProSe 直接通信”提到的术语，下文还将用到以下术语：

ProSe 通信：两个或多个邻近的支持 ProSe 的 UE 之间的通信。ProSe 通信可以表示以下场景：

—— 两个支持 ProSe 的 UE 之间的 ProSe E-UTRA 通信。

—— 支持 ProSe 的公共安全终端之间的 ProSe 组通信或者 ProSe 广播通信。

—— ProSe 辅助的 WLAN 直接通信。

ProSe 组通信：通过支持 ProSe 的公共安全终端之间的通用 ProSe 通信路径，在邻近的两个以上支持 ProSe 的公共安全终端之间的一对多 ProSe 直接通信。

ProSe 广播通信：通过支持 ProSe 的公共安全终端之间的通用 ProSe 通信路径，在邻近的所有授权的支持 ProSe 的公共安全终端之间的，一对所有的 ProSe 直接通信。

在紧急情况下，即按即说（Push-To-Talk，PTT）语音是现场第一反应者最重要的通信方式。PTT 通信中，同一时刻只能有一个人讲话（也即持有“话权”），其他的组成员只能接听。尽管 D2D ProSe 通信的应用就是聚焦在 PTT 语音通信的，但是其他形式的 ProSe 通信应用也是同等重要的。

4.10.1　ProSe 通信用例

ProSe 直接通信意味着“在直接模式下进行通信”，这与前文中通过网络进行的 ProSe 通信是不同的。

对于两个以上支持 ProSe 的公共安全终端参与的 ProSe 组通信，或者一对多 ProSe 直接通信，事件指挥官（Incident Commander，IC）会把成员分配到特定的组中（执行特定的任务），每个组进行单独的 ProSe 组通信。把人员分组能够使指挥官更高效地管理群组，并且保证通话都是与任务紧密相关的。在现行的公共安全 LMR 系统中，现场通信经常使用离线（直通模式）操作，尤其是消防部门，无论他们现在的集群网在现场是否可用。

此外，如果手动切换到了离线模式（一对多 ProSe 直接通信），可能会有成员移出 ProSe 直接通信的覆盖范围（无论是有意的还是无意的）。这种情况下，如果 UE 能够为用户提供信息，来确定哪些用户是处于 ProSe 直接通信的覆盖范围，那么用户就可以使用这种能力，根据目标用户来确定发送的信息。可以通过看用户的可用状态，以及用户是否处于 ProSe 直接通信的覆盖范围，来确定目标用户。然后，可以触发一个过程来与目标用户之间建立单独的通信路径。而且，切换到 ProSe 直接通信，但是仍处于 LTE 覆盖下的 UE，也有持续的 LTE 连接的需求，以通过 LTE 网络与组通信之间进行消息、地图、照片、视频等内容的交互。对于覆盖外的 UE，如果可能，也通过 UE 到网络的中继提供到 EPC 的连接。

应该注意到，在 D2D（离线）环境中，指挥官可以通过建立 ProSe 直接通信配置两个用户进行私密通话。直接通信对于公共安全是必要和重要的，这一点与现在的 LMR 集群系统中的私密呼叫（Private Call）很像。这在主管和他的某个下属之间可能经常需要，而这个下属是一个大组的成员。比如，一个警察组的组长或者主管，需要和屋顶的狙击手之间进行通话，在关键时刻下达“开枪”或者“别开枪”的指令。他们可能觉得在关键时刻在一个大组中进行直接对话并不合适。另外，这种功能还是希望尽量少用，只有特定的人员或者终端才有权使用 ProSe 直接通话，这样不会对到事件组成员之间的共享信息产生负面影响。

4.10.2　网络到 UE 中继的用例

国家公共安全宽带网（National Public Safety Broadband Network，NPSBN）将成

为公共安全语音和数据的首要的、可靠的传输手段，但是在很多场景下，NPSBN不可用的区域仍然有语音和数据通信的需求。NPSBN 用户（NPSBN-U）可能是在网络覆盖之外的，比如在荒野地区处理坠机事故的现场第一响应人员，或者在公寓楼中处理家庭警务的警察。因此，必须保证即使没有 NPSBN，离线语音通信也能够立即接入。这包括了那些接入非陆地通信可能受阻的区域和位置，比如建筑物内部（例如由于钢结构的影响），以及其他非陆地通信不可用的封闭区域。而且，有的时候用户也希望进行离线通信。消防员们经常会加入一个本地的通信网，这并不受到固定网络的影响，很大程度上靠的是终端之间的直接通信或者通过本地的中继站。消防员可以自行选择离开固定网络，可能是因为固定网络覆盖的不可预知性，也可能是因为（根据经验）了解直接通信或者本地中继站的覆盖。

因此，有一些网络覆盖下的用户可能希望同时与网络覆盖下以及覆盖外的用户进行通信，比如支持火灾响应的事件指挥官。这些用户必须能够与固定网络的用户（例如调度）通信，也要能与网络覆盖外的本地用户通信，或者需要向用户提供语音、数据和视频连接而又不与网络建立连接，即使这些用户是在网络覆盖内。

所以，当 NPSBN 的覆盖不足以支持公共安全任务时，中继功能对于离线通信就很重要了。再举例：正在扑救野外大火的消防员，所在的区域没有固定网络覆盖，如果其中的一个用户被火围困而且不在 IC 的覆盖内，但是处在另一个可以作为中继的设备的覆盖内，则这名身处险境的消防员仍然能够向 IC 更新自己的状态。

4.10.3 性能特征

本节介绍公共安全相关的 ProSe 通信的其性能和 E-UTRAN 特征（见 3GPP TR 36.843［14］）。

4.10.3.1 基本操作

—— 考虑在网操作的并发，一次事件场景中 ProSe 直接通信组（即一对多通信）的数量可能不会超过 6 ~ 8 个。

—— 考虑在网操作的并发，每个 ProSe 直接通信组的成员可能不会超过

12 ~ 16个，但是对于搜救队的场景，组成员可以扩展到50 ~ 70人。

—— 考虑在网操作的并发，两个成员可以通过ProSe直接通信进行授权的“私密呼叫”。

—— D2D ProSe直接通信操作的地理区域，每事件场景可达到半径1.5英里。

4.10.3.2 覆盖

—— 公共安全UE对ProSe通信的需求包括网络覆盖内的UE之间、网络覆盖外的UE之间，以及网络覆盖内的UE和网络覆盖外的UE之间。

—— 随时可能需要对处于ProSe直接通信覆盖内的UE进行判断。

—— 无论UE是否在网络覆盖内，都需要同时维持ProSe通信和到EPC的LTE连接。其中到EPC的LTE连接通过UE到网络的中继实现。

4.10.3.3 应用

—— 公共安全希望ProSe通信支持的应用包括语音、位置、低速数据（SMS、报告/查询、传感器等）、图像（或者视频，如果可能），其中语音仍是最重要的通信手段。

—— 紧急告警：告警发送给组的领导，或者组内所有其他人（包括执法行动、消防火场行动）。

—— 定位成员的能力：队长可以发一条请求，来获取无响应队员的位置。该无响应队员使用的UE如果还在工作，将自动将当前的位置发送给队长。

4.10.3.4 系统特性

—— 当UE连接到E-UTRAN网络时，无论ProSe通信使用的载波与E-UTRA网络使用的载波是否相同，期望网络都会为ProSe通信进行无线资源分配。

—— 能够在几秒钟内完成无线资源分配的传输和更新，以满足公共安全用户对性能的需求。

4.11 对增强邻近服务的展望

前文已经解释过，3GPP R12 把一些 ProSe 功能的优先级设得较低，因此这些功能有望在后续版本的标准中进行规定。从大的方面看，R12 已经完成标准化的主要功能如下：

- 开放模式的 ProSe 直接发现
- EPC 级的发现
- 一对多 ProSe 直接通信

一些特性在 R12 中没有完成，R13 的研究项目 [32] 有望解决一些必需的增强问题，来支持如下功能：

a. 非公共安全用途的受限 ProSe 直接发现。

b. 公共安全用途的 ProSe 直接发现。

c. 支持所有用例的模式 B ProSe 直接发现（即开放模式和受限模式）。

d. 开放模式 ProSe 直接发现过程的增强，如 PC2 接口上对 ProSe Application ID 和 ProSe 功能元数据的管理，ProSe 功能撤回 ProSe 应用码等。

e. 3GPP 标准范围内的状态确定和报告，包括位置状态、存在状态、组状态、UE 网络覆盖状态等。只通过应用层信令交互的状态信息则不属于 3GPP 的工作范畴。

f. 公共安全用途的 ProSe UE 到网络中继。

g. 公共安全用途的 ProSe UE 到 UE 中继。

h. 公共安全用途的一对一 ProSe 直接通信。

i. ProSe 直接通信会话的业务连续性、QoS、优先级、抢占等需求。

j. 支持邻近评估的架构增强，例如，发现 UE 离别发现的 UE 有多近或多远。

基于此，可以引入额外的 ProSe 发现、距离等级等。

4.12　术语和定义

4.12.1　归属 PLMN

签约用户的归属运营商 /PLMN（Home PLMN）。用来标识保存了签约用户数据的 PLMN。当用户漫游到其他网络中时，签约信息由 HPLMN 提供。

4.12.2　等效归属 PLM

等效归属 PLMN（Equivalent Home PLMN）表示这个 PLMN 与签约用户的 HPLMN 是等效的，保存在 USIM 卡中的 EHPLMN 列表里。一个运营商可以在 EHPLMN 列表中增加多个 HPLMN 码。EHPLMN 列表也可以包含从 IMSI 提取出的 HPLMN 码。“等效”意味着 EHPLMN 列表中的 PLMN，在 UE 执行网络选择时是同等对待的。

4.12.3　拜访 PLMN

拜访 PLMN（Visited PLMN）是用户漫游时当前所在的 VPLMN。用户可能由于没有 HPLMN 的网络覆盖，或者在另一个国家，无法注册到 HPLMN。有关拜访 PLMN 的细节，请参考本章的其他定义章节。

4.12.4　注册（服务）PLMN

注册（服务）PLMN［Registered（Serving）PLMN］是指用户设备当前注册到的 PLMN。当用户设备驻留在 HPLMN 的覆盖下时，注册（服务）PLMN 与 HPLMN 相同。当用户处在 HPLMN 的覆盖之外，但是处在 VPLMN 的覆盖之内时，注册 PLMN 就是 VPLMN。

4.12.5　本地 PLMN

本地 PLMN（Local PLMN）是指监听 UE 被 HPLMN 授权使用无线资源进行 ProSe 直接发现的 PLMN。UE 的本地 PLMN 与注册（服务）PLMN 是不同的 PLMN。

4.12.6 混合自适应重传和请求

混合自适应重传和请求（Hybrid Adaptive Repeat and Request，HARQ）是一种物理层重传合并机制。在物理层的 HARQ 操作中，接收方会保存 CRC 校验失败的数据包，当收到重传后，会把收到的数据包进行合并。无论是使用完全重传的软合并还是增量冗余合并都有助于提升性能［33］。

4.12.7 无线链路控制

这里指的是 LTE 无线中的 RLC 子层。RLC 子层的功能是通过 RLC 实体实现的。RLC 实体在 UE 和 eNB 中都有配置。对于 eNB 中每个配置的 RLC 实体，在 UE 侧都有一个对应的 RLC 实体，反向亦然。

RLC 实体的功能包括：

—— 从高层接收或向高层投递 RLC 业务数据单元（RLC Service Data Units，SDU）；

—— 从底层接收来自对端 RCL 实体的 RLC PDU，或者将 RCL PDU 向底层投递。

RLC 实体有三种模式：透明模式（Transparent Mode，TM）、非确认模式（Unacknowledged Mode，UM）、确认模式（Acknowledged Mode，AM）。对应地，RLC 实体分为 TM RLC 实体、RM RLC 实体和 AM RLC 实体。RRC 一般是由 RLC 配置进行控制。

4.12.7.1 透明模式无线链路控制（RLC TM）

在 TM 模式下，RLC 实体只在逻辑信道上发送和接收 PDU，但是不加包头，所以发送和接收实体之间不会维护 PDU 的顺序。TM 模式仅适用于无需物理层重传的业务，或者对投递顺序不敏感的业务。

4.12.7.2 非确认模式无线链路控制（RLC UM）

在 UM 模式下，RLC 实体可以提供更多的功能，包括数据的按序投递（因为接收时可能由于底层的 HARQ 操作导致乱序）。UM 数据（UM Data，UMD）可以进行分片或组合以使用 RLC SDU 的大小，此时需要增加 UMD 包头。RLCUM 包头包括一个序列号，以实现按需投递和冗余检测［33］。

4.12.7.3　确认模式无线链路控制（RLC AM）

在 AM 模式下，RLC 实体支持 UM 模式的功能，此外，如果 PDU 由于底层操作丢失，AM 模式还支持重传。AM 数据（AM Data，AMD）也可以进行分片，以适应传输所用的物理层资源［33］。

4.12.8　逻辑信道排序

指的是执行新的数据传输时所应用的逻辑信道优先级处理过程。RRC 为每个逻辑信道发送如下信息，控制上行数据的调度：priority，其值越大表示优先级越低；prioritised BitRate，用于设置优先比特速率（Prioritized Bit Rate，PBR）；bucketSizeDuration，用于设置令牌桶周期（Bucket Size Duration，BSD），见 3GPP TS 36.321［17］。

4.12.9　系统信息

指的是网络可以广播的系统信息（System Information，SI），例如 NAS 和 AS 相关的参数。根据参数的特征和用法，可以将 SI 分为 MIB 和多个 SIB。

4.12.9.1　主信息块（MIB）

MIB 包括有限数量的最重要的和最常发送的参数，这些参数是从小区中获取其他信息所必需的。MIB 每 40 ms 广播信道上传输一次，在 40 ms 内重发。

4.12.9.2　系统信息块（SIB）

除 SIB1 之外，其他的 SIB 都在 SI 消息中传输。SIB1 的调度周期为固定 80 ms，在 80 ms 内重发。有相同（周期性）调度需求的 SIB 可以映射到相同的 SI 消息中。在同一个周期中可能有多个 SI 消息进行传输。

4.12.10　OFDM 符号

OFDM 符号是 OFDM 子载波上同时传输的符号的线性组合。

4.12.11　双接收终端

双接收终端是指支持两个接收机的 UE。双接收终端可以同时接收和解码两个不同的无线信号。例如，一个能够同时从 LTE eNB 和 CDMA 基站接收信息的 UE。

参考文献

[1] 3GPP TR 22.803："Feasibility Study for Proximity Services (ProSe)".

[2] 3GPP TS 22.278："Service Requirements for the Evolved Packet System (EPS)".

[3] 3GPP TS 23.303："Proximity-based services (ProSe)".

[4] 3GPP TS 29.343："Proximity-Services (ProSe) Function to Proximity-Services (ProSe) Application Server Aspects (PC2); Stage 3".

[5] 3GPP TS 24.334："Proximity-Services (ProSe) User Equipment (UE) to Proximity-Services (ProSe) Function Aspects (PC3); Stage 3".

[6] 3GPP TS 29.344："Proximity-Services (ProSe) Function to Home Subscriber Server (HSS) Aspects (PC4a); Stage 3".

[7] OMA LIF TS 101 v2.0.0, Mobile Location Protocol, draft v.2.0, Location Inter-operability Forum (LIF), 2001.

[8] 3GPP TS 36.300："Evolved Universal Terrestrial Radio Access (E-UTRA) and Evolved Universal Terrestrial Radio Access (E-UTRAN); Overall Description".

[9] 3GPP TS 29.345："Inter-Proximity-Services (ProSe) Function Signalling Aspects (PC6/PC7); Stage 3".

[10] 3GPP TS 36.413："S1 Application Protocol (S1AP)".

[11] IETF RFC 2616："Hypertext Transfer Protocol -- HTTP/1.1".

[12] IETF RFC 3588："Diameter Base Protocol".

[13] 3GPP TS 36.211："Evolved Universal Terrestrial Radio Access (E-UTRA); Physical Channels and Modulation".

[14] 3GPP TR 36.843："Study on LTE Device to Device Proximity Services; Radio Aspects".

[15] 3GPP Tdoc R2-143672, "Introduction of ProSe", Qualcomm Incorporated et al: http://www.3gpp.org/ftp/tsg _ran/WG2_RL2/TSGR2_87/Docs/R2-143672.zip.

[16] 3GPP TS 24.301："Non-Access-Stratum (NAS) Protocol for Evolved Packet System (EPS)".

[17] 3GPP TS 36.321："Medium Access Control (MAC) Protocol Specification".

[18] 3GPP Tdoc R2-143733, "Consideration on in-coverage Definition", LG Electronics Inc: http://www.3gpp.org/ftp/tsg_ran/WG2_RL2/TSGR2_87/Docs/R2-143733.zip.

[19] 3GPP Tdoc R2-143572, "ProSe Multi-Carrier Support", Ericsson: http://www.3gpp.org/ftp/tsg_ran/WG2_RL2/TSGR2_87/Docs/R2-143572.zip.

[20] 3GPP draft Meeting report, R2-14xxxx_draft_report_RAN2_87_Dresden_ (v0.1)_140822, "Draft Report of 3GPP TSG RAN WG2 meeting #87 Dresden, Germany, August 18-22, 2014": http://www.3gpp.org/ftp/tsg_ran/WG2_RL2/TSGR2_87/Report/R2-14xxxx_draft_report_RAN2_87_Dresden_ (v0.1)_140822.zip.

[21] IETF RFC 4862: "IPv6 Stateless Address Autoconfiguration".

[22] IETF RFC 3927: "Dynamic Configuration of IPv4 Link-Local Addresses".

[23] IETF RFC 826: "An Ethernet Address Resolution Protocol".

[24] Wi-Fi P2P Specification: Wi-Fi Alliance Technical Committee P2P Task Group, "Wi-Fi Peer-to-Peer (P2P) Technical Specification", Version 1.1.

[25] IEEE Std 802.11-2012: "IEEE Standard for Information technology-Telecommunications and Information Exchange between Systems-Local and Metropolitan Area Networks-Specific Requirements-Part 11: Wireless LAN Medium Access Control (MAC) and Physical Layer (PHY) Specifications".

[26] 3GPP TS 31.102: "Characteristics of the Universal Subscriber Identity Module (USIM) Application".

[27] 3GPP TS 24.333: "Proximity-Services Management Object (MO)".

[28] 3GPP TS 33.303: "Proximity-Based Services (ProSe); Security Aspects".

[29] 3GPP TR 32.844: "Study of charging support for ProSe one-to-many Direct Communication for Public Safety Use".

[30] 3GPP TS 32.277: "Proximity-Based Services (ProSe) Charging".

[31] 3GPP TS 32.299: "Telecommunication Management; Charging Management; Diameter Charging Applications".

[32] Rel-13_description_20140630: http://www.3gpp.org/ftp/Information/WORK_PLAN/Description_Releases/Rel-13_description_20140630.zip.

[33] Holma H. and Toskala A. (2009) *LTE for UMTS OFDMA and SC-FDMA Based Radio Access.* JohnWiley & Sons, The Atrium, Southern Gate, Chichester, West Sussex, PO19 8SQ, UK.

第 5 章 基于 LTE 的组通信

5.1 组通信业务介绍

组通信业务提供了一种快速有效的机制，通过受控的方式将相同的内容分发给多个用户。组通信的概念广泛应用于传统的陆地无线通信系统（LMR），例如美国的 P.25 以及欧洲的 TETRA 系统，同样也适用于公共安全（PS）组织（也包括商业化的运营）。目前，在 LMR 中组通信业务最典型的应用就是对讲（PTT）功能。PTT 的功能是，一个人可以在特定的一段时间讲话（有发言权），而其他组成员只能听。因此，基于 3GPP 架构且使用 LTE 无线电技术的组通信业务需要实现 PTT 语音通信并且满足性能需求，如端到端时延应小于 150 毫秒（来源：3GPP TS 22.468［1］）。

该业务应允许使用不同媒体类型作为通信媒体来满足来自不同用户和运营环境的要求。例如，LTE 能够进行宽带通信，因此基于 LTE 的组通信业务可以支持语音、视频以及任何类型的数据通信。此外，LTE 允许用户同时与多个组进行通信，例如，与某一组使用语音通信，与其他组使用不同的视频流或者数据流通信。群通信业务还允许用户成为多个组的成员。

为了提供组通信业务，3GPP 中将其定义了两个互补特征，一个是基于 LTE 的组通信系统引擎（3GPP 中将其缩写为 GCSE_LTE），另一个是基于 LTE 的关键任务对讲（3GPP 中将其缩写为 MCPTT）。GCSE_LTE 在 R12 中开始进行标准化，MCPTT 在 Release 13 中开始进行标准化。之所以选择将两种功能分离是为了灵活地适应组通信业务的不同操作需求，适应不同类型的用户组（例如，警察或消防队）以及不同的国家。GCSE_LTE 中定义的引擎将为由 MCPTT 提供的应用层功能或用于组通信的其他应用提供构建模块。

将引擎和应用层功能分离是为了使组通信业务的工作方式能够更灵活地适应不同区域的要求。它不仅允许为美国和欧洲设计的应用程序之间提供不同的服务行为，还可以为不同使用场景（如警察、消防员或私人安全公司）之间提供不同的服务行为。

当其他国家或用户组表现出兴趣，并要求执行与规范的组通信业务行为不同的特殊行为时，不需要对 GCSE_LTE 的引擎进行更改，而是仅对由 MCPTT 或其他新的应用所定义的应用层功能进行调整并使用 GCSE_LTE 提供组通信能力就可以了。在这种情况下，由于不需要对核心网和无线网网元进行改造，新的业务可以更快地部署。

5.2　LTE 群组通信系统引擎

3GPP 在 Release12 中定义了 GCSE_LTE（简称为 GCSE），该功能用来在基于 LTE 无线技术的系统上模拟像 TETRA 或 P.25 等传统的公共安全系统的组通信对讲传输方式。与传统系统不同，GCSE 不仅可以通过资源高效利用的方式向大范围的用户提供语音通信，而且还可以提供视频或数据业务。

GCSE 允许用户终端设备（UE）同时参与多个组通信，通信方式可以是一个或多个语音、视频或数据通信。多个通信组由终端侧的应用程序与对应的组呼系统应用服务器（GCS AS）的应用程序一起进行处理。也就是说，GCSE 只是提供了底层功能，将语音和数据有效地同时传递给一组 UE。应用层来处理像话权控制一类的组交互行为，包括决定接下来哪一个提出发言请求的 UE 进行语音、视频、数据发送等发言权控制功能，加入或离开正在进行的组通信以及创建、更改或者删除组等组管理功能。

UE 可以是许多组的成员，它可以选择一些当前感兴趣的组。该功能可以由用户通过用户界面进行控制，或者通过安装在网络中的应用层程序来远程控制。

CCSE 允许按照有限的地理范围来定义组，并且群组成员只有在位于该地理区域内时才能参与组通信。

如前面所述，UE 可以同时接收和发送不同的媒体类型。该场景一个典型的需求是一个消防员与组 A 成员进行语音通话，他的头盔摄像机也可以向组 A 或同时向组 B 传输视频，可以将更重要的心率和呼吸频率等信息可以向组 C 传输。当组 A

正在进行语音通信时，引擎允许由应用层来决定是否给组 A 建立其他媒体形式的组通信是有必要的。在这种情况下，建立额外的语音通信一般是没有意义的，但如果目标设备能够显示视频并且当时的情况下是允许查看视频屏幕的，则视频通话是有意义的。因此将决策权留给了应用层，在大多数情况下最终还是由用户来自行决定。

GCSE 还提供优先级和抢占机制，因此优先级较高的群组通信业务在优先级较低的其他类型业务之前进行。此外，如果发生拥塞，为了让更高优先级的群组通信请求成功，GCSE 允许其抢占正在进行的低优先级业务。

5.3 基于 LTE 的组通信原理

GCSE 为 GCS AS 和 UE 之间的下行链路业务提供了两种传送机制。第一种为单播传送方式，它使用 GCS AS 和 UE 之间的 EPS 承载（见第 1.6.6 节）进行信息发布。第二种为多媒体广播 / 多播业务（MBMS）传送方式，它使用 MBMS 承载业务中的广播承载，通过点对多点的方式将信息传送给多个 UE。有关 MBMS 功能的说明，请参阅 1.12 节。对于上行链路信息传输，UE 使用“正常”的 EPS 承载向 GCS AS 发送信息。

图 5.1 为 GCSE 整体架构，其中包含了单播传送和 MBMS 传送功能模块。

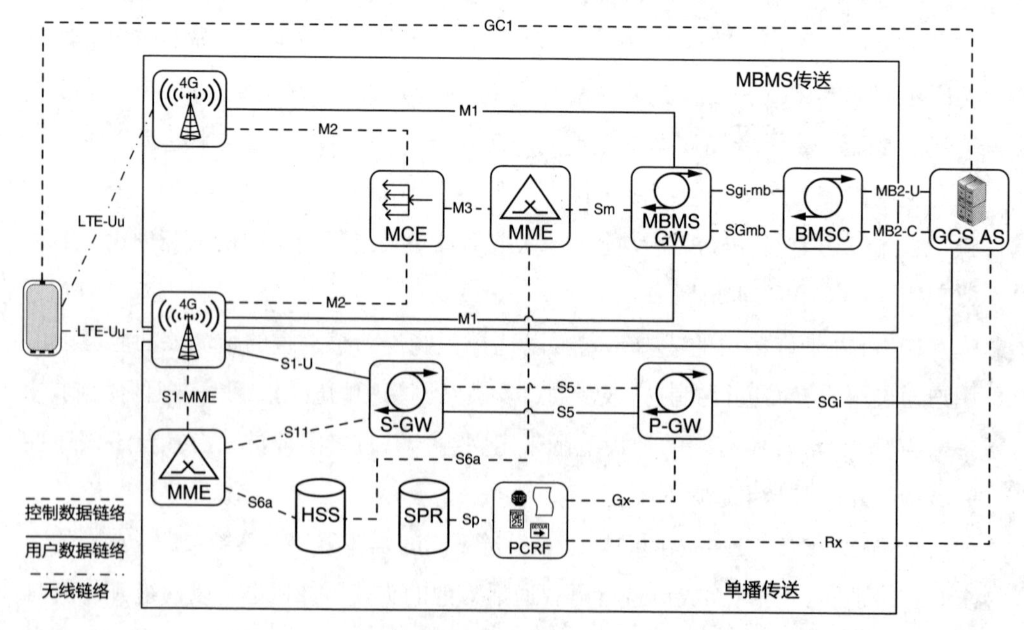

图 5.1 GCSE 架构

GCS AS 使用 GCSE 功能在为群组成员之间提供组通信。GCS AS 同时还执行组管理相关的功能，如成员控制、话权控制、安全性（包括组成员的认证和鉴权以及数据传输保护）以及组管理所需的其他功能。GCS AS 也负责执行组通信调度功能。GCS AS（即应用域）的功能并未在 R12 中进行规范。

EPS 一般是由网络运营商进行运营和维护，但 GCS AS 可以由不归属于运营商的第三方进行运营和维护，第三方机构可以是公安部门或消防部门等公共安全机构。这极大提高了业务部署和运营的灵活性。GCS AS 仅需要进行标准接口的适配，如 MB2，Rx 和 SGi 等接口。

如第 1 章所述，MBMS 是在 R9 中引入 LTE 的一项功能。为了实现 GCSE 通过 MBMS 传送进行承载，定义了两个新的接口。有了这些接口，应用（例如 MCPTT）就可以利用 GCSE 引擎将其内容同时传送给多个用户了。MB2 是一个同时包含有控制面和用户面的新参考点，为利用 MBMS 传送机制，MB2 已经部分标准化为一个安全的第三方接口。另一个新接口是 GC1，它是 UE 的应用与 GCS AS 之间的接口，该接口用来传输应用层的控制信令（如组管理和话权控制），以及用于中继从 BM-SC 接收的所有与 MBMS 特定承载配置相关的数据。与 MB2 不同，GC1 将不会在 3GPP Release 12 中进行规范，预计会在 R13 中作为 MCPTT 的一部分进行考虑。对于基于 3GPP Release 12 的解决方案，GC1 的信令会被认为是专有的，通过类似于现在智能手机应用的方式通过用户平面（也就是 EPS 承载）来传送。从 EPS 的角度来看，GC1 是一种“顶层之上”（over-the-top）类型的信令连接。

对于单播传递，将使用第 1 章中所述的 SGi 和 Rx 接口。Rx 接口允许 GCS AS 充当 PCC 架构中定义的应用功能（AF）（参见章节 1.6.7）的角色，通过 PCRF 与 EPS 进行互联以实现单播 EPS 承载创建。PCRF 还接收来自 GCS AS 的业务特征（例如，带宽和优先级）等信息。但是，在 EPS 中实际使用的优先级是根据运营商的策略由 PCRF 确定的。SGi 接口为 UE 和 GCS AS 间提供 IP 连接，实现信息和 GC1 信令传输。

由于组通信中两次发言之间可能会有长时间的静默期，因此组通信的统计业务模式与正常语音通话是不同的。在 LTE 中，可以利用“连接状态的不连续接收（DRX）模式”来节省 UE 的电量。空闲态的 UE 也有一个类似的概念，即“处于空闲状态的 DRX 模式”。尽管 UE 连接到网络（即存在 RRC 连接），但是 UE 也会经常并不发送/接收任何信息。在这些时刻，可以管理UE的收发信机。连接状态的DRX功能允许周期性唤醒和关闭UE的收发信机以节省UE能量。DRX周期越长，节能效果越明显；然而，通话开始时发生信息（例如，语音采样样本）丢失的可能性也越大。另外，DRX周期越短，在静默期间则会浪费无线资源，同时UE消耗的能量也会越多。因此，为了延长电池寿命的同时实现快速响应，eNB需要谨慎选择适合GCSE应用（例如PTT业务）的DRX周期和其他连接参数。可以根据GCSE中的特别定义的QCI值来帮助eNB进行合理参数设置。

组呼系统应用服务器（GCS AS）决定使用单播传送还是MBMS传送。如果UE将其所驻留的小区报告给GCS AS，则可以根据该小区或更大区域的UE数量来决定。通过MB2，Rx，SGi和GC1接口，GCS AS可以决定和控制组通信的相关信息的传送方式。由于UE可以通过单播传送或MBMS传送的方式接收组通信相关信息，并且也可以进入或离开MBMS业务区域，因此3GPP定义了相关的业务连续性机制以实现两种传送方式之间的无缝转换。

图5.2总结了GCSE中引入的UE和网络的新功能组件。

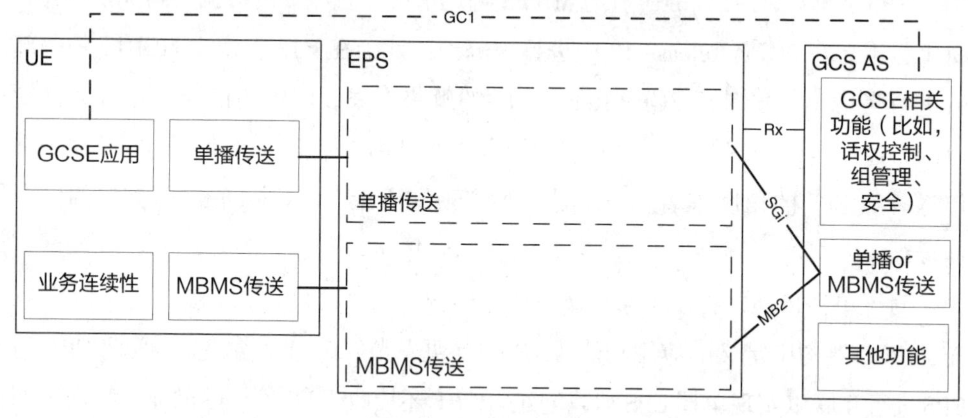

图5.2 GCSE功能元素

GCSE中为MB2接口定义了安全要求和流程，以确保GCS AS和BM-SC之间的连接是安全可靠的。由于没有为单播传送定义额外的安全标准，仍然使用现有的EPS安全标准（参见第1.6.11节）。UE与GCS AS之间用户数据的加密机制（例如，使用哪些安全方案以及如何分配会话密钥）由GCSE的相关应用来确定，因此这对于EPS而言是透明的。因此3GPP TS 33.246［2］中规定的MBMS安全解决方案并不适用于GCSE。

没有针对 GCSE 定义新的计费功能。因此，仍然使用 3GPP TS 23.246 [3] 和 3GPP TS 32.273 [4] 中的 MBMS 计费要求。BM-SC 可以根据 QoS、业务区域、会话持续时间和业务流量等信息对承载业务进行计费。预计 GCSE 不会使用 EPS 的用户级计费，因为它要求 EPS（即 BM-SC）能够唯一地识别单个用户。而如果不使用完整的 MBMS 安全解决方案，则无法保证以上要求。对于单播传送而言，使用现有的 EPS 计费要求（已经在第 1 章中进行了阐述）。

5.4 功能实体

本节介绍实现 LTE 的 GCSE 所需的功能实体。这里在第 1 章中描述的支持 LTE SAE 所需的功能和功能实体基础上进行补充。

5.4.1 用户设备

具有组通信能力的 UE 除了正常的功能之外还必须具有以下功能：

- 与 GCS AS 通信的 GC1 应用层信令。
- 能够使用单播或 MBMS 或同时使用两者接收来自 GCS AS 的数据。
- 能够通过上行链路使用单播 EPS 承载向 GCS AS 传送数据。
- 能够确保单播和 MBMS 传送之间业务传输的连续性。
- 3GPP TS 23.203 [5] 中为 MCPTT 信令、MCPTT 语音和 MCPTT 的其他媒体形式定义了新的 QCI 值。

5.4.2 GCS AS

GCS AS 应支持以下功能：

- 与 UE 通信的 GC1 的应用层信令。
- 能够使用单播或 MBMS 或同时使用两者将下行数据给一组 UE。
- 能够通过单播承载从 UE 接收上行链路数据。
- 通过 Rx 接口可以保持 EPS 层会话（例如建立单播承载）。
- 能够为 UE 控制单播和 MBMS 传送之间业务传送的连续性。

5.4.3 BM-SC

除了支持第 1.12 节所述的功能外，BM-SC 还需要支持以下附加功能：

- 通过 MB2 接口向 GCS AS 提供临时移动组标识（TMGI）和其他 MBMS 相关信息（例如，服务区域和频率信息）。
- 通过 MB2 接口激活、去激活和修改 MBMS 承载。

5.4.4 eNB，MME，S-GW，P-GW，PCRF

这些功能实体必须支持具有针对 MCPTT 信令、语音和其他媒体形式定义的新 QCI 值的承载。

5.5 接口和协议

5.5.1 MB2 接口

MB2 是在 3GPP Release 12 中进行标准化的新的第三方安全接口。它承载控制和用户平面数据，并为外部实体（例如 GCS AS）提供连接到 BM-SC 的标准化方式。这种标准化的接口在 R12 之前的 MBMS 架构中是不存在的。

从公共安全的角度来看，图 5.3 中的内容提供方就是 GCS AS。在 R12 中，并没有对 GCS AS 进行分解，但是该功能可以通过不同的功能实体共同实现（通过专用接口，服务器可以使用 H.248 协议来控制媒体平面）将信息从控制面剥离出来。

当组成员来自不同 LTE 网络运营商时，GCS AS 必须为每个网络提供一个包含有控制面和用户面的 MB2 接口，才可以实现通过 MBMS 提供组通信业务。即使携带相同的信息并且在相同的地理区域上进行广播，不同的 PLMN 之间也无法实现 MBMS 广播承载的共享。

在一个 PLMN 中，一个 BM-SC 可以通过多个 MB2 接口连接到多个 GCS AS 上，来实现不同组的组通信业务。在 R12 中，没有对基于 GCS AS 执行的组合并功能进行规范。因此，Release12 中未定义任意 AS 间的组合并功能。

图 5.4 描述了 GCS AS 与两个 PLMN 间通过不同 MB2 连接为 GCSE 提供 MBMS 传送功能的场景。该图中，GCS AS 被分解为组服务器和媒体网关。

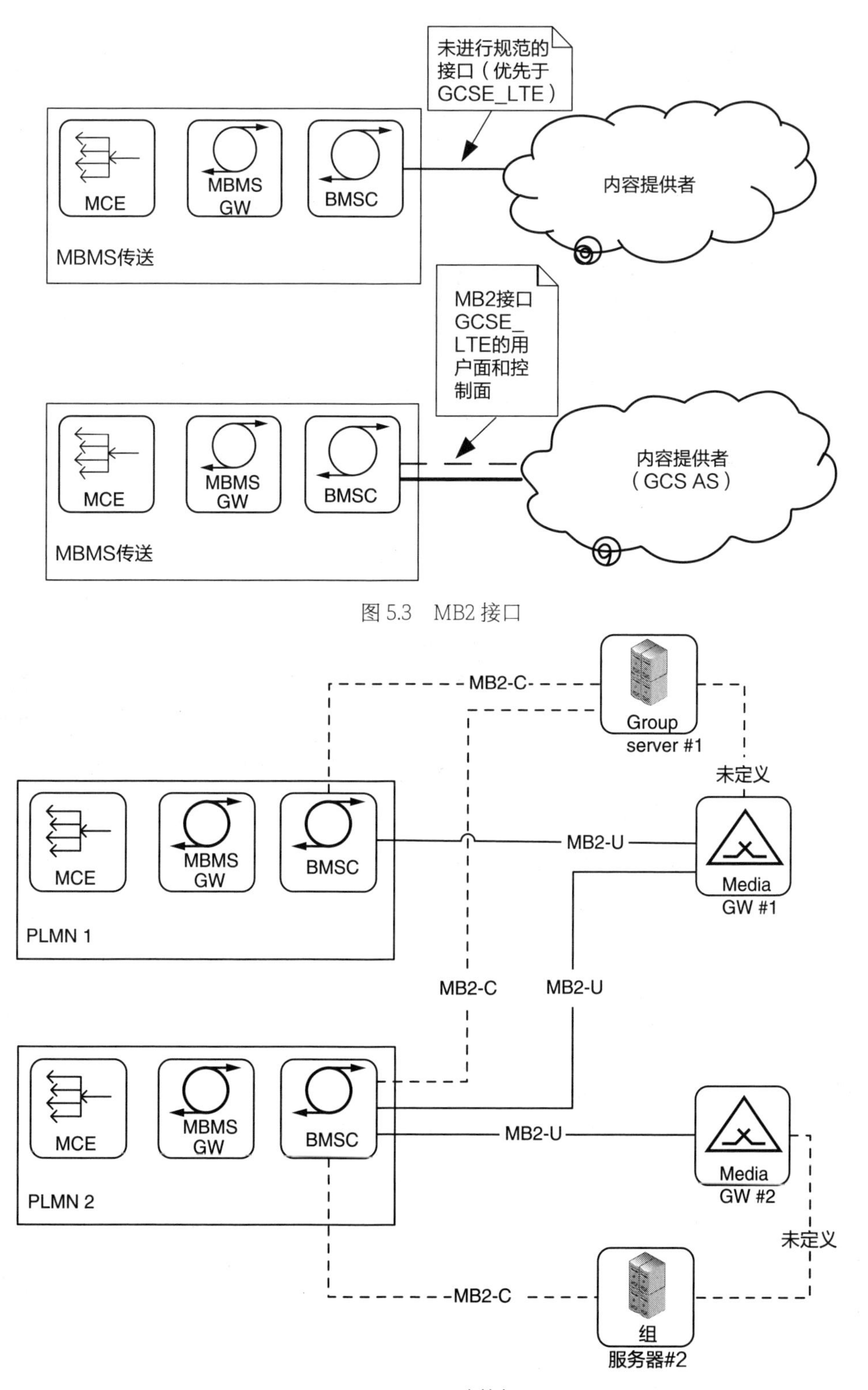

图 5.3　MB2 接口

图 5.4　MB2 连接场景

在该配置示例中，具有媒体网关的组服务器 1 连接到了 PLMN1 和 PLMN2，即组服务器 1 可以使用 PLMN1 和 PLMN2 来进行 MBMS 传送；而组服务器 2 与 PLMN2 中的 BM-SC 连接，因此只能使用 PLMN2 来进行 MBMS 传送。每个 MB2 接口的控制面和媒体面部分具有不同的终止点来实现用户面和控制面分离。当采用 MBMS 传送业务进行像 MCPTT 这样的组通信时，总是需要预定专门的 MB2 接口直到 MBMS 传送业务结束。因此，每个 MB2 接口都不同于其他 MB2 接口，例如在多个 MB2 接口之间进行负载共享分配是不可能的（即 GCS AS 不能通过不同的 MB2 接口从相同的组通信发送不同的数据块）。

3GPP TS 29.468［6］对 MB2 接口的流程和采用的协议进行了详细的规范。如果 MB2 接口是域间接口，则可以通过 IPSec 或数据报传输层安全性（DTLS）等其他标准安全协议对其进行保护。为 MB2-U 接口建立 IPSec 安全所需要的关联信息（例如，IP 地址和端口号）可以通过受保护的 MB2-C 接口进行交互。

MB2 的控制平面（MB2-C）遵循 IETF RFC 3588［7］制定的 DIAMETER 协议，传输层遵循 SCTP 或 TCP 中协议。图 5.5 描述了 MB2-C 协议栈。阴影部分的协议层采用了 3GPP 规范的规定。BM-SC 充当 DIAMETER 服务器用来接收客户端的请求并给其发送通知。GCS AS 充当 DIAMETER 客户端。GCS AS 可以根据 IETF RFC 3588［7］中描述的配置数据或 DIAMETER 路由原则选择一个 BM-SC，并且可以将 DIAMETER 请求路由到正确的 BM-SC。

MB2 用户平面（MB2-U）使用 UDP 协议传送用户数据。图 5.6 给出了 MB2-U 协议栈及其与 SGi-mb，M1 和 LTE-Uu 接口之间的关联关系，同时为 MBMS 传送提供了面向 UE 侧的用户面接口。用户平面数据在 GCS AS 和 UE 之间通过 IP 协议传输。BM-SC 在这些协议层之间透明转发数据。简单起见，在图中没有明确画出 IP 层以上的第四层。3GPP TS 29.061［9］和 3GPP TS 36.300［10］中对以上不同的协议栈进行了详细描述。

MB2-U 上用户平面数据的目的地址由 BM-SC 确定，并通过 MB2-C 发送给 GCS AS。当 BM-SC 通过 MB2-C 从 GCS AS 接收到 MBMS 承载分配请求时，它将包含选择好的用户平面 IP 地址和该 IP 地址对应的唯一 UDP 端口号放在应答消息中发送给 GCS AS。BM-SC 将 UPD 包内的所有的净荷数据透传给分配的 MBMS 承载。

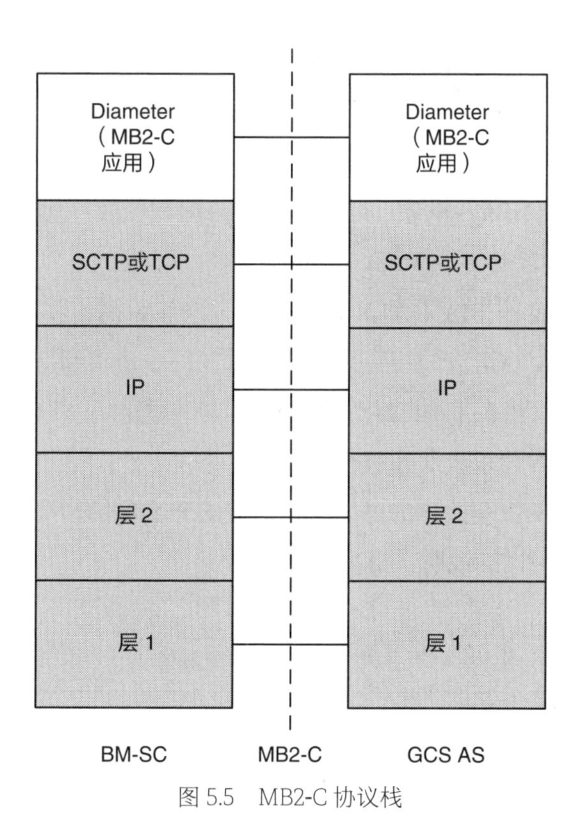

图 5.5　MB2-C 协议栈

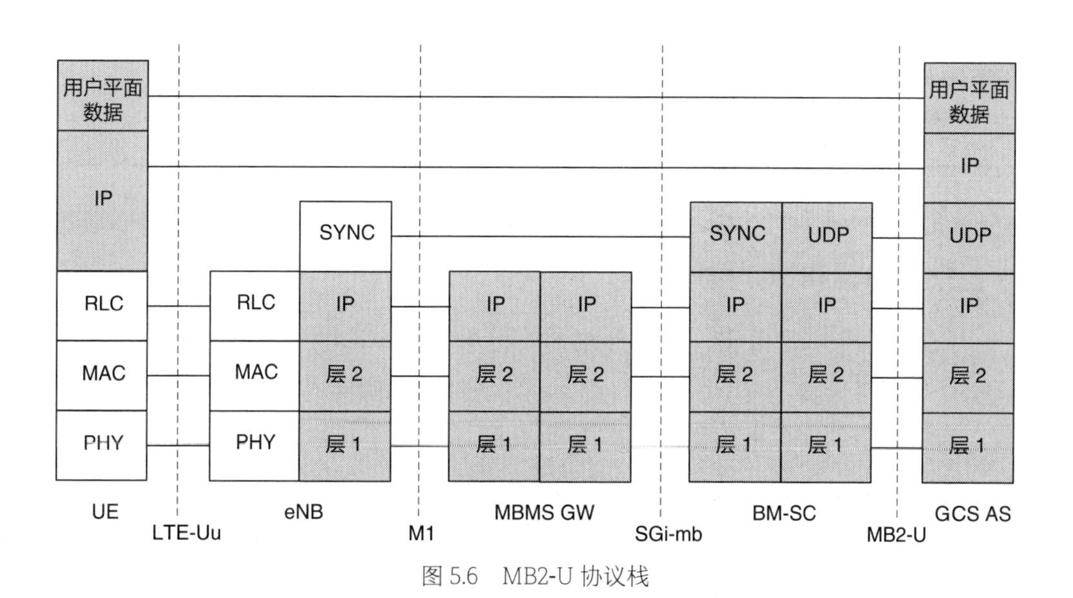

图 5.6　MB2-U 协议栈

应用一般使用基于会话的事务类型，即会为特定的传输或承载业务创建一个长时的DIAMETER会话。换句话说，MB2-C应用针对每个MBMS承载建立一个DIAMETER会话。然而，这并不适用于GCSE定义的信令流程，这是因为由多个TMGI值标识的多个MBMS承载可以同时进行分配和释放，而且从BM-SC到GCS AS的通知消息可以合并多个MBMS的状态承载。因此，一个DIAMETER会话标识不能用于识别特定的DIAMETER事务。由于这些原因，将MB2-C应用设计为由单个请求和应答配对组成的短会话，该会话在每个请求和应答对交互之后就终止了。请求消息可以将多个DIAMETER属性－值－配对（AVP）分成一组以允许将多个MBMS承载的请求或通知进行合并。

表5.1列出了MB2-C接口的可以发送的请求和响应的命令代码及其相应的功能描述。有关流程的详细说明，请参阅5.7和5.8节。

表5.1 MB2-C命令码值

命令名称	功 能
GCS-行动请求（GAR）	GAR命令允许GCS AS请求BM-SC分配/释放TMGI或激活/修改/去激活MBMS传送（即一个MBMS承载对应一个分配的TMGI）
GCS-行动响应（GAA）	由于GAR，GAA命令允许BM-SC响应GCS AS请求
GCS-通知请求（GNR）	GNR命令允许BM-SC向GCS AS发送关于分配的TMGI或确认中的MBMS承载的状态通知
GCS-通知响应（GNA）	由于GNR，GNA命令允许GCS AS响应BM-SC

5.5.2 Rx和SGi接口

在1.6.6和1.6.7节中，我们介绍了EPS承载的PCC、会话管理和服务质量（QoS）的基本概念。对于组通信，与承载相关的概念同样适用于使用单播传送实现下行链路中的用户平面连接、连接到GCS AS侧的上行链路用户平面连接（如通话的语音）以及GC1接口的信令交换等场景。所有这些用户平面数据通过一般的点对点EPS承载进行传输。3GPP TS 29.061［9］中定义了SGi接口，该接口提供了UE和GCS AS间的用户面连接。此连接可用于传输应用层信令和用户数据。在3GPP术语中，就是指PDN连接，PDN可以是诸如“消防员”之类的某个用户组或是MCPTT之类的某项业务。GCS AS通过Rx接口将包含有优先级和GCS标识符的业务授权请求发送给PCRF。PCRF根据优先级和GCS标示符来确定合适的QCI值（为任务和非任务的关键语音和数据业务定义的新值）、ARP优先级、抢占能力，以及相应的EPS承载的被抢占能力。PCRF还需要确保默认承载与为上下行信息传送建立的EPS默认承载具有同样的优先级，这样可以防止在切换时会话不会由于默认承载的优先级太低而被中止。

当UE漫游时，基于3GPP TS 23.203［5］中定义的流程，GCS AS可以联系H-PCRF（归属网络中的PCRF）或V-PCRF（访问/漫游网络中的PCRF）。假设GCS AS可以通过GC1接口信令接收到UE分配的IP地址、HPLMN ID和VPLMN ID。GCS可以根据收到的IP地址和服务的PLMN信息（HPLMN ID或VPLMN ID）决定漫游的UE与哪个H-PCRF联系。在漫游情况下，H-PCRF通过S9接口联系V-PCRF获取QoS信息，或者GCS AS直接根据与HPLMN/VPLMN运营商签订的协议通过Rx接口连接V-PCRF。

5.5.2.1　参考点和协议摘要

表5.2总结了用于GCSE的参考点和协议：

表5.2　GCSE的参考点

参考点	协　议	规　范
GC1	未在3GPP Release12中规定	未在3GPP Release12中规定
MB2	DIAMETER	TS 29.468［6］

5.6　GCSE功能

5.6.1　单播

组通信中的单播传送方式指的是终端（UE）与服务器（GCS AS）之间采用EPS承载进行通信。EPS承载的概念已经在1.6.6节中进行过详细描述。更笼统地说，单播通信就是两点之间能够提供特定的QoS（如期望的包延时、准许接入以及调度优先级等）的IP管道。为了减少呼叫建立时间确保系统的高性能，QoS对于GCSE业务非常重要。

根据 3GPP TS 22.468［1］，GCS 信息传输的端到端时延要小于等于 150 ms。在 3GPP TS 23.203［5］中已定义的 QCI 值中，QCI=3 的期望延时为 50 ms，满足上述不大于 150 ms 的要求。但是 QCI=3 在 E-UTRAN 中没有足够高的调度优先级（eNB 的无线资源调度为数据包分配 QCI-3 优先承载）。这意味着在系统拥塞期间业务传送的成功率不够高。此外，从无线资源利用率的角度来看，出于业务特征的考虑，组通信适合使用一般的 GBR 承载，以 PTT 业务为例，由于该业务的特征是大量短的语音突发后存在长时间的静默周期。为了克服这个问题，3GPP 为 GCSE 重新定义了一组 QCI 值。表 5.3 是从 3GPP TS 23.203［5］（Table 6.1.7）中截取出来的。

表 5.3　针对 GCSE 定义的 QCI 值

QCI	资源类型	优先级别	包时延	丢（误）包率	业务举例
65 （NOTE 9）	GBR	0.7	75 ms（NOTE 7，NOTE 8）	10^{-2}	关键任务的用户平面PTT语音业务（MCPTT语音）
66		2	100 ms（NOTE 1，NOTE 8）	10^{-2}	非关键任务的用户平面PTT语音业务
69	非GBR	0.5	60 ms（NOTE 7）	10^{-6}	关键任务时延敏感信令（MCPTT信令）
70		5.5	200 ms（NOTE 7）	10^{-6}	关键任务数据业务

GBR 承载新定义了 QCI=65 和 QCI=66，表 5.3 对新定义的 QCI 值进行了详细说明。表中的 320 ms 是之前提到的 DRX 周期。DRX 功能可以通过临时关闭一段时间（DRX 周期）收发信机减少 UE 的电池消耗。根据 3GPP TS 36.331［11］，UE 处于空闲模式时最短允许的寻呼周期是 320 ms。例如，网络向一个 GCS 组中的一个用户发起寻呼，网络认为 UE 每隔 320 ms 就会监听一次寻呼信道。在收到寻呼并进行响应后，UE 将触发 EPS 承载建立从而来与服务器（GCS AS）进行通信。在设计组通信业务时，如果接收组成员处于空闲状态，则应考虑该时延。空闲模式下的 DRX 值可以由 UE 内的 GCS 应用进行分配。还需注意的是，用于寻呼的实际 DRX 值取决于 E-UTRAN 广播的 DRX 值。根据 3GPP TS 36 304［12］，DRX 值为由高层（比如 GCS）指配的 UE 的特定 DRX 值与网络广播的默认 DRX 值中较小的值。如果没有配置 UE 的特定 DRX 值，则使用网络默认的 DRX

值。UE发起附着请求和跟踪区更新请求时会将用于寻呼的DRX值通知核心网MME。

在其他组通信设计场景中，接收组成员（也就是UE）大都处于连接模式。在RRC连接模式下，3GPP TS 36.331［11］允许的最短DRX周期为10 ms，最长为2.56 s，该值由eNB确定。由于如对讲之类的组通信业务在语音通话间隙有较长时间的静默期，将DRX周期设置为10 ms将在静默周期内浪费UE电池电量。将DRX值设置为2.56 s会导致UE错过语音通信信息。因此，定义新的QCI值将允许eNB设置DRX周期不超过320 ms，以确保可以达到与RRC空闲模式下相当的性能，同时电池消耗也可以达到与组通信的PTT业务相当的性能。

相比QCI=66，QCI=65拥有更高的调度优先级，这意味着在网络拥塞的情形下，在传送QCI=66承载的数据包之前，eNB将优先调度资源用于传送QCI-65承载的数据包。因此，QCI=65被贴上了“关键任务用户平面”的标签。对于“关键任务”信令对应端，引入了具有更高调度优先级的QCI=69。该设计类似于IMS，其中，IMS信令承载和用户面承载是分离的。与对应的IMS用户平面相比，IMS信令具有更高的优先级。虽然GCSE不要求任何特定的应用层技术（例如IMS），但信令/用户平面分离并采用不同的优先级为基于GCSE的组通信设计提供了很大的灵活性。

相比较现存的QCI=6/7/8/9，新引入的QCI-70值具有更高的调度优先级，因为系统发生拥塞时，关键任务数据业务将比普通的商业业务具有更高的传输优先级。

NOTE1：空中接口数据包时延应该是从给定的PDB中减去PCEF和无线基站间20 ms的时延。该时延的值是当PCEF与无线基站距离“较近”时（时延大约为10 ms）和较远时两种情况的平均值。PCEF与无线基站距离“较远”的情况可能是采用归属路由的漫游架构（欧洲和美国西海岸之间的单向数据包延迟可能长达50 ms）。计算时延平均值时并不将漫游当作一个典型场景考虑。从给定的PDB减去值为20 ms的平均时延后将满足大多数典型场景下理想的端到端性能。另外，PDB定义了一个时延上限。只要UE具有足够好的信道质量时，对于GBR业务，实际的数据包时延一般低于为QCI指定的PDB值。

NOTE7：对于关键任务业务，假设PCEF距离无线基站较近（时延大约10 ms），该值通常不适用于长距离的归属路由漫游架构情况。因此，空中接口数据包时延应该是从给定的PDB中减去PCEF和无线电基站之间的10 ms时延。

NOTE8：为了在RRC空闲和RRC连接模式中使用合理的节电（DRX）技术，对于下行链路的第一个语音包或信令包，应降低PDB要求，但不能大于320 ms。

NOTE9：QCI=65和QCI=69一起用于MCPTT业务（例如，将不采用QCI=5承载信令，使用QCI=65作为用户面承载信令）。假设每个UE的业务量相似或少于IMS信令。

5.6.2 MBMS传送

MBMS传送使用3GPP的MBMS功能中的广播模式来同时向多个用户传送下行组通信信息。如第1章所述，LTE中不支持使用MBMS多播模式传送下行数据的，而仅支持广播模式。1.12节描述了基本的MBMS传送机制。

当一个小区开始支持MBMS传送时，该小区通过广播控制信道（BCCH）向所有UE广播MBMS相关信息。BCCH修改周期是将默认DRX周期（最小值为320 ms）乘以一个系数（即2、4、8或16）来进行计算的。具体请参考3GPP TS 36.331［11］。因此，最小的BCCH修改周期是640 ms，并且它会占用UE通知小区进行MBMS传输消息前的一个或两个周期。在接收到支持MBMS的通知后，UE必须收集由eNB广播的MBMS配置数据。这些数据允许UE监控MCCH。分配给MBMS承载的TMGI值由GCS AS通过应用层信令提供给UE，并通过MCCH指示给UE。MCCH的重复周期为320 ms到2560 ms之间，并且该信息只能在5.12 s或10.24 s（MCCH修改周期）时进行修改。因此，UE必须在每个MCCH修改周期读取MCCH信息，以便确定MBMS单频网络（MBSFN）区域中TMGI感兴趣的MBMS会话是否已激活。这意味着当GCS AS决定激活MBMS传送时，除了可能的BCCH修改周期，还需要考虑MCCH修改周期以确保UE能够知道该传送的实际时间（即小区切换到MBMS传送的时间）。当TMGI的广播被激活时，与该TMGI值相关的信息可以在每个MCH调度周期（MSP）发送，MSP在40 ms和10.24 s之间。对于关键任务PTT信息，采用最短的周期（即40 ms）。因此，UE在每个调度周期（例如，每40 ms）去读取移动身份识别码（MSI）以确定在此期间是否调度了相应的TMGI用于信息传送。如果UE知道TMGI标识的MBMS传送正在进行，则它可以通过MTCH接收数据。这些数据可能在应用层进行了加密。

一个PS用户可能是多个不同（音频或视频）组的成员，每个组对应不同的

TMGI值。因此，UE每次可以支持多个MBMS承载业务是很重要的。即使3GPP TS 36.331［11］要求UE每次仅支持一个MBMS承载业务（也就是一个TMGI和一个MTCH），但UE可以支持更多的MBMS承载业务，尤其是服务小区在相同的无线载波上发送MBMS承载业务时。从协议的角度来看，MBMS允许并行维护多达3480个承载业务（即每个MBMS会话都对应一个TMGI）。

如果为MBMS承载预留的无线子帧没有携带任何数据（即没有广播正在进行），则该子帧可以被重新用于单播业务，但是，这仅适用于能够支持TM-9（Release 10 UE）或TM-10（Release 11 UE）的UE，并且该子帧也没有被配置接收MBMS承载业务。所有预先发布的Release 10的终端无法接收分配给MBMS承载的无线子帧承载的单波传送。TM-9和TM-10能力由UE进行标识再告知eNB。

根据3GPP TR 36.868［13］中研究报告，将信息从BM-SC传送UE的单向延迟大概需要130 ms：包括从BM-SC到eNB为40 ms，UE读取MSI需80 ms（MSP），从eNB传输到UE需要10 ms。之后的研究中，3GPP已经将MSP进一步降低了40 ms，因此信息从BM-SC传送到UE的整体单向延迟降低到了90 ms。

5.6.3　业务连续性

组通信信息可以通过MBMS或单播来传送。只要MBMS可以使用，UE就优先使用MBMS传送。然而，如果UE不在MBMS服务区或者MBMS承载被更高优先级承载占用，将无法使用MBMS传送。业务连续性是保证UE在MBMS传送不可用时，继续从GCS AS接收组通信信息。

3GPP在R12中定义了基于UE的服务连续性机制。因此，UE负责（以专有方式）确定何时在MBMS传送和单播传送之间切换。在R12中，如果MBMS传输被放弃或UE正在离开MBMS服务区，则LTE无线网络不会向UE提供任何特殊指示。此时，业务连续性高度依赖于UE和应用层。UE需要确定无线信号的质量是否保证继续使用MBMS传送。如果无线信号强度和质量不满足要求，则UE通过GC1接口信令通知GCS AS希望为单播传送建立单播承载。GCS AS触发EPS承载建立，接下来在RX接口上进行组信息传输。在此过程中，UE短时间内可能会同时通过MBMS传送和单播传送接收到相同的组通信信息，并且UE会丢弃重复的数据。在UE不能通过MBMS接收数据之前就建立了单播承载，这种情况称为“先接后断”（Make before Break）。

“收数据之前就建立了单播承载”，这种情况的场景是指在单播传送成功建立之前，通过 MBMS 传送的数据发生丢包。如果在此期间进行组通信信息传送，则用户则会检测到信息丢失。图 5.7 显示了以上两种业务连续性场景。

MBSFN 保留小区是在 MBSFN 区域内或边缘处的小区，该小区不参与 MBSFN 传输，而是通过低功率传输其他数据防止不干扰 MBMS 信号。在 UE 进入 MBSFN 保留小区时，由于在保留小区中没有 MBSFN 通告，但它仍然可以从相邻小区接收到 MBMS 信号，UE 会意识到自己即将离开 MBSFN 区域。此时，UE 可以立即向 GCS AS 请求单播传送服务。在这种情况下，就出现了“先接后断”的情况，并且在从 MBMS 传送切换到单播传送期间不会发生中断。

如果不接入 MBSFN 保留小区，则 UE 在离开 MBSFN 区域之前会发现自己的 MBSFN 信号质量变差（即 MTCH 信号质量变差）。何时触发单播传送由 UE 自己决定。在 Release 12 中，没有标准的触发方式来帮助 UE 从 MBMS 传送切换到单播传送。

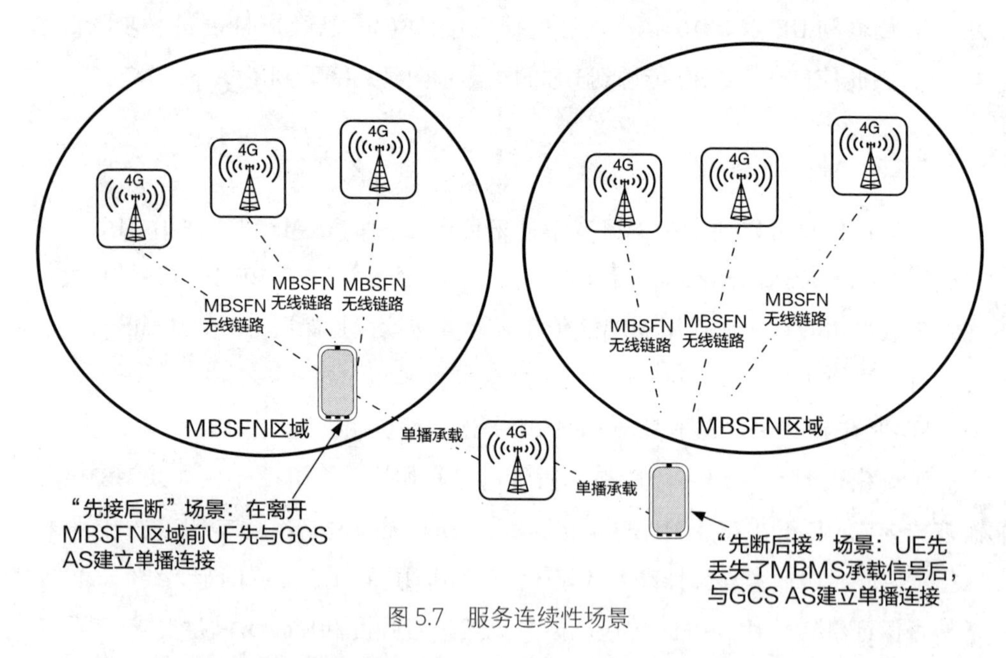

图 5.7 服务连续性场景

为了从单播传送切换到 MBMS 传送，UE 监视服务小区以确定 MBMS 传送是否可用。这由现有的 MBMS 流程完成。UE 监视多播控制信道（MCCH）以确定其感兴趣的 TMGI（由 GCS AS 经由应用层信令提供的 TMGI）是否可用。如果可用，则 UE 将使用 MBMS 传送来接收下行链路传输，并向 GCS AS 指示可以释放单播传送了。如前文所述，UE 读取 TMGI 主要取决于 BCCH 和 MCCH 的修改周期设置。

因此，如果 GCS AS 已经开始 MBMS 传送，那么 UE 从单播切换到 MBMS 的时间也取决于这些参数。

5.6.4　优先级和抢占

当无线侧或者核心网侧系统发生拥塞时，优先级和抢占标识就显得尤其重要了。在 GCSE 中，网络使用这些标识来给所选组通信（即 MBMS 传送）或个体组成员（即单播）提供更高的优先级。在拥塞情况下，不能保证高优先级组通信一定可以被分配资源，但是所选组成员获得资源的概率要高于其他用户。

GCS AS 负责为每个组通信及其特定成员分配优先级和抢占级别。GCS AS 为 MBMS 传送分配一个分配保留优先级（ARP）标识。该标识包括优先级（取值范围为从 1 到 15，其中 1 是最高级）、抢占能力（即是否允许抢占其他通信）以及被抢占能力（即是否允许其他业务抢占该通信）。但是，这不应该与网络中 EPS 承载所用的 ARP 混淆。由 GCS AS 分配的 ARP 可以被重新分配（或重新映射）为一个不同 ARP 标识，该标识实际上是 BM-SC 应用于 MBMS 承载的。对于单播传送，GCS AS 通过现有的 Rx 接口在业务授权请求消息中向 PCRF 传递优先级和业务标识符。PCRF 使用 3GPP TS 23.203［5］中定义的流程为默认和专用 EPS 承载计算出网络级的 ARP。

如果需要改变优先级或抢占级别，GCS AS 为单播传送通过 Rx 接口向 PCRF 提供一组更新的业务特性。如果组内所有成员的优先级都需要升级或降级，则 GCS AS 将分别向每个成员所对应的 RCPF 发送单独的更新业务特性的请求。在 MBMS 传送的情况下，GCS AS 向 BM-SC（使用 ARP）发送更新的优先级和 / 或抢占特性，用于由 TMGI 和流 ID 标识的 MBMS 传送会话。从 Release 12 开始，根据 3GPP TS 23.246［3］，网络级 ARP 可以通过修改 MBMS 会话更新流程来实现。图 5.8 为在 MBMS 传送情况下更改 ARP 的流程。当优先级标识的改变时，MCE 可能需要在不同的 MBMS 承载之间改变 MBMS 无线资源分配。

在 MBMS 传送的情况下修改优先级标识可能会造成 MBMS 承载抢占。例如：由于无线资源拥塞可能暂停一些具有较低优先级的 MBMS 承载。如果将 MBMS 传送会话的优先级修改为比暂停的 MBMS 承载更低的优先级，则 MBMS 承载将允许被抢占。那么，MCE 可以开始重新分配无线电资源给优先级较高而被暂停的 MBMS 承载，并且暂停降级的 MBMS 传送会话。MBMS 承载一定是 GBR 承载。如

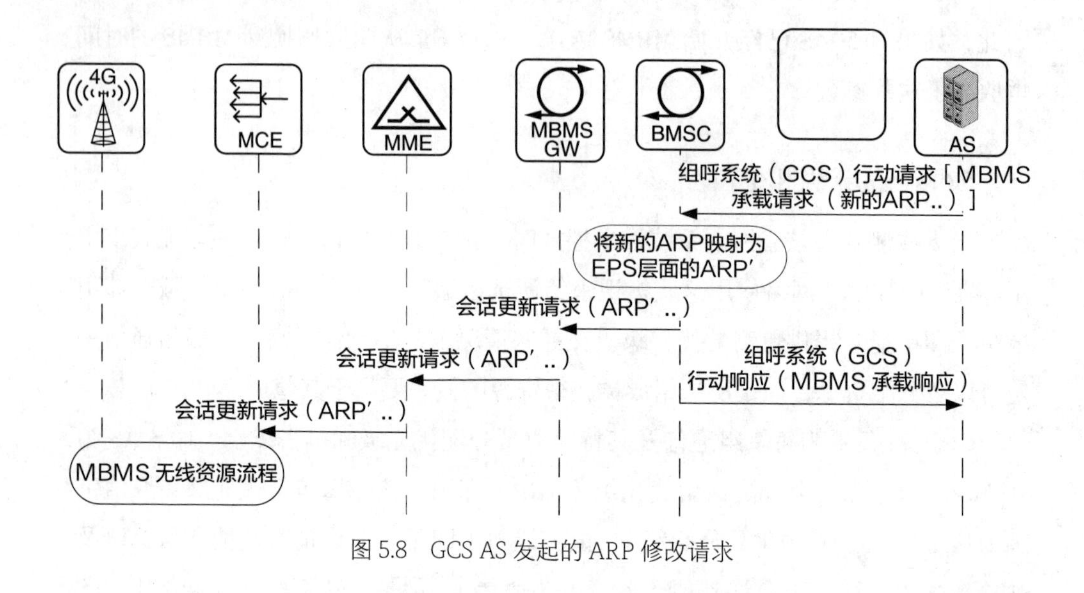

图 5.8　GCS AS 发起的 ARP 修改请求

果 MBSFN 区域中的一个 MBSFN 小区的资源不足以满足 GBR 要求，则由于 3GPP TS 36.300［10］规定暂停 / 恢复提供 MBMS 业务对整个 MBSFN 区域有效，所以 MCE 可以暂停整个 MBSFN 区域的 MBMS 传送。

如果 MCE 暂停 MBMS 传送，则 BM-CS 不会通知 GCS AS。由于 UE 会触发业务连续性流程，那么 GCS AS 通过 UE 的单播传送请求才会意识到 MBMS 传送暂停了。

5.6.5　MBMS 传送状态通知

在 Release 12 中，3GPP 定义了从 BM-SC 向 GCS AS 发送与 MBMS 传送状态相关通知的通用流程。目前，BM-SC 可以标识由于 TMGI 到期而终止了的 MBMS 传送。预计在未来的版本中，此通知可能还会包含其他的信息，例如 MBMS 传递暂停挂起通知。

5.7　MBMS 传送的建立

5.7.1　预建立

在这个使用场景中，需要在业务需求发生前，在特定区域为 MBMS 传送建立 MBMS 承载。例如，为了庆祝足球赛季的胜利，正在安排一场西雅图市中心的游行，预计将有 50 多万名球迷聚集在 10 英里的巡游路线中。公共安全机构将动员数百名警察和其他应急人员参加本次活动，以确保安全。

公共安全部门计划设置“警察”“火警”“医疗”和“群众”四个通信组。在本例中，GCS AS 将请求 BM-SC 仅建立一个用于 MBMS 传送的 MBMS 承载。BM-SC 建立 MBMS 基站，分配 TMGI，并将其提供给 GCS AS。GCS AS 通过复用在相同的 MBMS 承载上为四个组传送组通信数据。

图 5.9 显示了 GCS AS 为 MBMS 传送预先建立会话的过程。

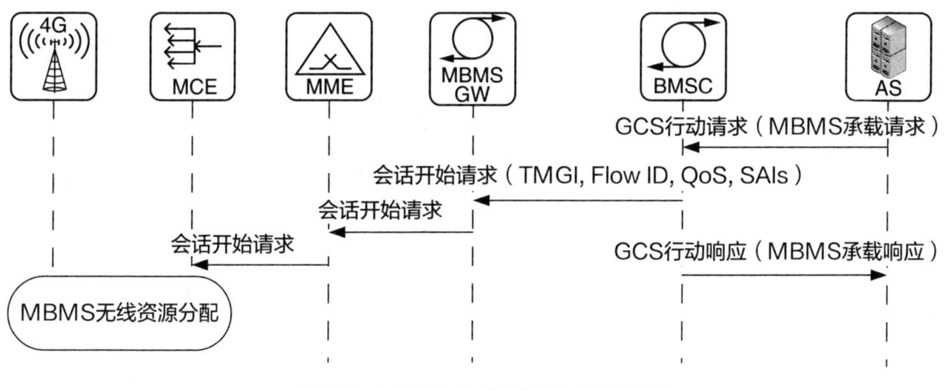

图 5.9 MBMS 传送预建立会话流程

GCS AS 向 BM-SC 发送组通信业务行动请求（GAR）命令和 MBMS 承载请求 AVP，MBMS 承载请求 AVP 包括 MBMS 启动停止（Start Stop）标识 AVP、MBMS 业务区 AVP 以及 QoS 信息 AVP。“START”值是告知 BM-SC 有一个启动新的 MBMS 会话传送的请求。MBMS 业务区 AVP 用来指示 MBMS 业务区标识（MBMS SAI）列表，MBMS 业务区被预先配置在 BM-SC 中，并映射到服务小区列表中。在上述例子中，MBMS SAI 被表示为服务于 10 英里游行路线的小区。公共安全部门需要从 PLMN 运营商收集关于服务区域的信息，包括 QoS 信息 AVP 用于指示 QCI 值（MBMS 承载只能使用 GBR QCI）、下行业务的保障速率以及 ARP 标识。因为 MBMS 承载同时被四个组使用，GCS AS 需要确定适当的比特率和 ARP 要求，以满足所有四个组的需求。BM-SC 还使用这些参数来启动 MBMS 传送会话并将分配的 TMGI 和流 ID、会话持续时间和用户面传输地址通过 MBMS 承载响应 AVP 返回给 GCS AS。GCS AS 使用 TMGI 和流 ID 来识别 MBMS 传送会话。会话持续时间指示该 MBMS 传送会话的结束时间。如果 MBMS 传递不得中断，GCS AS 可以请求在到期之前更新 TMGI 结束时间。GCS AS 传输信息时，用户面传输会将 IP

地址和端口号会包含在 BM-SC 地址 AVP 和 BM-SC 端口 AVP 中。

为 10 英里游行路线预先建立了 MBMS 传送会话。GCS AS 对四个不同组的信息进行复用和加密，并在相同的 MBMS 承载上进行传送。GCS AS 还需要为每个组成员的 UE 配置相关信息，这样可以保证各组成员分别只接收组内信息。这些配置数据包括 TMGI、信息加密密钥以及用于信息解复用的相关参数（例如，为每个组分配不同的 IP 端口号）以保证正确恢复出通过相同 MBMS 承载传输的组通信数据。预计该流程将通过 GC1 执行，然而 GC1 在 R12 中并未标准化。图 5.10 总结了预建立 MBMS 传送会话的步骤。

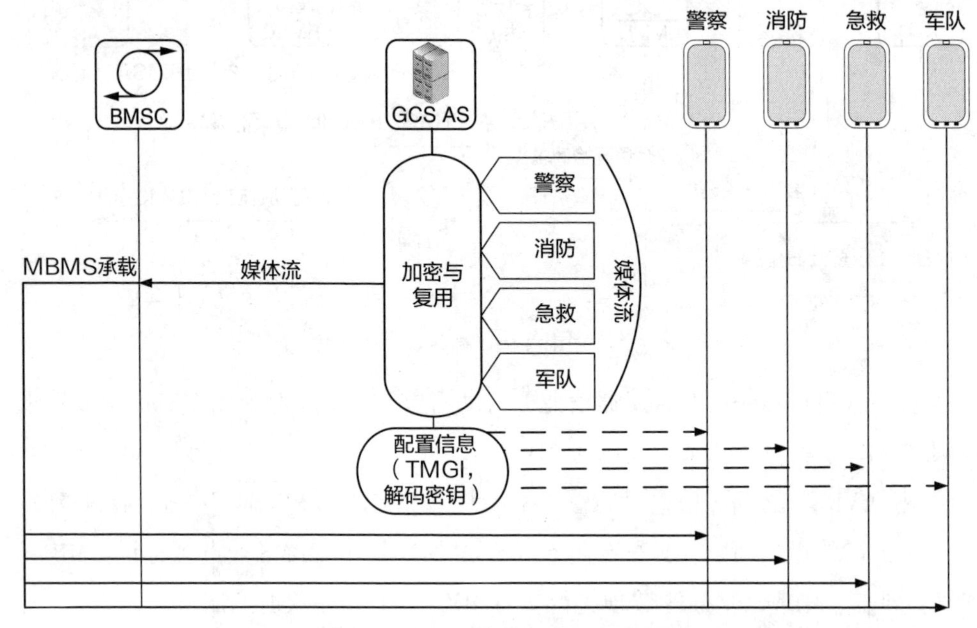

图 5.10　MBMS 传送预建立会话步骤

5.7.2　动态建立

一般只有在发生意外事件时才会需要采用动态方式建立 MBMS 传送会话。例如，在闹市区发生了炸弹爆炸事件，各类公共安全相关人员都会赶往现场。由于突发事件之前，这些人员都在同其组成员进行单播承载的点对点通信，那么他们要将通信模式切换到采用 MBMS 传送的组通信模式。

GCS AS 还没有激活 MBMS 承载，但是在 BM-SC 为每个组预留了 TMGI 值。图 5.11 描述了 GCS AS 如何为每个组预留 TMGI。GCS AS 给 BM-SC 发送一个

GAR 命令，消息中携带者 TMGI 分配请求 AVP 表明希望申请三个 TMGI 号码。BM-SC 分配了三个新的 TMGI 和一个会话持续时间标识，该标识对三个 TMGI 均有效。BM-SC 通过 GCS 行为回复（GAA）命令的 TMGI 分配响应 AVP 将这些数据提供给 GCS AS。GCS-AS 为每个 GCSE 组分配一个 TMGI，例如 TMGI-A= 警察、TMGI-B= 消防、TMGI-C= 医疗。

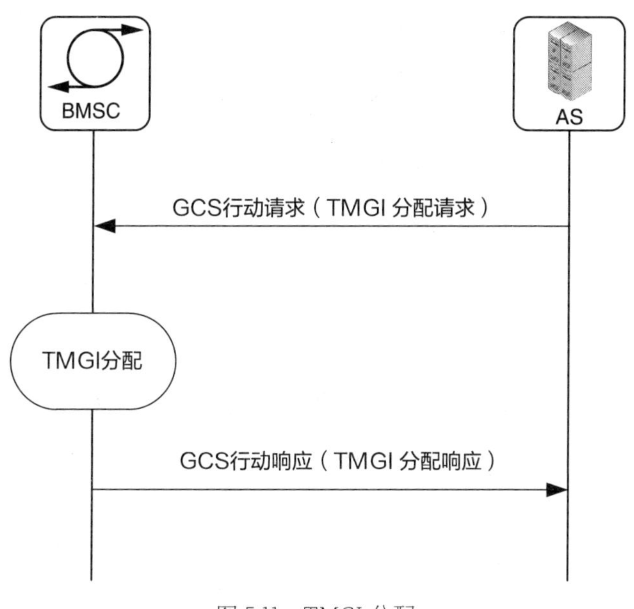

图 5.11　TMGI 分配

GCS AS 通过 GC1 接口向每个成员提供 MBMS 传送配置信息。此时，为了使用 MBMS 传送，UE 将开始监视特定服务小区中用于 MBMS 传送的 MBMS 承载，同时仍继续使用单播方式来持续进行组通信。

当有突发事件时，许多小组成员（例如警察）到会到达现场，GCS AS 可以决定当突发事件现场内有足够的小组成员时开始进行 MBMS 传送。该决策是根据通过 GC1 接收到的应用层信令而制定的，其中每个组成员还要报告他或她当前所在的位置（例如地理坐标、小区标识或是所在的 PLMN）。要想在突发事件区域启动 MBMS 传送，GCS AS 必须将位置区域信息映射到其对应服务的 PLMN 的 MBMS 服务区域标识上。这种映射信息是事先知道的，也就是说，这些信息是 GCS AS 业务提供商与服务 PLMN 运营商之间的服务协议的一部分。图 5.12 给出了一个在动态建立场景中激活 MBMS 传送的样例。

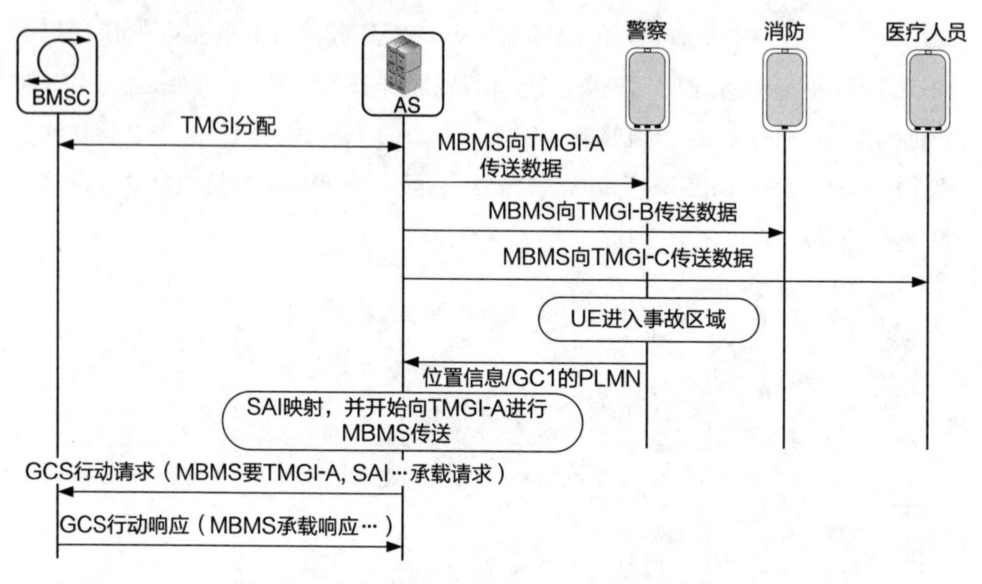

图 5.12 在动态建立场景中激活 MBMS 传送会话

MBMS 传送激活命令与预先设置场景中使用的从 GCS AS 给 BM-SC 发送的 GAR 命令相同，只是额外携带了 TMGI 标识。BM-SC 使用这些参数来启动 MBMS 传送会话，向 GCS AS 返回相同的 TMGI，同时还在 MBMS 承载响应 AVP 中向 GCS AS 除了提供会话持续时间和用户面传输地址之外，还给 GCS AS 分配一个流 ID。GCS AS 使用 TMGI 和流 ID 来标识特定的 MBMS 传送会话并将组通信信息传送到用户平面传输地址。图 5.13 为动态建立场景的用户面。

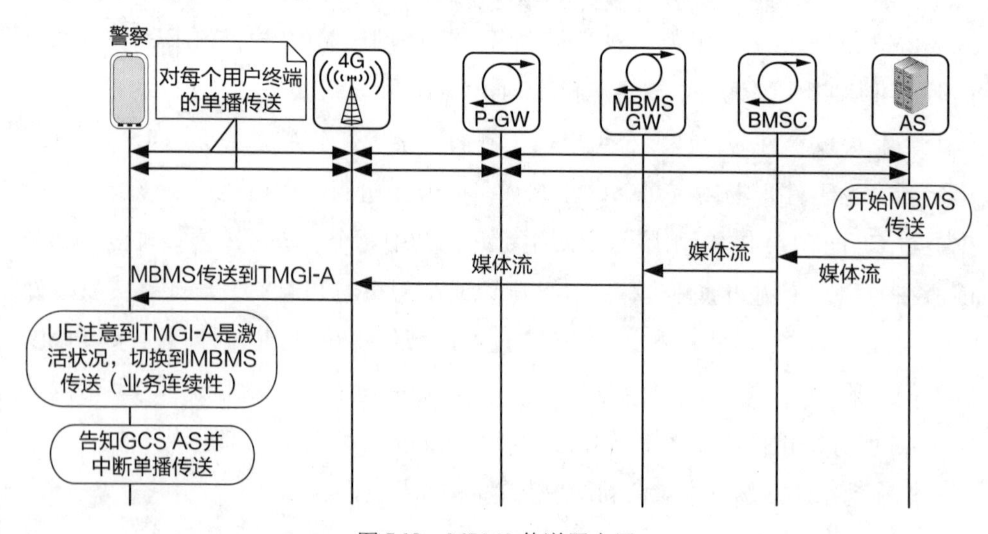

图 5.13 MBMS 传送用户层

当 UE 注意到 TMGI-A 现在在其服务小区中是激活状态并且它可以切换到 MBMS 传送模式来接收下行链路信息时，MBMS 传送激活将触发 UE 中的业务连续性操作。那么，如果单播连接没有同时用于上行链路数据传输的话，则断开 UE 与 GCS AS 之间单播连接，这样做可以帮助释放无线和网络资源。

5.8 MBMS 传送流程

5.8.1 MBMS 传送修改

当 MBMS 传递会话已经建立了，无论是预先建立还是动态建立的场景，GCS AS 都可以修改 MBMS 承载业务的优先级和抢占特性，或者是扩展 / 缩小信息广播的业务区域。

修改 MBMS 业务区域的一个触发原因是突发事件（例如，火灾）可能已经扩散到更广的区域，并且扩展 MBMS 业务区域可以减少 UE 执行服务连续性的额外信令，因为 MBMS 服务区边界的交叉范围被最小化了。

优先权和抢占特性定义了拥塞时如何处理 MBMS 承载业务。例如，可以建立一个低优先级 MBMS 承载业务，而一旦有高优先级 MBMS 承载业务激活，那么它就可以抢占低优先级的 MBMS 承载。修改激活的 MBMS 承载业务的优先级和抢占特性的一个原因是因为使用该承载的组的优先级已经改变。例如，医生现在具有最高优先级，因为救人比抓捕纵火犯更为重要。

要根据 TMGI 和 Flow ID 来识别需要进行修改的已建立的 MBMS 承载。如果要扩展一个业务区域，GCS AS 还必须确保在新扩展服务区域内没有正在进行的具有相同 TMGI 的 MBMS 传送会话。否则，BM-SC 将拒绝这种类型的修改，因为 MBMS 服务区域内具有相同 TMGI 但不同 Flow ID 的多个 MBMS 服务区域不能有重叠。

GCS AS 通过向 BM-SC 发送 GAR 命令来触发 MBMS 传送修改。它包括 MBMS 承载业务请求 AVP，其包含设置为“更新”的 MBMS 启动停止指示 AVP 以及 TMGI 和 MBMS 流识别符 AVP。如果请求更改业务区，则包括 MBMS 业务区 AVP。如果修改优先和抢占特性，则包括 QoS 信息 AVP。其他 QoS 参数（如 QCI 和比特率）保持不变，也就是说与 MBMS 承载激活时的值相同。

BM-SC 使用 3GPP TS 23.246［3］中定义的参数来启动 MBMS 会话更新流程。当 MBMS 会话成功更新时，BM-SC 向 MBMS 承载业务响应 AVP 中的 GCS AS 返回相同的 TMGI 和 Flow ID。

尽管允许通过 MBMS 会话更新过程流程进行 ARP 修改（参见 3GPP TS 23.468 [14]），但是比特率信息必须与在 MBMS 承载业务激活期间使用的原始值保持相同。此限制可能会阻止某些使用 MBMS 的组通信场景，例如当媒体格式从语音变为语音和高清视频。为了避免从 MBMS 传送切换到单播传送再切回到消耗更高带宽的语音加高清视频 MBMS 传送，3GPP TS 23.246 [3] 允许 GCS AS 激活新的 MBMS 承载业务以代替旧的 MBMS 承载。这意味着 GCS AS 可以首先发起具有允许发送语音和高清视频的具有新 TMGI 值的第二个 MBMS 传送会话，在之后才通过 GC1 信令通知 UE 将组通信切换到新的 TMGI。之后，GCS AS 可以去激活具有旧的 TMGI 值的原有的 MBMS 传送会话。为了确保业务连续性，UE 必须能够同时处理多个 TMGI，并将下行数据内容从旧的切换到新的 MBMS 传送会话。图 5.14 解释了这种场景。

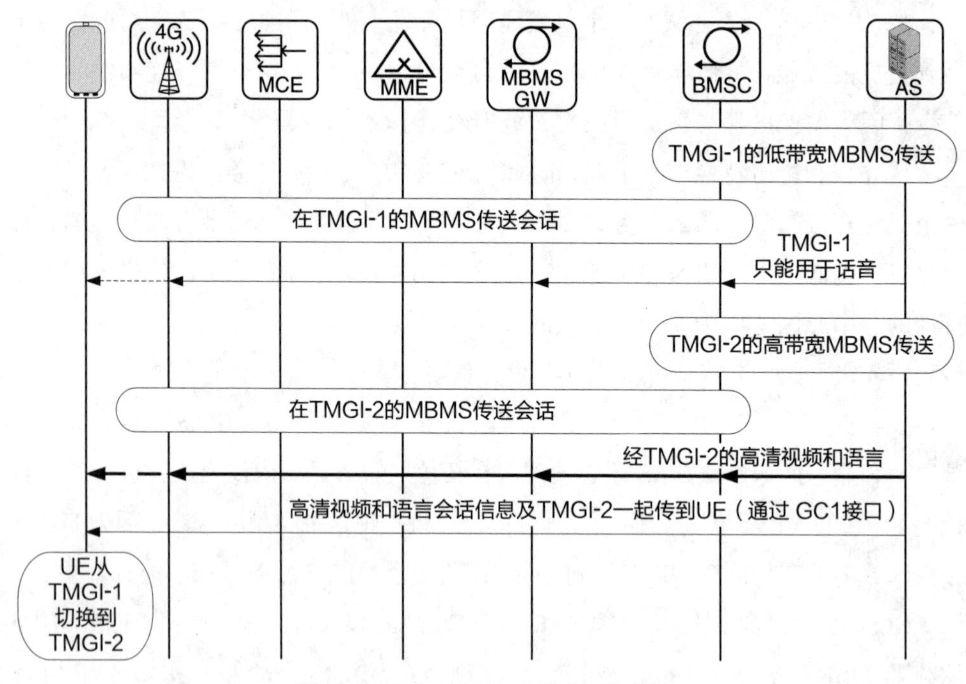

图 5.14　两个 MBMS 传送会话的切换

5.8.2 MBMS 传送去激活

来自 GCS AS 的 MBMS 去激活请求、来自 GCS AS 的 TMGI 重新分配请求、BM-SC 本地的 TMGI 到期或是由操作、管理和维护（OA & M）触发，都可以去激活 MBMS 传送会话。

GCS AS 可以通过向 BM-SC 发送明确的请求来去激活 MBMS 传送。当突发事件结束或大量组员离开先前激活 MBMS 传送的突发事件现场时，此流程非常有用。与动态建立场景类似，GCS AS 应该知道突发事件现场正在进行 MBMS 传送会话业务的 UE 的数量。去激活 MBMS 传送可能会产生不必要的副作用，因为那些正在进行 MBMS 传送业务的 UE 将使用服务连续性流程切换到单播传送。这可能导致服务网络的信令风暴，这是非常不希望的。

图 5.15 显示了 GCS AS 如何请求去激活 MBMS 传送。

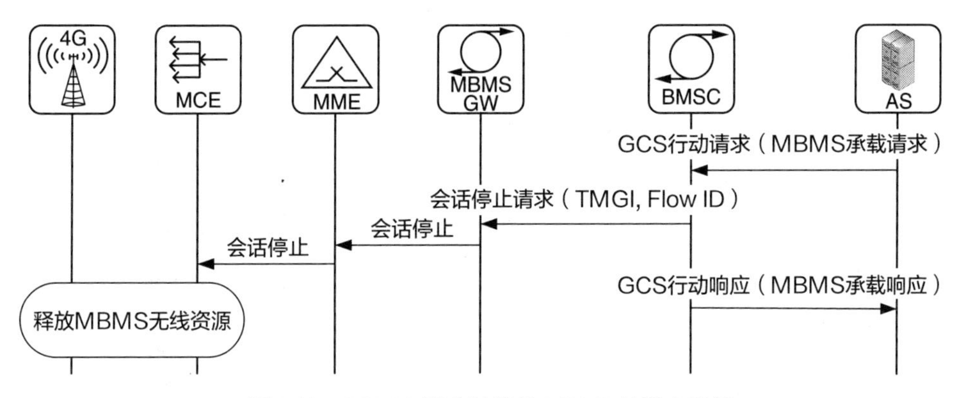

图 5.15　GCS AS 请求触发的 MBMS 传送去激活

GCS AS 向 BM-SC 发送 GAR 命令，并且包括 MBMS 承载业务请求 AVP，该 MBMS 承载请求 AVP 包含设置为“停止”的 MBMS 启动停止指示 AVP 和将被去激活的 MBMS 传送的 TMGI 和流标识符 AVP。

BM-SC 使用 3GPP TS 23.246［3］中规定的 MBMS 会话停止流程来去激活 MBMS 承载。BM-SC 通过返回 GAA 命令内的 MBMS 承载响应 AVP 中返回与之前 GCS AS 请求中相同的 TMGI 和流 ID 来回复确认该请求。

如果 MBMS 传送由于 TMGI 过期而被去激活，则 BM-SC 将启动 MBMS 会话停止流程以释放 MBMS 资源。在这种情况下，BM-SC 将通知 GCS AS MBMS 传递（通过 TMGI 和流 ID 进行标识）已被去激活。图 5.16 显示了这个通知流程。

由于 TMGI 过期而使 MBMS 传送去激活时，BM-SC 发送 GCS– 通知 – 请求（GNR）命令，命令中包括具有 TMGI 的 MBMS 承载事件通知 AVP 和流标识符 AVP，用以指示 MBMS 传送会话已经去激活。GCS AS 通过发送 GCS– 通知 – 应答（GNA）命令进行确认。如果没有相应的 MBMS 承载被激活，在 TMGI 到期

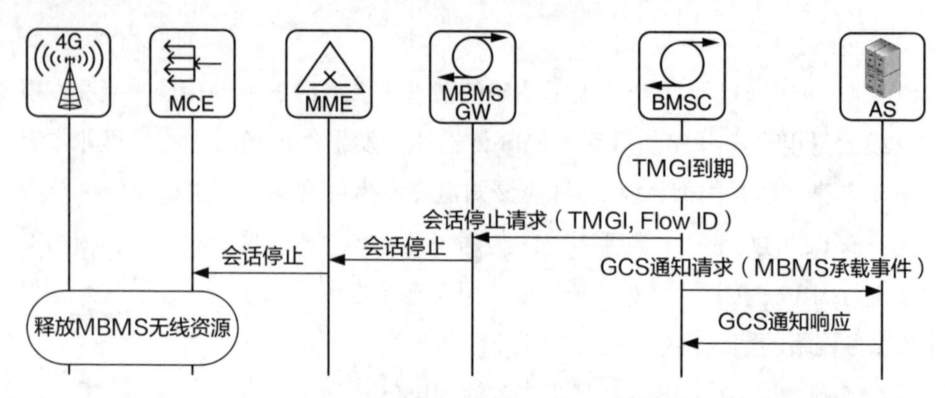

图 5.16 TMGI 失效触发的 MBMS 传送释放

情况下，BM-SC 不会发送给 GCS AS 明确的通知。如果由于 GCS AS 明确要求解除 TMGI 分配而造成去激活 MBMS 传送，那么 BM-SC 将启动针对该特定 TMGI 的 MBMS 会话去激活流程。

如果由 OA & M 触发 MBMS 传送被停用而造成去激活 MBMS 传送，3GPP 规范没有要求 BM-SC 发送明确的消息给 GCS AS。但是，预计 BM-SC 将会按照 TMGI 过期情况进行处理以使 GCS AS 知道去激活会话。

5.8.3 TMGI 管理

对于预先建立和动态建立 MBMS 传送两种场景，TMGI 由 BM-SC 分配并且总是与到期时间相关联。当 TMGI 到期时，与 BM-SC 使用 3GPP TS 23.246［3］规定的 MBMS 会话停止流程将该 TMGI 相关联的 MBMS 资源（无论流 ID 如何）进行回收。

GCS AS 可以按照图 5.17 所示的流程序请求更新 TMGI。

GCS AS 向 BM-SC 发送 GAR 命令。其中包含的 TMGI 分配请求 AVP 标识了即将要到期而必须要更新的 TMGI。如果申请更新的 TMGI 数量为零，则所有当前分配给 GCS AS 的 TMGI 都应该更新。BM-SC 会指示新的到期时间，并将 TMGI 列表更新通过 GAA 命令的 TMGI 分配响应 AVP 返回给 GCS AS。所提供的到期时间对所有更新的 TMGI 都是通用的。

GCS AS 还可以通过在 GAR 命令中的 TMGI- 解分配请求 AVP，明确地向 BM-SC 指示已经分配的 TMGI 不再需要。如果这些 TMGI 中的任何一个仍然处于活动状态（即该 TMGI 标识 MBMS 传送正在进行），则 BM-SC 将隐式地去激活相应

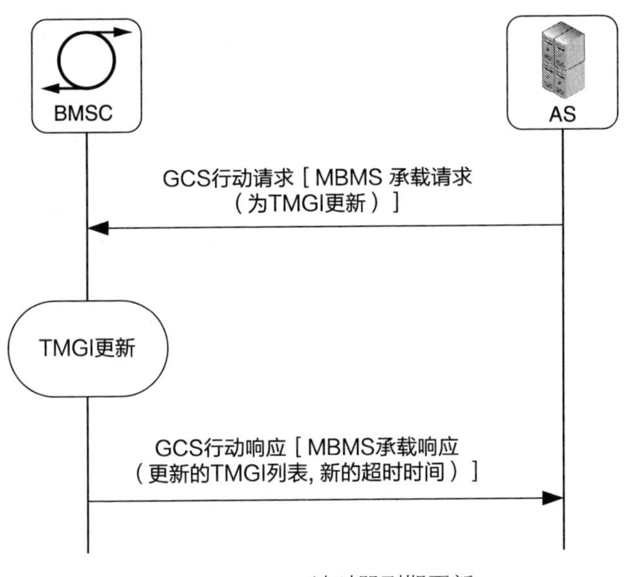

图 5.17　TMGI 计时器到期更新

的 MBMS 承载。然而，明确的指令（即在解除分配相应的 TMGI 之前去激活 MBMS 传送）可以确保正确的网络设计和部署，但是隐式的去激活流程可以避免资源浪费。因此，建议 GCS AS 总是在 BM-SC 发出释放请求前去激活 MBMS 传送会话。

5.9　接入控制

优先和抢占是公共安全 LTE 网络的基本功能。但是，这些功能只能在终端设备已经能够通过空中接口发送连接请求的情况下进行应用。在发生重大突发事件时，许多用户可能会同时尝试访问 LTE 网络。这可能会造成无线接入拥塞，会导致一些终端设备由于缺乏资源而被网络拒绝接入，最坏的情况是有些终端设备可能甚至不能获得网络响应。那些无法访问网络的终端设备将不断重新尝试接入。利用接入类别（AC）的概念，终端设备被划分成不同的类别。当网络达到高负载或者发生拥塞时运营商可以限制属于某些类别的 UE 接入无线网络。访问类别值定义为 AC0 至 AC15，存储在全球用户识别卡（Universal Subscriber Identity Module，USIM）上。AC0 至 AC9 是随机分配的普通类别，但 AC10 至 AC15 用于特殊用途（详情请参阅下文）。

AC 决定了 UE 用于获得接入 LTE 无线网络权限的请求标识。更具体地说，终端设备的 AC 值是一个非常重要的标准，其可以用于确定发送给 eNB 的 RRC

连接请求中用于建立无线连接的 RRC 建立原因（参见 3GPP TS 24.301［15］和 3GPP TS 36.331［11］）。如果终端设备属于 AC11 到 AC15，则它可以在 RRC 连接请求中提供“高优先级接入”作为建立原因。eNB 使用 RRC 建立原因来对这些 UE 的连接请求进行排序。这意味着具有来自高优先级用户的由“高优先级访问 AC11-AC15”标识的请求将被网络优先处理。

此外，当网络处于高拥塞状态时，运营商可能不得不在一个或多个 eNB 中激活接入类别限制（ACB），以保护网络避免严重故障或宕机，同时确保那些“高优先级”将能够获得用于网络接入的无线资源。可以逐个小区地调用 ACB。UE 接入类别决定了某个终端是否被禁止接入无线网络。

因此，对于公共安全网络而言，为公共安全用户分配接入类别是非常重要的，这样可以帮助公共安全终端在网络高负载的情况下能够接入网络。例如，当公共安全用户从 MBMS 传送切换到单播传送时，为了确保业务的连续性，接入网络是非常必要的。在公共安全人员和非公共安全人员都使用网络的情况下，访问控制也变得更加重要。

但是，为公共安全用户分配接入类别并不像为商业用户分配接入类别那么简单。在普通商用 LTE 网络中，用户被随机分配 0 和 9 之间的接入类别。如果用户是诸如 PLMN 工作人员、公共事业人员等高优先级组的成员，那么他们将被分配一个 11 到 15 之间的额外接入类别。因此，商用 LTE 网络中的正常用户和高优先级用户之间的关系一定程度上是静态的。在公共安全网络中，情况可能并非如此。公共网络预计将由许多不同类型的机构共享（如警察、消防、医疗、公共事业等），每个突发事件的性质决定了某个机构会成为最关键的公共安全用户（例如，游行时警察被指派为最高级、森林火灾以及处理医疗紧急情况时医护人员为最高级）。换句话说，公共安全运营和突发事件是动态的，向用户分配静态单一接入类别可能无法满足所有场景的运营需求。因此，了解 ACB 如何在 LTE 网络中工作，使得某些用户即使在极度拥塞的情况下也能接入 LTE 网络是非常重要的。我们在下面提供这个功能的描述。

所有终端设备都是 0 到 9 之间 10 个类别中随机分配的一个，这些预先配置在 USIM 上。另外，可以为 UE 分配 11 个到 15 个之间的五个特殊接入类中的一个或多个。在 3GPP TS 22.011［16］中，特殊接入类被定义如下：

—— 接入类别 15，PLMN 工作人员

—— 接入类别 14，紧急服务（如警察、消防或医疗）

—— 接入类别 13，公共事业（如水和天然气供应商）

—— 接入类别 12，安全服务

—— 接入类别 11，PLMN 使用

PLMN 运营商可以通过空中（OTA）配置方法在 USIM 上（重新）分配任何这些接入类别，分配是基于 SMS 为传输技术实现的。AC11 和 AC15 只在 HPLMN 有效，而 AC12 到 AC14 在本国的 HPLMN 和 VPLMN 有效。当 IMSI 的移动国家码（MCC）与 HPLMN 的 MCC 匹配时，表明终端设备位于本国。一个国家通常由一个单一的 MCC 值来标识，除了 MCC 值 310 到 316 标识一个国家（美国）并且 MCC 值 404 到 406 标识一个国家（印度）。 AC10 是一个特殊的类别，用于控制紧急呼叫，而不是分配给 USIM。通过空口广播 AC10，以指示接入类别为 0 至 9 的 UE 是否允许接入网络进行紧急呼叫。对于接入类别为 11 至 15 的 UE，除非接入类别 10 和终端设备的相关接入类别（11 至 15）被禁止，否则这些 UE 允许紧急呼叫。

接入类别限制可以针对 AC11 至 AC15 单独调用。也就是说，网络可以允许具有 AC14 的 UE 接入网络，同时禁止具有 AC11，AC12，AC13 和 AC15 的 UE 接入。但是，不能单独控制 AC0 至 AC9。接入类别介于 0 和 9 之间的所有 UE 在激活时都会受到 ACB 的影响。

为了使进一步细化 ACB 激活同时减少业务中断，3GPP 在 Release 12 中引入了用于 LTE 的智能拥塞缓解（Smart Congestion Mitigation，SCM）功能。通过该功能，网络可以指示特定应用或业务是否免于 ACB（通常称为“ACB 跳过”）。换句话说，网络可以针对某些应用或业务（例如，多媒体电话语音或视频或 SMS）广播“跳过指示符”，并且访问这些应用或业务，而其他应用和业务会因为 ACB 而被禁止。所以，当 ACB 被激活时，UE 应根据网络广播的“根据网跳过指示符”来检查应用程序或业务是否被允许访问网络（详情请参阅 3GPP TS 24.301 [15] 和 3GPP TS 36.331 [11]）。基于此，终端设备可以确定它是否可以向 eNB 发送建立无线连接的请求。

5.10 关键任务对讲业务

MCPTT 是一项业务，该业务需要在 UE 和网络安装特定的应用。它模仿传统 LMR 系统提供的 PTT 业务。PTT 应用提供了一种仲裁方法来实现两个或更多用户参与通信。用户必须通过按下手机上的按钮来请求传输许可。只有一个用户可以在特定的时间进行发言，而其他用户只能当听众。

考虑到基于 LTE 的公共安全通信的潜在部署场景，在许多场景中，基于 LTE 的公共安全网络都会与传统 PS 网络（如基于 P.25 或 TETRA 的系统）并行运行，因此公共安全 UE 将必须能够同时支持 LTE 和传统技术，首先选择接入哪个网络取决于覆盖范围或负载条件。为了使用方便，UE 可以自动在系统之间切换，并且用户不会察觉到当前在使用 LTE 还是传统网络。在这种情况下，MCPTT 业务行为非常类似于传统业务行为，以便在一个或另一个网络中操作时不会让用户觉得困扰，这一点非常重要。

为此，P.25 和 TETRA 都积极参与 3GPP 关于 MCPTT 业务定义的工作，并向 3GPP 提供其观点和具体要求，以便在不同公共安全系统下操作时为用户实现无缝业务。

3GPP Release 13 中的 3GPP TS 22.179［17］收集了业务需求。第 1 阶段技术规范的工作在 2014 年年底结束，而第 2 阶段和第 3 阶段的工作在撰写本文时即将开始，预计将在 R13 的时间范围内完成。将来版本中可能会指定增强功能。

3GPP 已将 R12 中的应用层规范工作交由其他组甚至个别公司实现。由于公共安全团体强烈希望拥有全球统一和标准化的 MCPTT 服务架构，3GPP 在 Release 13 中将对业务层进行规范。很明显，P.25 和 TETRA 团体想要达成需求统一还需要一定时间。但是可以预见的是，MCPTT 业务必须支持多种选择和要求，那么将会形成一个复杂的系统。

MCPTT 服务利用先前描述的 GCSE 和 ProSe 以及 EPS 提供的其他功能（如优先和抢占机制、定位服务等）并行使用。图 5.18 概述了 MCPTT 和 GCSE，ProSe 之间的关系。

MCPTT 将在具有 E-UTRAN 网络覆盖的设备上运行，但也可以在没有任何网络基础设施参与的使用 ProSe 通信的设备上工作，也可以在为其他支持 MCPTT 设备进行 ProSe 中继的设备上运行。无论在网络覆盖范围内的设备上还是基于没有

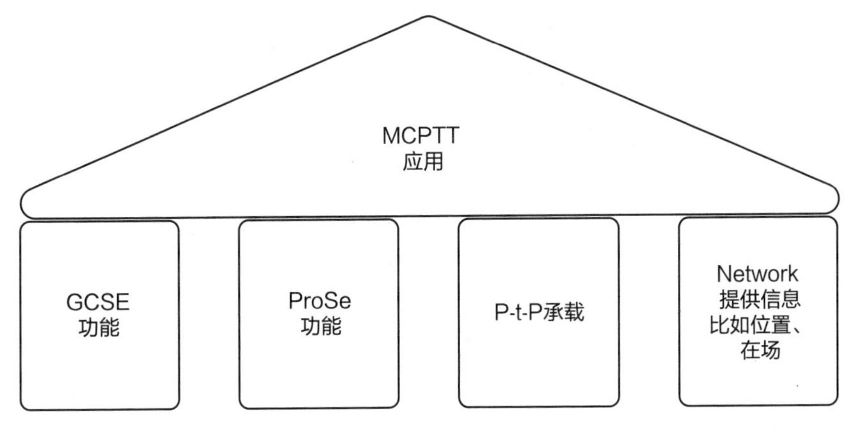

图5.18 MCPTT，GCSE和ProSe引擎之间的关系

网络覆盖的ProSe通信，用户的服务质量体验都应该相同。

MCPTT也可以由非公共安全用户使用，如公共事业公司或铁路公司的雇员。

5.10.1 MCPTT服务描述

本节摘选自3GPP TS 22.179［17］，它描述了对MCPTT最重要的需求。

MCPTT旨在支持多个用户（一个组呼）之间的通信，每个用户都有权通过仲裁的方式获得话权。MCPTT还将支持两个用户之间的“个呼”。预计MCPTT将建立在LTE/SAE提供的技术之上，而用户之间通信的建立、维持和终止（即用户平面）由LTE/SAE负责。

MCPTT允许用户请求“谈话权”，并提供一种仲裁机制来进行话权决策，称为“话权控制”。在有多个请求的情况下，确定哪个用户的请求被接受以及哪些用户的请求被拒绝或排队是基于他们的优先级等许多特征。MCPTT为具有高优先级（例如，在紧急情况下）的用户提供了中断当前话权方讲话的方法。MCPTT还支持限制用户讲话时间的机制，从而允许相同或较低优先级的用户有机会获得话权。

MCPTT为用户提供了并行监控多个呼叫的方法，并使用户能够将关注点切换到选定的呼叫。用户可以加入已经建立的MCPTT群组呼叫，这称为“迟滞进入”。另外，MCPTT向呼叫的参与方提供了识别当前讲话者以及对用户定位的功能。

公共安全网络的成员通过分组进行管理。一起工作的人们在同一个MCPTT小组进行通信，通过组通信进行快速协调。

有不同任务的人一般会通过不同的组进行通信。处理大型突发事件和控制重大事件时需要准备通信架构和 MCPTT 小组。因此，需要有 MCPTT 小组和流程来协调自不同组织和 / 或甚至其他国家的公共安全工作人员。这就意味着公共安全人员将面对着大量（如超过 100 个）MCPTT 群组，公共安全用户可以从这些群组中选择他 / 她想要加入的群组（“附属群组”），即从改组接收信息。此外，公共安全用户可以选择与哪个组直接通信，这就是选定的组。

5.10.2 MCPTT 呼叫类型

MCPTT 应用必须支持一些“特殊”组呼，包括“广播组呼”“紧急组呼”“危急组呼”。

对于广播组呼叫，广播不是指采用无线发布机制，而是指发起呼叫的 MCPTT 用户不需要接收用户做出响应。因此，接收用户无法响应广播组呼叫。接收广播消息的 MCPTT 用户可能是所有的 MCPTT 用户或是部分用户。系统呼叫是一种特殊的广播组呼的，该广播组呼会动态地发给某一地理区域的所有用户。

紧急组呼由处于危及生命等紧急情况的用户发起，用于寻求帮助。除了系统呼叫和其他 MCPTT 紧急组呼外，紧急组呼是所有 MCPTT 组传输中优先级最高的。

危急组呼是在发生紧急危险事件时优先处理的呼叫，例如，森林火灾围困了露营者、在学校附近有快要爆炸的油罐车、汽车爆炸现场的伤亡人员。除了系统呼叫、紧急组呼叫和其他危机呼叫，危急组呼优先于所有其他 MCPTT 组传输。

个呼是一对使用 MCPTT 业务话权控制的用户间的呼叫。个呼利用 MCPTT 群呼的许多功能，例如提供 MCPTT 用户身份和别名信息、位置信息、加密、隐私、优先级和管理控制。

5.10.3 MCPTT 优先级

目前 3GPP 的优先级和 QoS 模型还不足以满足 MCPTT 的需求。

MCPTT 优先级和 QoS 是随场景而变的。MCPTT 旨在为 MCPTT 呼叫提供实时优先级和 QoS 体验，因为公共安全用户的动态操作特征明显，在确定其优先级时必须考虑到这些条件。例如，响应人员所面对的突发情况或其整体角色的转换显著影响着用户从 LTE 系统获取资源的能力。

MCPTT 优先级模型确定了三种不同层面的优先级：会话之间和会话内的优

先级、系统间优先级以及网络内（EPS 和 UE 之间）的优先级。在应用层，名为"MCPTT 优先级和 QoS 控制"的功能实体处理参与 MCPTT 的用户和组的请求中的静态预配信息和动态（或态势）信息，以便为 MCPTT 呼叫动态设置合适的优先级和 QoS。

"用户静态属性"包括用于基于准则的用户分类信息，准则包括用户是否为第一响应者、第二响应者、监督员、调度员还是管理员，以及为该用户预配置的系统层面的单独优先级。

"组静态属性"包括组的特征、类型以及所属机构，例如确保组内所有参与者可以进行通信的最小优先级特征，这种情况不考虑每个组成员的优先级。

"用户动态属性"包括用户的操作状态，用户可能涉及的突发事件类型（例如，MCPTT 中的紧急或危急类型）以及可能在通话期间或通话间隙改变的其他参数。

"组动态属性"包括通话组涉及的突发事件类型（例如，MCPTT 中的紧急或危急类型），以及可能在任何时间改变的其他参数，如果有的话。

5.10.4 共享 MCPTT 设备

到目前为止，3GPP 的相关工作都假设 UE 与用户之间是一对一关系。该模型需要扩展以用于共享的 MCPTT UE，包括允许使用 UE 池、与其他人交换使用 UE，以及用户可以随机选择一个或多个 UE 临时专用等场景。任何可以访问 UE 上的 MCPTT 应用的人都可以使用共享 MCPTT UE，从而成为授权 MCPTT 用户。一个共享 MCPTT UE 一次只能服务一个 MCPTT 用户。登录到已使用的共享 MCPTT UE 的 MCPTT 用户将会注销掉另一个 MCPTT 用户。

一个 MCPTT 用户可以同时分配到多个即获得的 MCPTT UE，从 MCPTT 业务的角度来看，可以分别或共同处理这些激活的 MCPTT UE 以及相关联的 MCPTT 用户。换句话说，响应者身份不与 USIM 绑定。例如，一个组中的每个响应者都会收到一个支持 LTE 的 UE，并且预计每个用户都会在应用程序中登录，例如，用他们唯一的用户标识和密码登录。成功登录后，UE 将运行具有相应优先级的定制应用程序。

5.10.5 网络运行模式

如前所述，MCPTT 能够以两种模式运行。第一种是 MCPTT 使用 EPS 时的"在网模式”，但不局限于使用 GCSE 业务引擎。第二种操作模式是使用 ProSe direct（UE 到 UE）通信路径的“脱网模式”。ProSe 直接通信路径不会借助网络基础设施。

因此，MCPTT 需求是根据网络运行模式的不同而分别提出的，包括“在网模式”的需求、“脱网模式”的需求以及同时适用于二者的需求。

5.10.6 与传统 PTT 系统互通

关键任务用户目前使用了大量窄带 PTT 业务。Project 25（基于 TIA-102 标准）和 TETRA（及 ETSI 标准）都是数字公共安全 PTT 系统。另外，“传统”或“传统模拟”系统在全世界都很常见。这些系统提供类似于 MCPTT 提供的 PTT 和相关服务，包括组呼、个呼、广播呼叫、动态组管理和其他服务。

MCPTT 旨在与这些非 MCPTT 系统互通。

参考文献

[1] 3GPP TS 22.468: “Group Communication System Enablers for LTE（GCSE_LTE）; Stage 1”.

[2] 3GPP TS 33.246: “Security of Multimedia Broadcast/Multicast Service（MBMS）”.

[3] 3GPP TS 23.246: “Multimedia Broadcast/Multicast Service（MBMS）; Architecture and Functional Description”.

[4] 3GPP TS 32.273: “Charging management; Multimedia Broadcast and Multicast Service（MBMS）charging”.

[5] 3GPP TS 23.203: “Policy and charging control Architecture”.

[6] 3GPP TS 29.468: “Group Communication System Enablers for LTE（GCSE_LTE）; MB2 Reference Point”.

[7] RFC 3588: “Diameter Base Protocol”.

[8] Void.

[9] 3GPP TS 29.061: “Interworking between the Public Land Mobile Network（PLMN）Supporting Packet Based Services and Packet Data Networks（PDN）”.

[10] 3GPP TS 36.300: “Evolved Universal Terrestrial Radio Access（E-UTRA）and Evolved Universal Terrestrial Radio Access（E-UTRAN）; Overall Description”.

[11] 3GPP TS 36.331: “Evolved Universal Terrestrial Radio Access（E-UTRA）; Radio Resource Control（RRC）”.

[12] 3GPP TS 36.304：“Evolved Universal Terrestrial Radio Access（E-UTRA）；User Equipment（UE）Procedures in Idle Mode”.

[13] 3GPP TR 36.868：“Study on Group Communication for E-UTRA”.

[14] 3GPP TS 23.468：“Group Communication System Enablers for LTE（GCSE_LTE）；Stage 2”.

[15] 3GPP TS 24.301：“Non-Access-Stratum（NAS）protocol for Evolved Packet System（EPS）；Stage 3”.

[16] 3GPP TS 22.011：“Service accessibility”.

[17] 3GPP TS 22.179：“Mission Critical Push to Talk MCPTT（Release 13）”.

第6章 总结与展望

6.1 LTE的地位

现今，LTE是事实上的全球移动宽带通信标准，尽管工业界正在开展新型无线技术（所谓的5G）的研究工作，但是预计未来10年LTE的地位仍旧稳固。对于商业网络运营商，它的优势点包括频谱的灵活性和效率，简化的体系架构带来的更低运营支出（OPEX）和成本支出（CAPEX），以及所有的网络接口均使用IP协议[不再需要互联网协议（IP）和非IP协议的协议转换，如ITU-T的7号信令系统]。公共安全网络采用LTE技术也将从这些优势中受益。他们可以部署一个已经被证明具有可靠性、灵活性、安全性和在大规模部署中功能足够丰富的移动通信系统（预测到2020年年底将有25亿LTE用户）。作为全球事实上的移动宽带标准，它提供了芯片组、装备和网络设备方面所必要的经济规模。LTE系统有3GPP等强大的标准化组织的支持，并且所有主要设备和基础设施供应商之间已经针对LTE系统达成了共识，这样可以迅速为LTE系统进行必要的升级。LTE的发展远未结束，3GPP仍然在对整个系统进行持续的改进和优化。每个版本都添加了新功能，新频率被添加到LTE频带中，系统带宽会随着LTE-A、载体聚合（CA）和多输入多输出（MIMO）等技术进一步增加。事实上，3GPP主要关注点放在对LTE进行改进，而不再关注诸如通用移动电信系统（UMTS）或通用分组无线业务（GPRS）之类的旧技术。3GPP集中必要的资源用于修正错误、优化和推动LTE发展，这为网络运营商提供了信心。在R12中优化LTE公共安全场景方面的功能，已经证明了3GPP有意愿也有能力在更广泛的领域吸纳新的需求，来优化升级LTE系统以适用新的应用场景。这也包括优化LTE以适应机器对机器（M2M）通信和物联网（IoT）等新兴市场机遇。由于引入了网络功能虚拟化（NFV）和软件定义网络（SDN）技术，未来增强的 LTE（更具体地说是 EPC）将使公共安全网络运营商能够提高部署灵活性、提高可扩展性、缩减网络资源和功能，从而降低 CAPEX 和 OPEX。3GPP 目前正在 R13 中完成其他功能，如寻呼优化将帮助公共安全网络优先处理语音呼叫，从而缩短呼叫建立时间并有助于满足其严格的时延要求。由于 LTE 是由全球标准化组织进行规范的系统，因此这些功能增强对公共安全网络而言是“免费”的。

网络共享和（国内 / 国际）漫游将允许公共安全运营商仅在一些国家的某些地区部署专用网络，而主要是依靠与商用 LTE 运营商共享或漫游协议以使用其网络（尤其是无线电接入）基础设施。这会大幅降低运营成本，同时建立全国性的公共安全网络。另外，商业运营商将从为公共安全社区提供网络能力、基础设施而受益。

终端用户主要希望能够快速可靠地访问基于 IP 的服务，例如网页浏览、语音和视频通话、视频流、在线游戏等。LTE 能够以高带宽和低时延访问这类服务，并结合标准化蜂窝系统的优势，包括游牧性、移动性和全球漫游协议。对于很多人来说，LTE 与创新的资费结构相结合使“永远在线”（例如，随时连接到互联网）的愿景变为现实。一旦 LTE 在更多的国家推出，在未来这一愿景将为更多人服务。

6.2 公共安全特性

正如本书所解释的，LTE 提供了各种增强人们日常生活安全的功能。虽然本书的重点是针对基于 LTE 的“公共安全网络”，但我们提及了一些 LTE 网络中可用的其他公共安全相关功能。对于普通公众来说最重要的一个功能就是紧急呼叫。在将来紧急呼叫通过 3GPP 的 IMS 提供时，它不仅允许用户建立紧急语音呼叫，还可以使用其他方式进行紧急呼叫，如视频呼叫、消息或语音和视频片段等。结合增强的位置服务（例如 GPS 辅助的基于位置的服务），这种新型多媒体紧急服务将为紧急情况下的人们提供更准确、更快速的帮助。即使在救援人员到达发生事故或受灾地点之前，图片和视频也可以通过多媒体紧急服务发送到紧急服务中心，并最终发送给救援人员，帮助救援人员提前做好准备。例如，他们可以针对到达事故或灾难地点时可能会遇到的情况设计预案。救援人员事先对事故情况有更清晰和更准确的了解，既可以挽救事故现场人员的生命，也避免救援人员受到伤害。

将在欧盟引入的 eCall 系统（参见参考文献［1］以获取更多信息）可以自动从遭遇事故汽车向紧急中心提供信息。除了提供车辆位置、乘客人数和事故发生前的速度等数据外，即使汽车的乘客不能再进行通信，eCall 也可以直接致电救援人员。一旦 eCall 连接到 LTE 和 IMS，更多数据可以以更快的速度发送到应急中心或数据中心。将来汽车可能配备大量传感器和摄像头，这样可以将精确图片或实时视频直接发送给紧急服务中心或救援人员。如汽车 eCall 类似的功能也可以监测建筑物或某些封闭的地方。一旦在房屋内发现火灾，例如在公共建筑物内，不仅可以发送简单的火灾报警，还可以发送关于火灾及其涉及的房间的现场照片或实时视频流。这将有助于消防员在抵达事故现场前后协调他们的行动。

公共预警系统（Public Warning System，PWS）允许一个官方机构通过 LTE 向发生灾难（海啸、地震或火山爆发）的地区的人们发送警报信息。同样，将公共警报消息与 LTE 等移动宽带系统相结合可以让人们更有效地意识到其面临的危险，并且可以将关于受灾范围和灾害程度等更精确的数据传递给面临危险的人们。

展望未来，我们甚至可以设想使用新的智能手机应用向用户提供与安全相关的信息：直接从应用的注册机构那里获得的信息，也可获取来自接近灾难或事故的其他用户的信息，将这些信息实时向所有人或朋友们通报。这可能会建立起一种新的社交网络：向参与者提供与安全相关的信息的社交网络。

6.3 LTE 公共安全

Proximity 业务和 GCSE 是 3GPP 为了实现基于公共安全通信而进行标准化的两个重要功能。通过 Proximity 业务，消防和警察以及其他公共安全人员能够在没有网络覆盖的情况下与他们所属的群组成员进行通信。使用 LTE 频率进行设备间通信是 3GPP 的一种新功能。商业网络运营商一般仅通过其自有的网络基础设施并使用由政府分配给他们的许可频段来提供业务。这类对讲功能（即一对一或一对多通信）对于受灾地区的公共安全人员至关重要，因为灾难地区无法保证所有设备都处于网络覆盖范围内。覆盖范围内的设备可以充当其他设备的通信中继。第 1 章和第 5 章中介绍的基于 MBMS 的 GCSE，为 PTT 业务提供了高效的实现方式，该业务同时只有一个人可以给某个人或其所在的小组的所有其他成员讲话。

对 MBMS 功能的一些改进，可以实现将短话音以快速且有效的方式被传送到指定的某个区域（可能是小区域如单个小区）等必要的需求。快速有效的通信指的是低时延通信（“口到耳”），并且不会浪费网络资源，因此许多不同的组（例如消防和警察）可以在特定区域使用网络，而其他人的通信仍然不受影响。

公共安全的一个重要方面是底层网络和应用程序的可靠性。LTE 通过每个网元的恢复特性保证了系统内在的可靠性和健壮性，涉及的网元包括 MME，S-GW，P-GW，PCRF，MBMS GW 等。恢复特性提供了协议层面的功能，可以在重新启动该网元后（如 MME，S-GW 或 MBMS GW），在网元中恢复某些上下文数据和会话。

PTT 应用不是 3GPP R12 工作中的一部分。然而，PTT 是现有公共安全系统的一个组成部分，如 Project 25 和 TETRA 灯窄带移动无线系统。因此，在 R12 中 GCSE 上开发 PTT 应用的愿望强烈。

目前在 3GPP Release 13 中正在进行 MCPTT 应用的规范工作，这项工作预计在 2015 年年底完成。MCPTT 的业务需求列于 3GPP TS 22.179［2］。这些需求包括对 PTT 功能的一般描述，如话权控制、组呼、组呼声明、组管理和组呼的优先级，需求还包括组呼的时延要求以及与现有系统（P25 和 TETRA）的互通。MCPTT 业务对时延要求很严格，因此需要为 MCPTT 信令和用户平面使用特殊的承载服务质量，以提供严格的 QoS（低包时延）和优先级保证。在编写本书时，MCPTT 很可能基于开放移动联盟（OMA）规范的 Push-To-Talk-Over-Cellular（PoC）应用，并进行若干增强和优化以使其满足公共安全领域的 MCPTT 的需求。显然，MCPTT 应用基于在 3GPP Release 12 中规范的 GCSE 而运行，并且必须实现各自的接口，也就是说，MCPTT 应用服务器必须执行 3GPP 规范的接口与 BM-SC 相连（MB2 接口用于连接控制面和用户面）。OMA PoC 控制平面基于 SIP，依赖于 IMS 的能力（需要使用 IMS 的安全性、注册和会话建立），这将使基于 IMS 的 MCPTT 服务更容易和 VoLTE 集成在同一设备和芯片上。OMA PoC 规范了 PoC 客户端如何向 PoC 服务器注册服务、启动 PoC（按需或预先建立的）会话、加入或离开会话以及终止会话。例如，OMA PoC 用户面规范定义了信息 / 段话音协议，以允许 PoC 客户端请求向其他客户端发送短话音及多媒体频片段的权利。最新版本的 OMA PoC enabler specification 2.1 版可以在参考文献［3］中找到。

另外，当需要设备到设备或设备到网络中继通信时，MCPTT 需要使用 ProSe 功能。本书中讨论了用于设备间 MCPTT 中继通信的几种可能的解决方案：第二层（即链路层的中继）或第三层中继（即 IP 层的中继，例如利用 IPv6 前缀授权特征），或是在中继设备中运行的应用层网关（即 MCPTT 网关 / 代理功能），或者使用多播传输的中继（即中继设备就像基站一样将在多播信道上接收到的数据转发到另一个多播信道上的周围设备）。在开始撰写本书的时候刚开始讨论这些解决方案。

3GPP 还开始研究另一项名为“用于公共安全的隔离 E-UTRAN 操作（IOPS）”的功能。IOPS 用例在 3GPP TR 22.897［4］中列出。IOPS 的要求在 3GPP TS 22.346［5］中可以找到。在撰写本书时，关于阶段 2（架构工作）和阶段 3（协议工作）的工作尚未开始，所以关于 IOPS 的描述可能会在未来发生变化。

IOPS 旨在即使网络不完全正常工作时（例如，eNodeB 已与网络的其他部分断开连接并形成“隔离的 E-UTRAN”），为公共安全用户提供业务。这种情况主要发生在地震或海啸等自然灾害时。在这样的条件下，确保公共安全用户继续进行关键任务的沟通是至关重要的。

IOPS 还旨在通过部署一个或多个以独立模式工作的 NeNB 来提供本地业务无线接入网络，而无需回程连接。这适用于没有网络覆盖或覆盖范围非常有限的地区，例如在偏远地区出现丛林火灾时。在这种情况下，隔离的 E-UTRAN 可以包括一个或多个 NeNB。NeNB 应该能够在运营商的控制下启动隔离的 E-UTRAN（实现的细节会在 3GPP 进一步的工作中讨论）。预期为：NeNB 形成的隔离 E-UTRAN 将表现出类似于 eNB 形成的隔离 E-UTRAN 的功能，包括：支持覆盖区域中的公共安全 UE、支持 NeNB 之间的通信以及支持有限的回程连接。

此外，IOPS 功能还旨在解决这样一种场景，一组固定或移动式的 eNB 没有正常的回程链路，但是存在被提供了（非理想）的有限带宽的回程链路，例如该回程链路仅能够支持信令传输但很少或没有用户平面流量。此外，该场景主要是覆盖范围非常有限或无覆盖的地区，例如只有卫星回程链路可用于回程传输。

隔离的 E-UTRAN 可以包括单个或多个 eNB，单个或多个 NeNB，或者 eNB 和 NeNB 的混合组。eNB 和 NeNB 的这种混合组可能会在灾难导致通信中断时发生，额外部署的 NeNB 是用于改善隔离 E-UTRAN 区域中的覆盖和容量的。一个独立的 E-UTRAN 包含多个（N）eNB，在（N）eNB 之间相互连接，相比于单一的（N）eNB，该场景可以在更大覆盖范围内提供 UE 之间的通信。预期结果为：在隔离 E-UTRAN 覆盖范围内的 UE 将继续通信并向其公共安全用户提供包括语音、数据和组通信在内的有限业务。例如，在自然灾害发生后进行恢复以及eNB之间的连接逐步重新建立时，IOPS应该能够支持彼此连接后的隔离E-UTRAN网络，以形成更大但仍然是隔离的E-UTRAN。

在隔离的E-UTRAN覆盖范围内时，应该为MCPTT用户提供一些有限的功能，以利用隔离的E-UTRAN进行公共安全通信。由于没有可用的EPC，在这种隔离E-UTRAN场景下运行时，必须预先配置组成员以及他们之间的从属关系。由于在这种情况下不可能建立组动态，这些组必须是通用的（比如其中一些组甚至包括来自其他组织的用户）。例如，可能会有一个组被定义为包含警察、消防队员和医务人员等，这些组通常会在受灾现场创建，并且只有在事故现场需要时才会创建。

还应该向公共安全用户赋予发起MCPTT紧急组呼的能力，该紧急组呼可以呼叫调度员[调度台可以直接或通过UE连接到（N）eNB]、隔离E-UTRAN覆盖的组成员、和/或隔离E-UTRAN覆盖的所有UE。

在隔离E-UTRAN运行期间，在无线资源有限的情况下，每个组可以至少发起一个允许所有授权成员加入的MCPTT语音组通信。

6.4　展望

我们已经看到3GPP在一个版本周期内做出了卓越的努力，为公共安全社区提供必要的特性和支持。这些功能称为邻近业务（Proximity），即通过LTE和GCSE实现设备到设备通信。后续将要推出基于MBMS的LTE。由于时间限制，这些功能的各个方面无法在Release 12种全部开发完成。在接下来的3GPP版本中，MCPTT应用程序、增强功能以及对Proximity业务和组通信的优化都会进行完善。我们预计在2015年首次部署公共安全网络，但某些地区（例如，美国的一些州或县）的试验网络可能已于2014年投入运营。正在计划中的和已经计划好的3GPP关于LTE公共安全通信的计划可以在参考文献[6]中的链接中找到。一旦部署了基于LTE技术的公共安全网络，就可能出现新的需求，3GPP或其他标准化组织就会相应地推出新的功能。跟踪一个标准化的宽带无线系统（如LTE）将如何帮助人们建立可靠的公共安全网络，这将是一件非常有趣的事情。由于LTE无线/网络技术和智能手机等设备已经改变了人们在过去几年中相互交流的方式，那么公共安全网络及其用户也必将从中大受裨益。

参考文献

[1] European Union regulation: http://ec.europa.eu/enterprise/sectors/automotive/safety/ecall/index_en.htm.

[2] 3GPP TS 22.179: “3rd Generation Partnership Project; Technical Specification Group Services and System Aspects; Mission Critical Push to Talk MCPTT (Release 13)”.

[3] OMA Push to Talk Over Cellular V2.1 Enabler: http://technical.openmobilealliance.org/Technical/technical-information/ release-program/current-releases/poc-v2-1.

[4] 3GPP TR 22.897: “3rd Generation Partnership Project; Technical Specification Group Services and System Aspects; Study on Isolated Evolved Universal Terrestrial Radio Access Network (E-UTRAN) Operation for Public Safety (Release 13)”.

[5] 3GPP TS 22.346: “3rd Generation Partnership Project; Technical Specification Group Services and System Aspects; Isolated E-UTRAN Operation for Public Safety (Release 13)”.

[6] 3GPP Work Items on LTE for Public Safety (Authority-to-Authority) Communications: http://www.3gpp.org/ftp /information/work_plan/description_releases/Previous_versions/.

附录 A

A.1 呼叫流

A.1.1 附着

用户设备（UE）需要向网络注册以接收诸如互联网接入等 EPS 业务，这个注册被称为网络附着，简称附着。通过附着建立默认 EPS 承载（见图 A.1）使得在 EPS 中启用“始终在线”互联网协议（IP）连接。

（1）UE 通过发送封装在 RRC 连接建立完成消息中的附着请求，来发起附着流程。RRC 消息被发送到 eNodeB。一般 UE 将在附着过程中提供其全球唯一临时 UE 标识（GUTI）。如果 GUTI 不可用，则提供其国际移动用户识别码（IMSI）。如果没有全球用户识别卡（USIM）的 UE 发起紧急服务的附着请求，那么它可以提供其国际移动设备识别码（IMEI）。附着类型可以是初始连接、切换或紧急事件。如果 UE 具有有效的安全参数，则附着请求会被保护。

（2）eNodeB 在 S1-MME 控制消息中将附着请求转发给相应的移动性管理实体（MME）[可以从旧的全球唯一移动设备识别码（GUMMEI）导出，或者基于 MME 选择功能进行选择]。

（3）如果在网络中的任何位置都不存在 UE 上下文信息（在旧的或新的 MME 中），并且附着请求未受到完整性保护或者完整性检查失败，则会强制启动认证和非接入层（NAS）的安全设置以激活完整性保护和 NAS 加密。否则在附着流程中这一项只是可选项。MME 发起该过程对 UE 进行鉴权，并且帮助归属用户服务器（HSS）获得 UE 鉴权向量。

（4）MME 向 HSS 发送更新本地请求以更新给定 IMSI 的记录。如果满足以下任何条件，则发送此消息：①在上次去附着后 MME 发生了变化。② MME 中

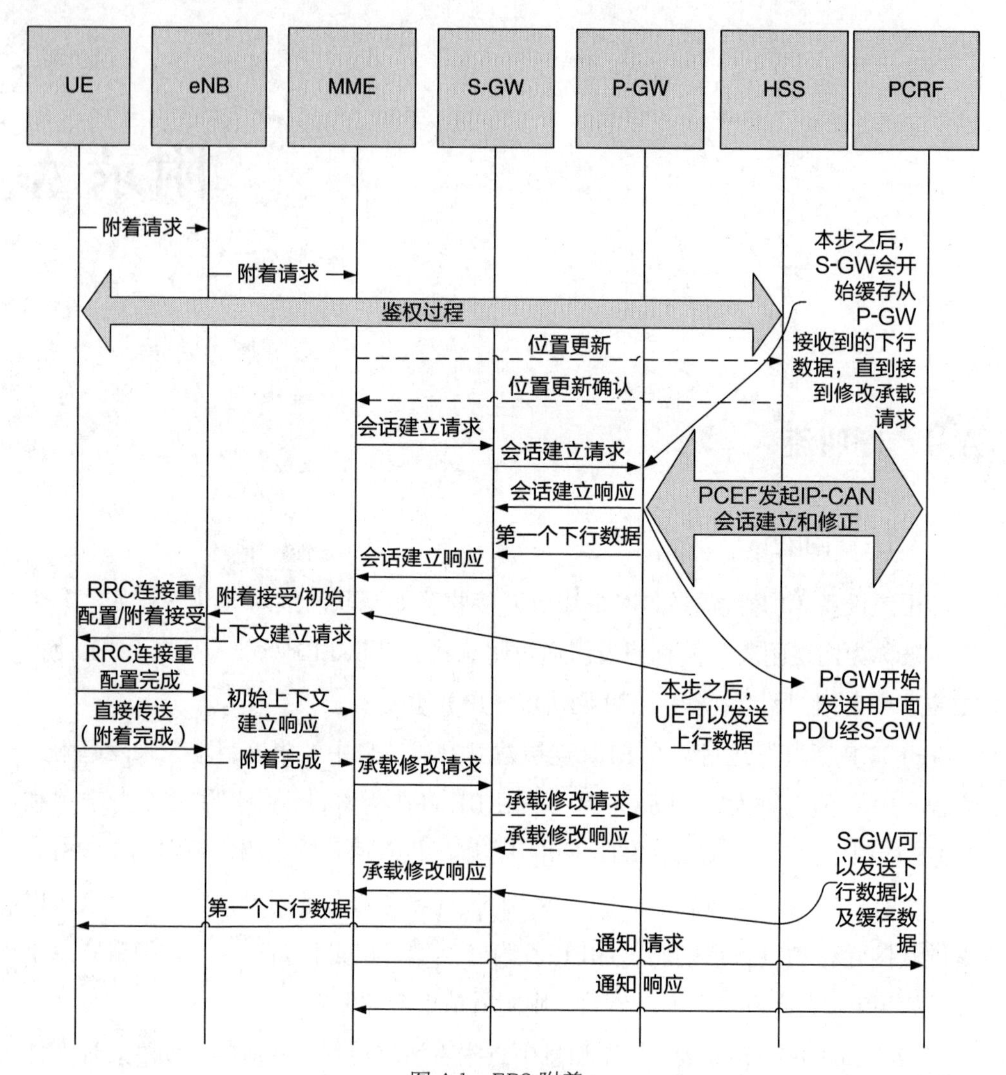

图 A.1　EPS 附着

没有该 UE 的订阅上下文信息。③ ME 标识已经改变，并且 UE 提供了 IMSI。④ UE 提供一个旧的 GUTI，但是在 MME 没有有效的上下文信息。⑤ UE 没有执行紧急附着。

（5）HSS 通过更新位置确认对收到的位置更新请求消息进行确认。

（6）MME 选择一个服务网关（S-GW）和分组数据网络网关（P-GW），并为与 UE 相关联的默认承载分配 EPS 承载标识。然后，它向所选 S-GW 发送创建会话请求以启动 UE 创建默认承载。

（7）S-GW 在其 EPS 承载表中创建新条目，并向 P-GW 发送会话建立请求。

（8）如果部署了动态策略控制（PCC，策略与计费控制）并且不存在切换指示，则 P-GW 执行 IP-CAN 会话建立流程，从而获得 UE 的默认 PCC 规则。如果部署了 PCC 并且存在切换指示，则 P-GW 将新的接入类型报告给 PCRF。如果未部署 PCC，则 P-GW 可以应用本地服务质量（QoS）策略。这些条件中的任何一个都可能导致为 UE 建立一定数量的与默认承载相关联的专用承载。

（9）P-GW 在其 EPS 承载上下文表中创建新条目并生成 GPRS 计费相关标识符。允许 P-GW 在 S-GW 和 PDN（例如互联网）之间路由用户面分组数据，并开始新的计费会话。P-GW 发送会话建立响应消息来响应 S-GW。如果存在切换指示，则在切换下行链路之前，P-GW 不会向 S-GW 发送下行链路分组。S-GW 发送会话建立响应来响应 MME。

（10）MME 基于签署的默认 APN 中的 UE-AMBR 和 APN 聚合最大比特率（APN-AMBR）来确定 eNodeB 使用的 UE AMBR。MME 发送附着接受响应 UE。如果新 MME 分配新的 GUTI，则 GUTI 将包含在消息中。该消息包含在 S1-MME 控制消息初始上下文建立请求中。该 S1 控制消息还包括用于 UE 的 AS 安全上下文信息、切换限制列表、EPS 承载 QoS、UE-AMBR、EPS 承载标识、隧道端点标识符（TEID）以及用于用户面业务的 S-GW 地址。

（11）eNodeB 将包含 EPS 无线承载标识符以及 Attach Accept 的 RRC 连接重配置消息发送给 UE。将默认承载所关联的 APN 提供给 UE。在附着流程中发起 UE 的 IP 地址分配流程。

（12）UE 向 eNodeB 发送 RRC 连接重配置完成信息，并且 eNodeB 向 MME 发送初始上下文响应消息。该初始上下文响应消息在 S1-U 接口上包括 eNodeB 的 TEID 中和用于下行链路业务的 eNodeB 地址。

（13）UE 向 eNodeB 发送包含附着完成信息的直接传送消息。

（14）eNodeB 在上行链路 NAS 传输消息中将附着完成消息转发给新的 MME。UE 现在可以向 eNodeB 发送上行链路数据分组，然后将被隧道传输到 S-GW 和 P-GW。

（15）MME 向 S-GW 发送承载修改请求。该消息包括 EPS 承载 ID、eNodeB 地址和 eNodeB TEID。

（16）仅当 UE 通过非 3GPP 接入连接时，S-GW 才向 P-GW 发送承载修改请求。这一过程可以根据是否存在切换指示来确定。如果切换指示存在，则 S-GW 向

P-GW 发送修改承载请求消息以提示 P-GW 将来自非 3GPP IP 接入的分组隧道发送到 3GPP 接入系统，并立即开始将分组路由到 S-GW 的默认值和任一专用 EPS 承载。

（17）P-GW 向 S-GW 发送修改承载响应并向 MME 发送修改承载响应。目前承载已经建立并准备好交换上行和下行分组数据了。

（18）MME 向 HSS 发送通知请求以通过 APN 和 P-GW 对来更新 HSS。HSS 存储 APN 和 P-GW 标识对，并向 MME 发送通知请求。

详细信息请参阅 3GPP TS 23.401［1］。

A.1.2 去附着

去附着流程允许用户设备通知网络告知它不再需要接入网络，也允许网络通知用户设备它不再能接入网络（见图 A.2）。

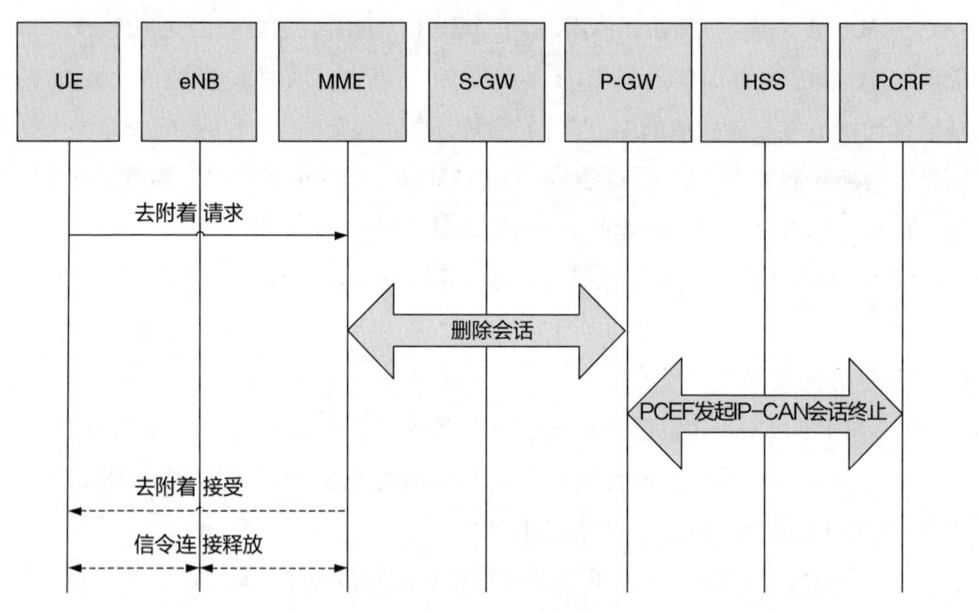

图 A.2 EPS 去附着

（1）UE 通过向 MME 发送去附着请求来发起去附着过程，并标识是否由于电源关闭而触发的去附着。

（2）MME 通过向 S-GW 发送删除会话请求触发删除已建立的会话，S-GW 将其发送给 P-GW 以去激活 UE 的所有承载。P-GW 和 S-GW 都释放资源并确认删除会话请求。

（3）如果网络部署了 PCC，则 P-GW 使用 PCEF 与 PCRF 发起的 IP-CAN 会话终止流程来指示 EPS 承载释放。

（4）如果不是由于关闭电源而触发的去附着过程，则 MME 向 UE 发送 Detach Accept。

（5）MME 通过向原因值为 Detach 的 eNodeB 发送 SI 释放命令来释放 UE 的 S1-MME 信令连接。这将会触发 UE 的所有 S1-MME 接口上的所有逻辑 S1-AP 信令连接释放以及 S1-U 接口上的承载释放。UE 在 UE 和 MME 中都将从 ECM-CONNECTED 状态变为 ECM-IDLE 状态。UE 相关的上下文信息在 eNodeB 中被删除。

详细信息请参阅 3GPP TS 23.401［1］。

A.1.3 跟踪区更新

一旦 UE 成功附着，即使它处于空闲模式，即已经释放 UE 的信令连接时，也需要向网络上报其当前位置，以便保证下行链路信令和用户数据可达。为了保持与网络信息交互，UE 执行跟踪区更新（TAU）（见图 A.3）。

（1）由于跟踪区已改变或周期性 TAU 定时器已到期，UE 向新 eNB 发送封装在 RRC 消息内的 TAU 请求。TAU 包含诸如旧 GUTI、上次访问的跟踪区域标识（TAI）和 EPS 承载状态的信息。

（2）eNodeB 从诸如 GUMMEI 和所选网络等 RRC 参数中推导出 MME。eNodeB 将 TAU 请求转发给新的 MME。

（3）新的 MME 使用 GUTI 来推导出源 MME，并向源 MME 发送上下文请求消息以取回用户上下文信息。新的 MME 将向源 MME 提供包括完整性保护信息的 NAS 消息 TAU Request 以及 GPRS 隧道协议（GTP）消息上下文请求用来检查消息的完整性。源 MME 使用包含 UE 的上下文数据（包括 EPS 安全上下文）以及移动性管理和会话管理信息的上下文响应来应答。如果源 MME 在上下文响应消息中的指示完整性检查不成功，则新 MME 将对该 UE 进行鉴权。

（4）在这种情况下，因为源 S-GW 不能再为该 UE 服务，所以新的 MME 将决定重新定位 S-GW。新的 MME 向源 MME 发送带有 S-GW 改变指示的上下文确认。

（5）新的 MME 向每个 PDN 连接新的 S-GW 发送建立会话请求，消息中携带 IMSI、承载上下文数据、P-GW 地址和 MME 地址。

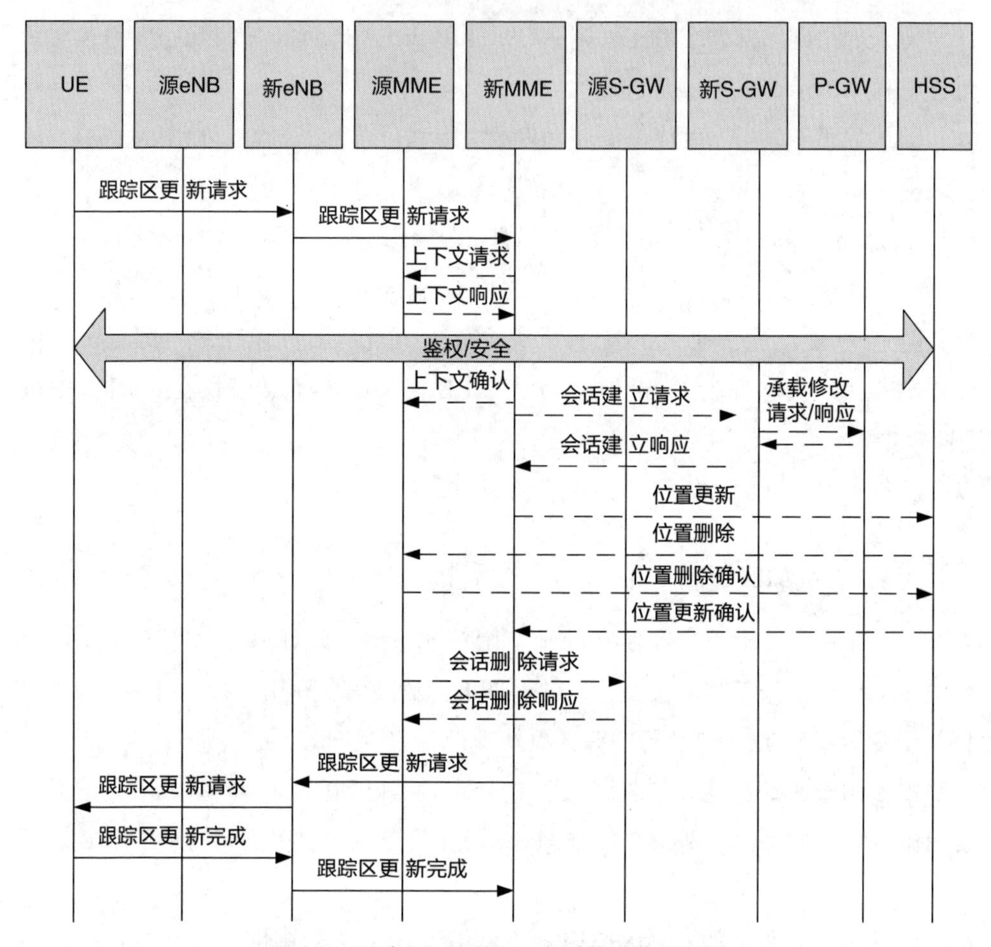

图 A.3 更改 MME 和 S-GW 时的跟踪区更新

（6）新的 S-GW 通过向 P-GW 发送每个 PDN 连接的承载修改请求，来通知 P-GW 无线接入类型改变［例如无线局域网（WLAN）变成了无线电接入网（E-UTRAN）］。P-GW 更新其承载上下文并发送承载修改响应。

（7）新 S-GW 将向新的 MME 返回一个会话建立请求，消息中将携带自己的地址、用户面和控制面链接地址。

（8）如果新的 MME 没有 UE 的签约数据，则它向 HSS 发送位置更新请求。在 HSS 中更新 MME 注册，即 MME 地址作为 UE 的服务节点存储在 HSS 中。HSS 依次向旧的 MME 发送位置删除消息，给新 MME 发送包括签约数据的位置更新确认。

（9）旧的 MME 通过向旧 S-GW 发送删除会话请求来删除承载资源。

（10）最后，新的 MME 向 UE 发送具有 GUTI、TAI 列表和 EPS 承载状态的 TAU 跟踪区更新接受。如果 MME 已经改变，新的 MME 也将包含一个新的 GUT 用于识别新的 MME。如果分配了新的 GUTI，则 UE 必须返回 NAS 消息 TAU 跟踪区更新完成以确认接收到标识。

详细信息请参阅 3GPP TS 23.401［1］。

A.1.4 寻呼

寻呼流程（见图 A.4）是由网络发用于请求建立到 UE 的 NAS 信令连接。当 UE 处于 RRC-IDLE 状态时，UE 监听寻呼消息，且该监听频率由“空闲模式下的 DRX 周期”确定。

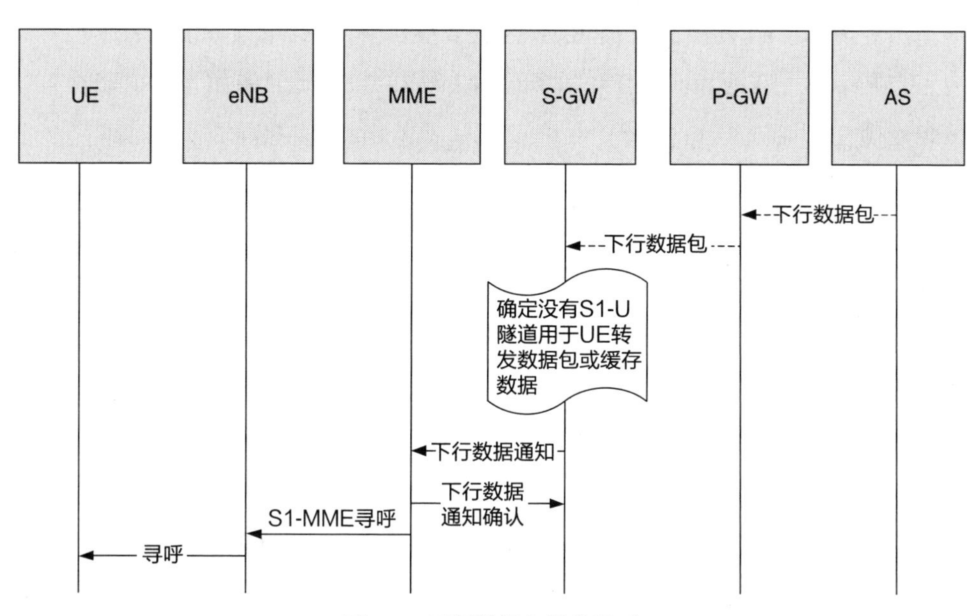

图 A.4　下行数据包触发寻呼

（1）P-GW 从外部源（例如，应用服务器）接收到某个 UE 的下行链路 IP 分组数据。

（2）P-GW 将该下行 IP 分组转发给对应的 S-GW。数据包的路由由流属性决定，流属性包括分组包过滤、下行链路流量模板（DL TFT）以及 TEID。

（3）S-GW 收到该数据包，并确定对应的 S1-U 隧道没有建立。因此，它将缓冲该数据包并且从其上下文数据中确定正在服务该 UE 的 MME。它向拥有目标 UE 控制面连接的 MME 发送下行数据通知（DDN）。地址解析协议（ARP）和

EPS 承载 ID 始终设置在下行数据通知消息中。MME 发送下行数据通知确认消息进行响应。优先级指示符，即 ARP，来自承载触发的下行数据通知。

（4）MME 接收到下行数据通知消息。它用来确定 UE 是否已经注册在 MME 中。MME 使用诸如 EPS 承载 ID、ARP 等参数来确定寻呼策略（包括对所存储的 TAI 列表的所有 TAI 中进行寻呼，仅从最后已知的 eNB 或 TAI 中逐步寻呼）。因此，它通过 S1-AP 向 eNB 发起寻呼消息。

（5）eNB 基于 UE 的空闲模式寻呼 DRX 周期发起寻呼。

详细信息请参阅 3GPP TS 23.401［1］和 3GPP TS 24.301［2］。

A.1.5　服务请求

服务请求可能是由于 UE 有要在上行链路发送的数据或信令消息，或是要响应来自网络的寻呼消息而触发。服务请求（见图 A.5）通常被用来请求建立 NAS 信令连接。

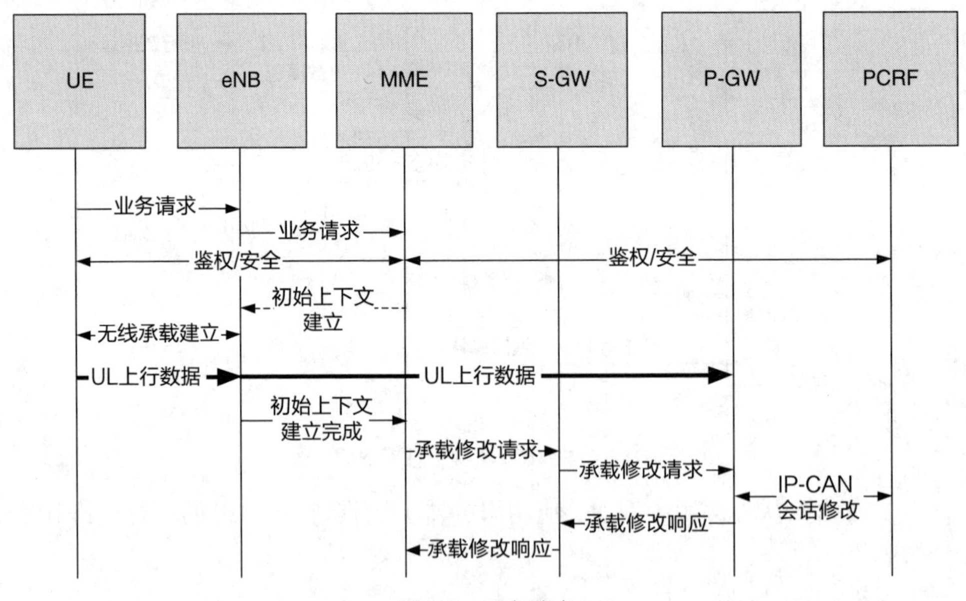

图 A.5　服务请求

（1）UE 向 MME 发送 NAS 消息业务请求。NAS 消息被封装在发送给 eNB 的 RRC 消息中。

（2）eNB 将 NAS 消息转发给 MME。NAS 消息被封装在一个 S1-AP 初始 UE 消息中。该消息还包括小区的 TAI 和 ECGI 以及 S-TMSI。MME 可以使用 S-TMSI 来定位 UE 上下文。

（3）可以执行 NAS 认证 / 安全程序。这是服务请求过程中的可选步骤。

（4）MME 向 eNB 发送 S1-AP 初始上下文建立请求。它包含 S-GW 地址、S1-TEID、EPS 承载 QoS、安全上下文和 MME 信令连接 ID。该步骤激活所有活动 EPS 承载的无线和 S1 承载。eNB 在 UE 上下文中存储安全上下文、MME 信令连接 ID、EPS 承载 QoS 和 S1-TEID。

（5）eNB 执行无线承载建立流程。用户面安全在这一步骤建立。在建立用户面无线承载时，在 UE 与网络之间执行 EPS 承载状态同步，即 UE 应当在本地删除没有无线承载的 EPS 承载，并且如果默认 EPS 承载的无线承载的状态为未建立，则 UE 应当在本地去激活与该默认 EPS 承载关联的所有 EPS 承载。

（6）来自 UE 的上行数据可以由 eNB 转发到 S-GW 和 P-GW。

（7）eNodeB 向 MME 发送 S1-AP 初始上下文建立完成消息。消息中包括 eNB 地址、下行链路的 S1 TEID、接受的 EPS 承载列表以及拒绝的 EPS 承载列表。

（8）MME 向 S-GW 发送每个 PDN 的承载修改请求消息。该消息包括了由 eNB 提供的所有参数，例如 S1 TEID。S-GW 现在能够向 UE 发送 DL 数据。如果 eNB 未接受默认 EPS 承载，则与该默认承载相关联的所有 EPS 承载应被视为未被接受的承载。MME 通过触发承载释放过程来释放未被接受的承载。

（9）如果 P-GW 请求 RAT 类型改变且 RAT 类型已经改变，则 S-GW 应将每个 PDN 连接的承载修改请求发送到 P-GW。如果 S-GW 接收到未接受承载的 DL 分组，则 S-GW 丢弃 DL 分组并且不向 MME 发送下行链路数据通知。

（10）如果动态 PCC 已部署，则 P-GW 根据 RAT 类型与 PCRF 交互来获得 PCC 规则。如果动态 PCC 未部署，则 P-GW 可以应用本地 QoS 策略。

（11）P-GW 将修改承载响应发送到 S-GW。

（12）S-GW 将修改承载响应发送给 MME。

详细信息请参阅 3GPP TS 23.401［1］和 3GPP TS 24.301［2］。

A.1.6 基于 X2 接口的切换

如果两个 eNodeB 连接到同一个 MME，则源 eNodeB 和目标 eNodeB 可以直接通过 X2 接口交换 S1AP 信令以用于切换准备和切换执行。我们在这种情况下讨论

X2 切换（见图 A.6）。

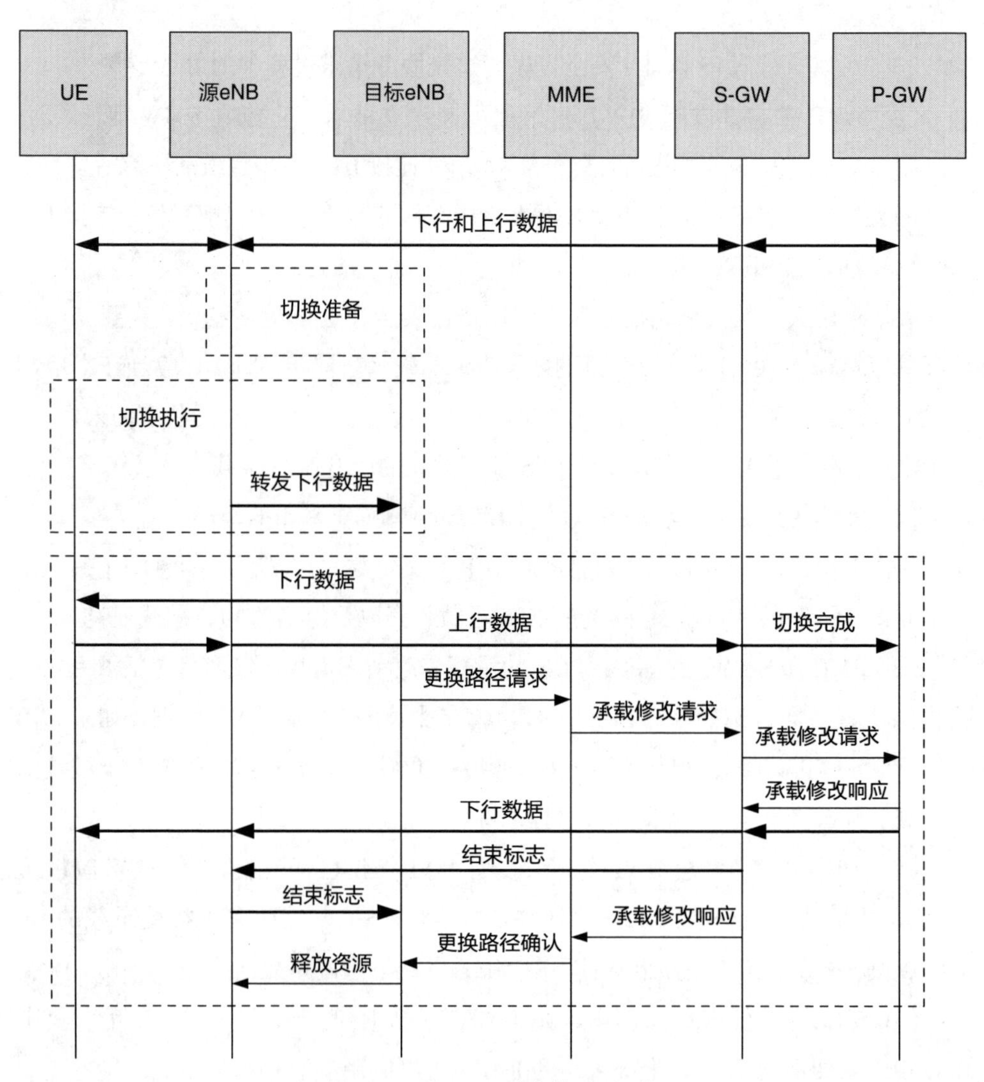

图 A.6　无 S-GW 改变的 X2 切换

（1）一旦源 eNodeB 决定需要切换（信号强度测量触发的切换），它就发起切换准备流程。在此过程中，源 eNodeB 向 UE 发送切换命令。在切换执行期间，可以将用户数据从源 eNodeB 转发到目标 eNodeB 而不涉及 EPC。

（2）执行切换后，目标 eNodeB 向 MME 发送路径切换请求，通知 UE 已经改变小区，包括目标小区的 TAI 和 ECGI 以及 EPS 承载列表。

（3）MME 确定 S-GW 可以为 UE 服务并且为已经被目标 eNodeB 接受的每个

PDN 连接向 S-GW 发送承载修改请求。

（4）MME 释放未被接受的专用承载。如果 S-GW 收到未被接受承载的 DL 分组，则丢弃该分组。如果 PDN 连接的默认承载尚未被目标 eNodeB 接受，并且多个 PDN 连接处于激活状态，则 MME 释放默认承载未被接受的整个 PDN 连接。

（5）如果需要的话，S-GW 将向 P-GW 发送承载修改请求以通知它们改变用户位置或时区。此消息按照每个 PDN 连接发送。

（6）S-GW 将下行数据包发送到目标 eNodeB，将承载修改响应发送给 MME。

（7）为了允许对目标 eNodeB 中的分组重新排序，S-GW 在切换路径后立即在旧路径上发送"结束标记"分组。

（8）MME 发送更换路径请求确认对更换路径请求消息进行响应。如果 UE-AMBR 已经改变，则 MME 在路径切换请求确认消息中将更新的 UE-AMBR 值提供给目标 eNodeB。如果一些承载没有被切换，则 MME 将在 Path Switch Request Ack 消息中指示失败的承载。切换失败的专用承载资源奖被释放掉。目标 eNodeB 也删除相应的承载上下文数据。

（9）目标 eNodeB 将发送释放资源消息给源 eNodeB。

（10）最后，UE 可以根据 TAI 和其他 TAU 触发准则向新 eNodeB 发送 TAU 请求。

详细信息请参阅 3GPP TS 23.401［1］和 3GPP TS 36.300［3］。

A.1.7 基于 S1 接口的切换

当不能使用基于 X2 接口的切换时，例如当源 eNodeB 和目标 eNodeB 由不同的 MME 服务或不具有直接连接的 X2 接口时，将使用基于 S1 接口的切换。在切换准备期间（见图 A.7），MME 在源 eNodeB 和目标 eNodeB 之间交换信令信息，即消息经由 S1 接口发送，并且可能经由 MME（S）。

（1）因为不存在到目标 eNodeB 的 X2 连接，源 eNodeB 决定发起到目标 eNodeB 的基于 S1 接口的切换。

（2）源 eNodeB 向源 MME 发送包括目标 eNodeB 标识和目标 TAI 的切换请求消息。目标 TAI 被源 MME 用来选择目标 MME。

（3）如果 MME 被重新定位，则源 MME 将具有 MME UE 上下文和目标 TAI 的 Forward Relocation Request 消息发送到目标 MME。目标 MME 使用目标 TAI 来确定

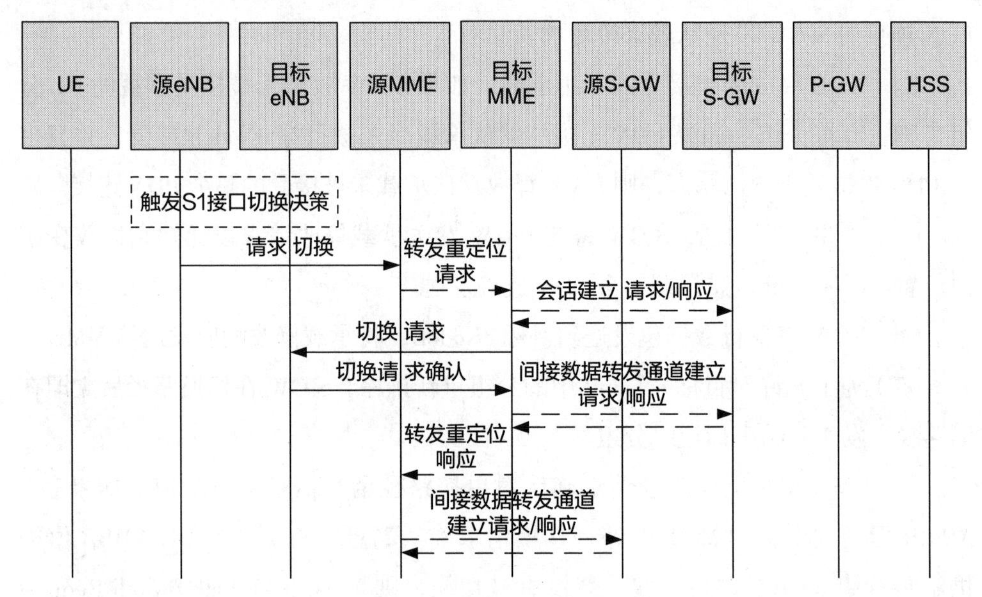

图 A.7 S1 切换——准备流程

是否需要进行 S-GW 重定位并选择新的 S-GW。MME UE 上下文包括 IMSI、ME 标识、UE 安全上下文、AMBR、S-GW 地址和 EPS 承载上下文数据（例如 P-GW 地址、APN 和 S-GW 地址）。如果 MME 已经重新定位，则目标 MME 决定 S-GW 是否需要重新定位，否则源 MME 决定是否需要重新定位 S-GW。

（4）如果选定新的 S-GW，则目标 MME 为每个 PDN 连接发送会话建立请求到目标 S-GW。目标 S-GW 为上行链路分配 S-GW 地址和 TEID，并向目标 MME 发送会话建立响应。

（5）目标 MME 发送包括 EPS 承载建立和 AMBR 的切换请求给目标 eNodeB。该消息在目标 eNodeB 中创建 UE 上下文，包括关于承载和安全上下文的信息。对于要建立的每个 EPS 承载都包含了用于用户面和承载 QoS 的 S-GW 地址上行链路 TEID。

（6）目标 eNodeB 发送切换请求确认给目标 MME，其中包含要建立的 EPS 承载列表以及未能建立的 EPS 承载列表。EPS 承载建立列表包括在目标 eNodeB 处为 S1-U 参考点上的下行链路业务分配的地址和 TEID 列表，以及接收转发数据时必要的地址和 TEID。如果 UE-AMBR 发生变化，则 MME 将重新计算新的 UE-AMBR，并将修改的 UE-AMBR 值通知给目标 eNodeB。如果目标 eNodeB 没有接受任何默认 EPS 承载，则目标 MME 拒绝该切换。

（7）如果采用间接转发并且 S-GW 被重新定位，则目标 MME 通过向 S-GW 发送间接数据转发通道建立请求来设置转发参数。S-GW 向目标 MME 发送间接数据转发通道建立响应。如果 S-GW 没有重新定位，则可以稍后设置间接转发。

（8）如果 MME 已经重新定位，则目标 MME 向源 MME 发送转发重定位响应。对于间接转发，此消息包含用于间接转发的 S-GW 地址和 TEID。

（9）如果采用间接转发，则源 MME 向 S-GW 发送间接数据转发通道建立请求。如果 S-GW 被重新定位，则将包括到目标 S-GW 的隧道标识符。S-GW 发送间接数据转发通道建立请求响应给源 MME 进行响应。

基于 S1 接口切换的执行阶段的流程（见图 A.8）：

（1）一旦切换准备阶段完成，源 MME 向源 eNodeB 发送切换命令，该消息包括要转发的承载列表和要释放的承载列表。需要转发的承载列表包括用于分配转发的地址和 TEID 列表。切换命令消息被发送给 UE。一旦接收到该消息，UE 将移除其没有在目标小区中接收到相应 EPS 无线承载的所有 EPS 承载。

（2）源 eNodeB 可以经由 MME 向目标 eNodeB 发送状态传送以传送无线承载的状态。在 MME 重定位的情况下，源 MME 通过前向接入上下文通知将该信息发送给目标 MME。源 MME 或目标 MME 然后将该信息发送给目标 eNodeB。

（3）源 eNodeB 将由自己接收的下行链路数据转发给目标 eNodeB。

（4）在 UE 已经同步到目标小区后，它向目标 eNodeB 发送切换确认。从源 eNodeB 转发的下行数据被发送到 UE。上行数据被转发到目标 S-GW 和 P-GW。目标 eNodeB 向目标 MME 发送包含 TAI 和 ECGI 的切换通知。

（5）如果 MME 已经被重新定位，则目标 MME 向源 MME 发送转发重定位完成通知。源 MME 向目标 MME 发送转发重定位完成确认。

（6）MME 为每个 PDN 连接（包括需要释放的 PDN 连接）向目标 S-GW 发送包括为接受承载分配的用于下行链路业务的 eNodeB 地址和 TEID 的承载修改请求消息。如果 S-GW 支持修改接入承载请求流程并且如果 S-GW 不需要向 P-GW 发送信令消息（例如，计费所需的用户位置或时区数据），则 MME 可以向 S-GW 为每个 UE 发送接入承载修改请求。

（7）MME 释放未被接受的专用承载。如果 S-GW 收到未接受承载的下行数据，则丢弃该数据。

（8）如果 PDN 连接的默认承载尚未被目标 eNodeB 接受并且存在其他 PDN 连

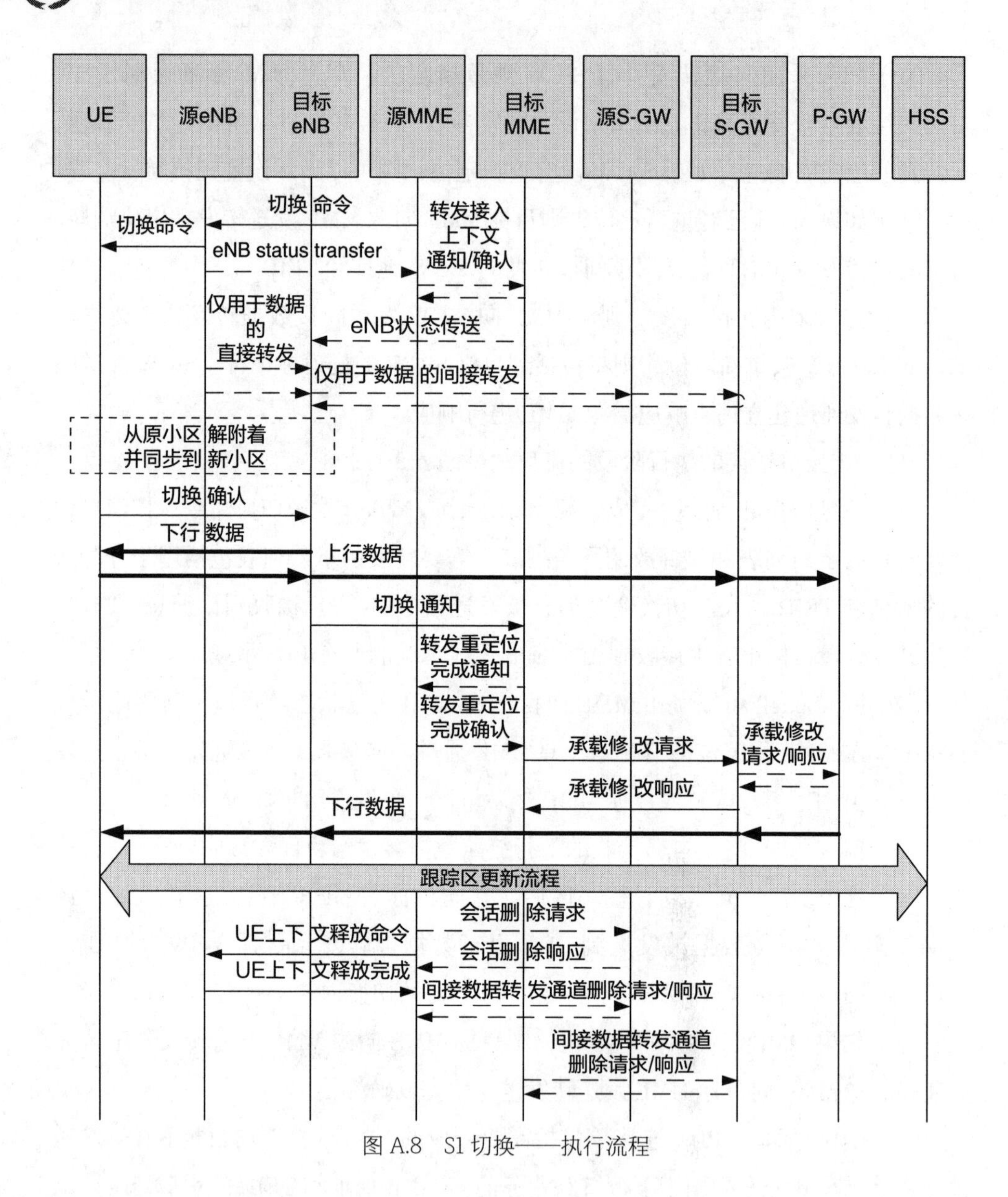

图 A.8 S1 切换——执行流程

接活动，则 MME 释放该连接。

（9）如果 S-GW 被重新定位，则目标 S-GW 为下行链路业务的每个承载分配地址和 TEID。它为每个 PDN 连接向 P-GW 发送一个承载修改请求消息，消息包括其用户面的地址和每个 PDN 连接的 TEID。S-GW 还在 S5/S8 接口上分配下行链路 TEID 以用于未接受的承载。P-GW 更新其上下文数据，并向目标 S-GW 返回带有计费 ID 和 MSISDN 的承载修改响应消息。P-GW 向目标 S-GW 发送下行数据，其将被转发到目标 eNodeB。如果 S-GW 没有重新定位，它还可以通过承载修改请求消息向 P-GW 发送诸如用户位置或时区的必要信息。该消息由 P-GW 发送承载修改响应应答。如果S-GW 被重新定位，则P-GW 在旧路径上发送一个或多个“结束标记分组”以允许对目标 eNodeB 中的分组重新排序。源 S-GW 将“结束标记分组”转发给源 eNodeB。

（10）S-GW 向 MME 返回承载修改响应或接入承载修改响应及其用于上行链路业务的地址和 TEID。如果 S-GW 没有改变，则在切换路径之后在旧路径上发送一个或多个“结束标记包”。

（11）UE 可以发起 TAU。目标 MME 仅执行部分 TAU 过程，如在源 MME 和目标 MME 之间不传送上下文数据。

（12）源 MME 向源 eNodeB 发送 UE 上下文释放命令消息。源 eNodeB 释放其与 UE 相关的资源并发送 UE 上下文释放完成进行响应。如果源 MME 在转发重定位响应消息中接收到 S-GW 改变指示，则通过向源 S-GW 发送删除会话请求来删除 EPS 承载资源。源 S-GW 发送会话删除响应消息进行确认。

（13）如果使用间接转发，则源 MME 向（源和 / 或目标）S-GW 发送间接数据转发通道删除请求以释放临时资源。

详细信息请参阅 3GPP TS 23.401［1］和 3GPP TS 36.300［3］。

A.1.8 MBMS 会话启用

当 BM-SC 准备好发送下行数据时，将发起 MBMS 会话启用流程（见图 A.9）。该流程是为了传送 MBMS 数据而激活网络中所有必要的承载资源并通知感兴趣的 UE 即将开始数据传输的请求。

（1）BM-SC 向 MBMS GW 发送会话开始请求以发起 MBMS 会话。它还指示即将传输的下行数据，并提供与会话相关的属性。这些关键属性是 TMGI、流 ID、QoS、MBMS 业务区域、会话持续时间、到 MBMS 数据传输的时间以及 MBMS 数据传输开始的时间。另外，BM-SC 还提供与会话相关的 MME 列表。MBMS GW 发送会话开始响应消息进行响应。

（2）MBMS GW 为会话创建 MBMS 承载上下文。它发送包含从 BM-SC 收到的会话开始请求。此外，还包括传输网络 IP 多播地址、多播源的 IP 地址和到 BM-SC 提供的 MME 列表的 GTP TEID。使用 IP 多播将数据传输到 eNB。这避免

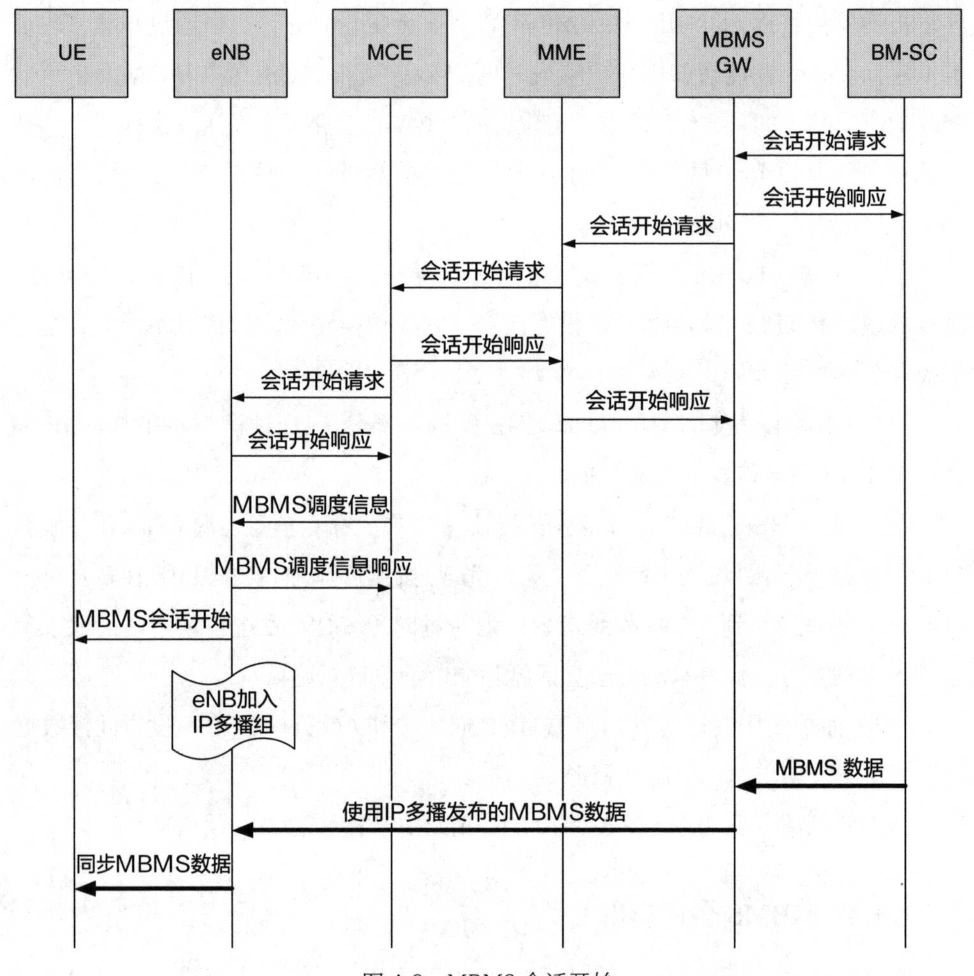

图 A.9　MBMS 会话开始

了在该业务区域再将复制的数据通过多个 GTP 隧道传送到所有 eNB 中。

（3）MME 为会话创建 MBMS 上下文。它发送具有从 MBMS GW 收到的所有会话属性的会话请求。它可以将会话请求发送给所有连接的多小区协调实体（MCE）或基于业务区域确定的特定 MCE。

（4）为了将 MBMS 数据传送给相关的 UE，E-UTRAN 网络需要建立必要的无线资源。MCE 检查无线资源是否足以在其控制的区域中建立新的 MBMS 服务。如果资源可用，则 MCE 将 MBMS 开始会话发送到目标服务区中的 eNB。如果不是，则 MCE 决定不建立 MBMS 业务的无线承载，并且不将 MBMS 会话开始请求转发给涉及的 eNB。它也可以根据 ARP 来决定抢占正在进行的 MBMS 业务的无线承载的无线资源。MCE 将在收到 MBMS 开始会话请求后向 MME 进行确认。

（5）MCE 将 MBMS 开始会话发送到目标 MBMS 业务区域中的 eNB。eNB 确认收到 MBMS Session Start 消息。

（6）MCE 将 MBMS 调度信息（包括更新后的 MCCH 信息）发送给 eNB，它携带 MBMS 业务的配置信息。eNB 确认接收此消息。

（7）eNB 通过 MCCH 更改通知和更新 MCCH 信息向 UE 指示 MBMS 会话启用，其中携带 MBMS 业务的配置信息。eNB 加入 IP 多播组从 MBMS GW 接收下行链路用户面数据。

（8）BM-SC 开始向 MBMS-GW 发送 MBMS 数据。MBMS GW 将使用 IP 组播将数据发送给所有加入的 eNB。

（9）eNB 以同步的方式向相关的 UE 发送 MBMS 用户数据。

详细信息请参阅 3GPP TS 23.246［4］和 3GPP TS 36.300［3］。

A.1.9 MBMS 会话终止

当需要 MBMS 会话终止时，BM-SC 将发起 MBMS 会话中止流程（见图 A.10）。

（1）BM-SC 向 MBMS GW 发送会话关闭请求以指示会话终止，并且可以释放承载平面资源。MBMS 上下文可以由 TMGI 和流 ID 唯一标识。BM-SC 将 MBMS 承载上下文的状态设置为“待机”。

（2）当是广播 MBMS 承载业务时，MBMS GW 释放 MBMS 承载上下文，并向 BM-SC 发送停止会话响应进行响应。

（3）MBMS GW 向其先前发送会话开始请求消息的 MME 转发会话关闭请求，并将其 MBMS 承载上下文的状态设置为“待机”。

（4）MME 将其 MBMS 承载上下文的状态设置为“待机”，并利用会话关闭响应来响应 MBMS GW。

（5）MME 将会话关闭请求转发给其先前发送会话开始请求的 MCE。

（6）每个 MCE 发送会话关闭响应给 MME 进行响应。MME 释放 MBMS 承载上下文。

（7）每个 MCE 将 Session Stop（会话关闭）转发给 eNB。eNB 确认收到 MBMS Session Stop 消息。

（8）MCE 向 eNB 发送 MBMS 调度信息消息，该消息包括更新的 MCCH 信息，

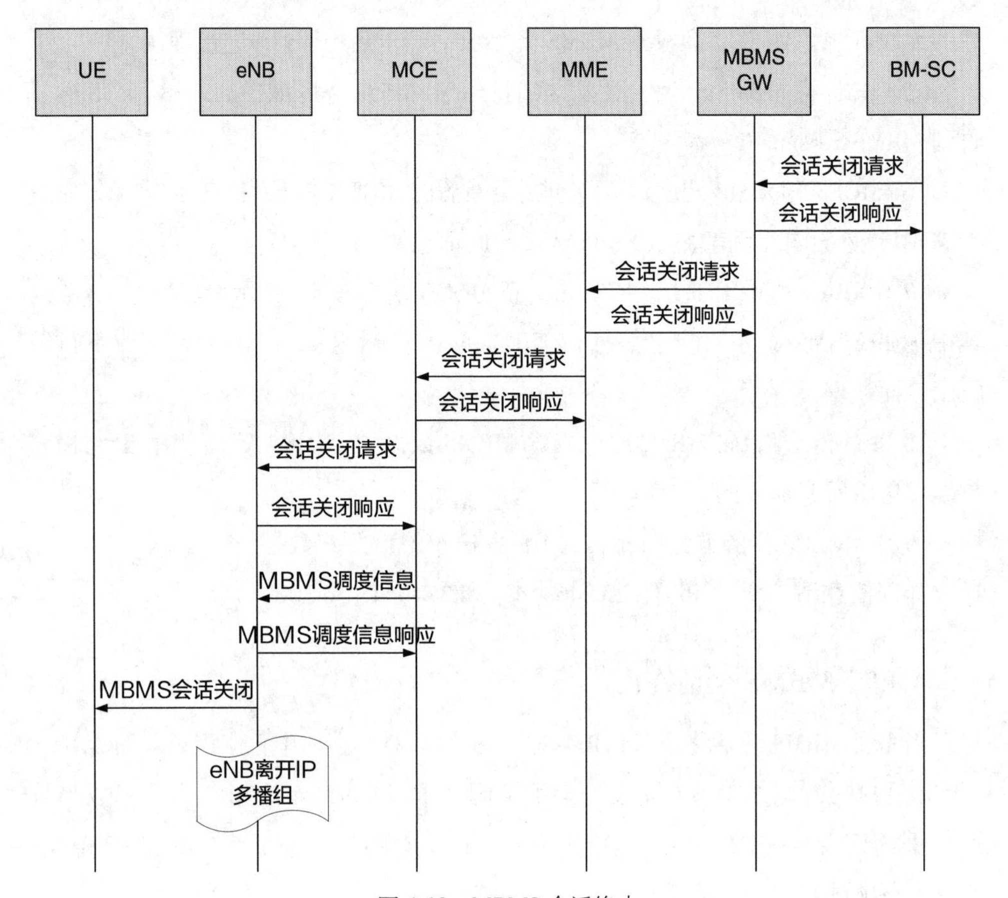

图 A.10 MBMS 会话终止

其携带了 MBMS 业务的配置信息。eNB 确认接收该消息。

（9）通过从更新的 MCCH 消息中去除与关闭会话相关联的所有服务配置，eNB 向 UE 指示 MBMS 会话终止。释放相应的 E-RAB 后，eNB 离开 IP 组播组。

详细信息请参阅 3GPP TS 23.246［4］和 3GPP TS 36.300［3］。

A.1.10 MBMS 会话更新

当必须修改正在进行的 MBMS 会话的业务区域或承载 ARP 值等属性时，BM-SC 发起 MBMS 会话更新流程（参见图 A.11）。该流程可用于通知 eNB 加入或离开业务区，或改变正在进行的组通信业务的优先级。

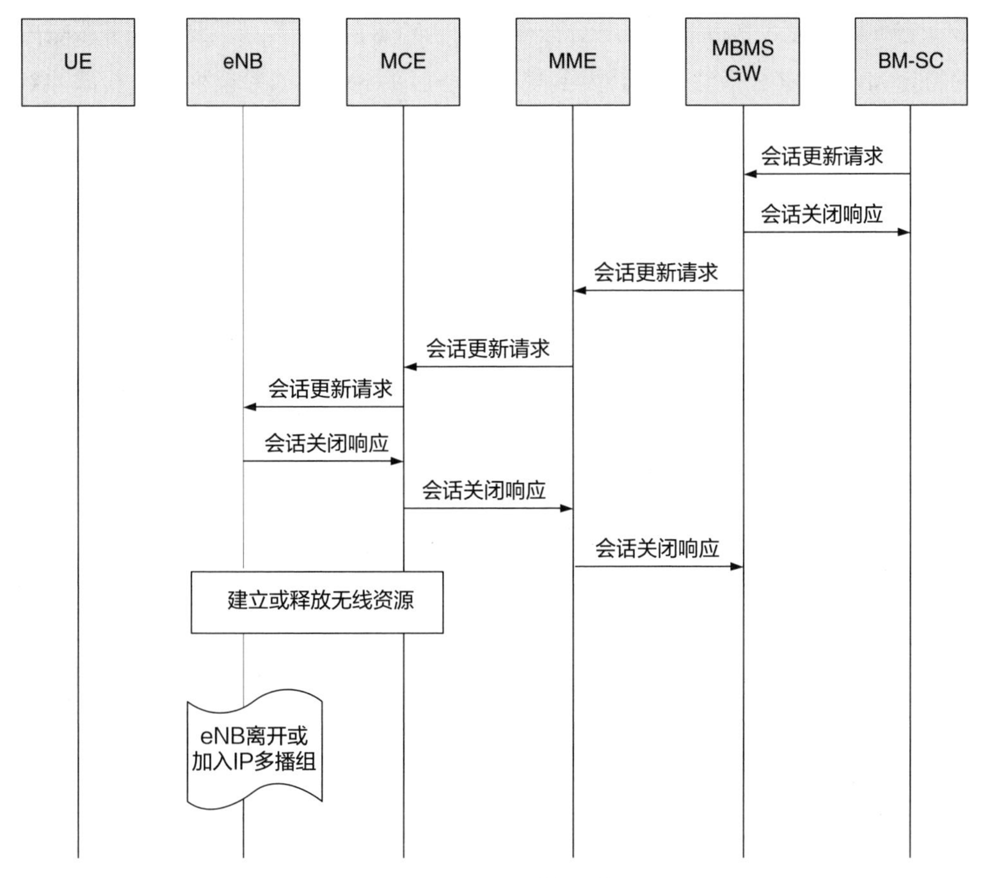

图 A.11　MBMS 会话更新

（1）BM-SC 向 MBMS GW 发送会话更新请求消息，消息包括 TMGI、流标识符、会话标识符、QoS、业务区、估计会话持续时间、数据传送时间、数据传送开始时间等信息以及 MBMS 控制面节点列表。TMGI 和会话标识用于识别正在进行的会话。除 ARP 参数外，所有其他 QoS 参数应与 MBMS 会话开始请求消息中的相同。如果需要更新，ARP 参数可能会有所不同。业务区域和 MBMS 控制平面节点列表可以定义新的 MBMS 业务区域。估计的会话持续时间应设置为对应于会话的剩余时间。MBMS GW 向 BM-SC 发送会话更新响应。

（2）MBMS GW 发送 MBMS 会话开始请求给新增加的 MME，发送一个 MBMS 会话关闭请求给移除的 MME，发送一个 MBMS 会话更新请求给控制面节点列表中的其他 MME。

（3）MME 发送包括从 MBMS GW 接收到的新的会话属性的 MBMS 会话更新请

求。它可以将会话更新请求发送给所有连接的 MCE，也可以仅发送给业务区域内的特定 MCE。MCE 最终将其转发到属于业务区的 eNB。如果至少一个新添加到 MBMS 业务区域的节点接受会话更新请求消息和提出的用于骨干网分发的 IP 多播和源地址，则 MME 在发送给 MBMS GW 的 MBMS 会话更新响应中会标识 IP 多播分发已被接受。如果至少一个节点不接受这些地址，则 MME 为这些节点使用正常的点到点 MBMS 承载建立流程，并且利用 MBMS 会话更新响应消息来响应，并提供 MBMS GW 必须使用的用于承载面的隧道标识符。

（4）如果 E-UTRAN 网络没有 MBMSMBMS 会话更新请求消息中 TMGI 指示的 MBMS 承载上下文，那么它将创建 MBMS 承载上下文。否则，E-UTRAN 更新现有的上下文。 E-UTRAN 用会话更新响应响应 MME。 MME 更新其 MBMS 承载上下文中的会话属性并响应 MBMS GW。

（5）E-UTRAN 网络为传送 MBMS 数据建立或释放无线资源。如果有 ARP 参数更新，则 MCE 应确保任何对无线资源的必要更改已经在相应 MBSFN 区域中的所有 eNodeB 同步。对于 E-UTRAN，使用 MBMS 数据传输启用参数（如果存在）调度无线资源设置，否则使用到 MBMS 数据传输参数的时间（如果存在）。

（6）eNodeB 向收到的由 MBMS GW 分配的用户平面 IP 组播地址发送 IP multicast Join or Leave 消息。

详细信息请参阅 3GPP TS 23.246［4］和 3GPP TS 36.300［3］。

A.1.11 UE 请求的 PDN 连接

EPS 支持通过多个 PDN 同时交换 IP 业务，可以通过多个 P-GW 或单个 P-GW 完成。这由运营商策略进行控制，并在用户订阅中进行了定义。因此，为了允许多个 PDN 连接到一个或多个 PDN，EPS 支持 UE 发起的连接建立。该流程可以触发该 UE 建立专用 EPS 承载。在附着流程中，PDN 连接请求封装在附着请求内。如果 UE 正在请求额外的 PDN 连接，则可以在正常附着成功后，UE 可以单独发送 PDN 连接请求。在这种情况下，为了响应 UE 请求的 PDN 连接请求消息，将发起激活 EPS 默认承载上下文流程（见图 A.12）。

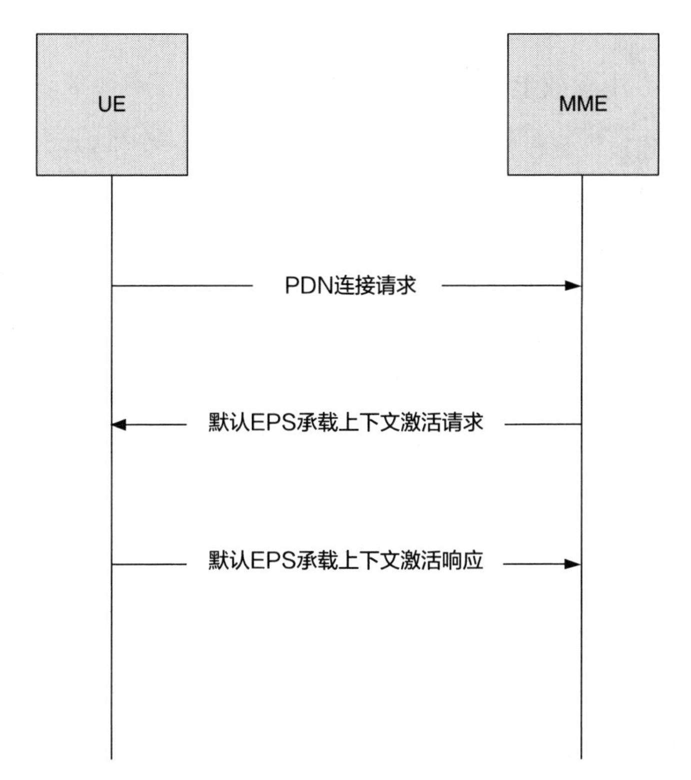

图 A.12　UE 请求的 PDN 连接

（1）UE 通过发送 PDN 连接请求来发起附加的 PDN 连接请求流程。它指定了所请求的 PDN 的类型。如果它正在请求紧急服务的 PDN 连接，则在请求类型中指定。

（2）如果 MME 接收到从紧急附着的 UE 发送 PDN 连接请求，或者 PDN 连接请求用于正常业务，但是移动性或接入限制不允许 UE 接入正常业务，则 MME 拒绝该请求。如果是正常的 UE 为了进行紧急业务而发起 PDN 连接，则 MME 会根据 APN 从 VPLMN 中选择一个 P-GW，或者从存储在 MME 内的紧急配置数据中的静态配置的 P-GW 中选择一个。一旦选择了 S-GW 和 P-GW，MME 就利用 S-GW 和 P-GW 为 UE 发起会话创建，并利用默认 EPS 承载上下文激活请求消息来响应 UE。网络为 UE 分配 IP 地址是默认承载激活接受流程的一部分。

（3）UE 发送默认 EPS 承载上下文激活接受进行响应。

详细信息请参阅 3GPP TS 23.401［1］和 3GPP TS 24.301［2］。

A.1.12 专用承载上下文激活

网络可以通过该流程为由特殊 QoS 要求的 UE 建立专用承载。例如，网络可以检测到 VoLTE 呼叫的建立并决定建立一个专用的语音承载（见图 A.13）。

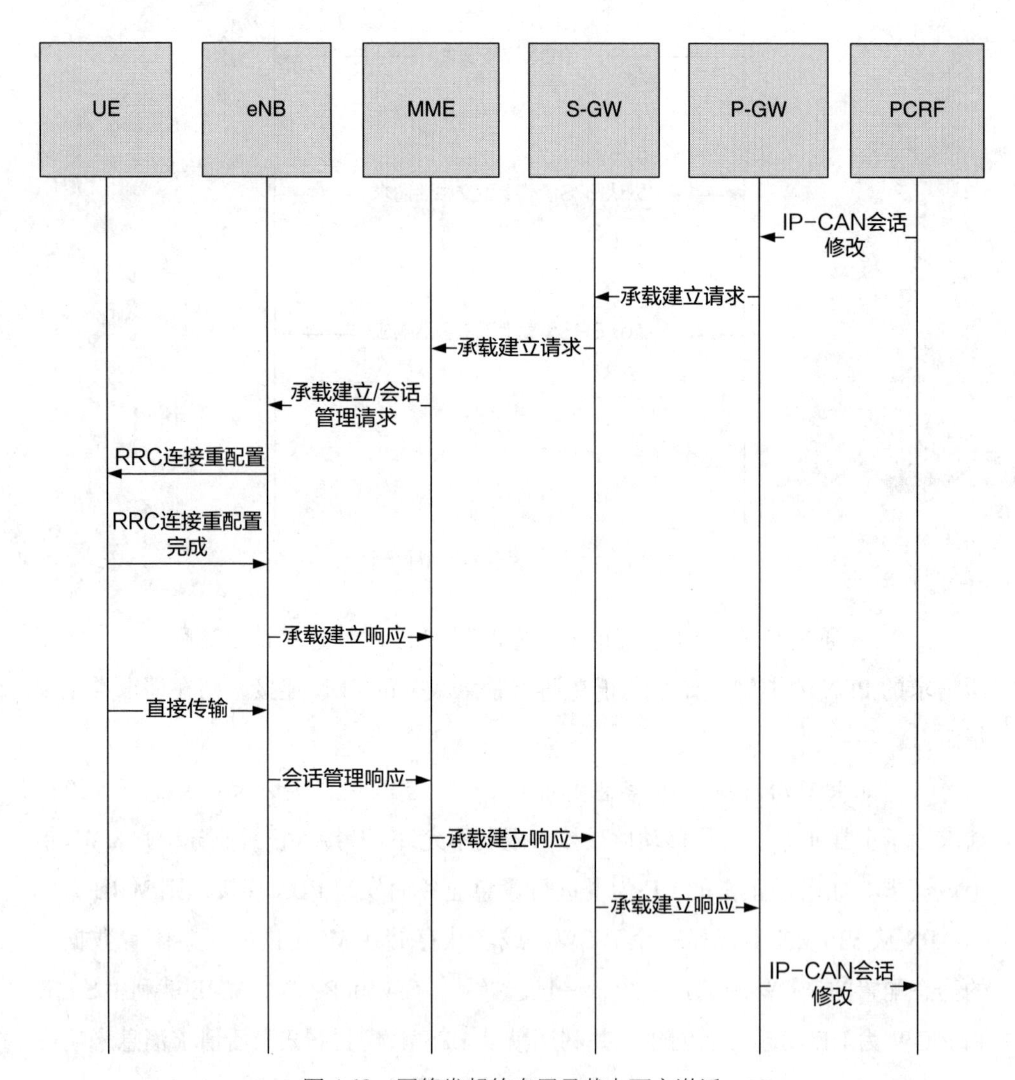

图 A.13 网络发起的专用承载上下文激活

（1）如果部署动态 PCC，可以为了专用承载激活流程触发 IP-CAN 会话修改流程。

（2）P-GW 使用 QoS 策略来分配 EPS 承载 QoS。它向 S-GW 发送承载建立请求消息。

（3）S-GW 向 MME 发送承载建立请求。如果 UE 处于 ECM-IDLE 状态，则 MME 将触发网络触发服务请求流程，在这种情况下，步骤 4 ~ 7 可以合并到该过程中执行，也可单独执行。

（4）MME 选择尚未分配给 UE 的 EPS 承载标识。该 MME 建立会话管理请求，并将与默认承载相关联的 EPS 承载标识作为关联 EPS 承载标识。该 MME 将包含会话管理请求消息的承载建立请求发送给 eNodeB。

（5）eNodeB 将 EPS 承载 QoS 映射到无线承载 QoS。然后它发送 RRC 连接重配置消息给 UE。UE 存储 EPS 承载标识。关联 EPS 承载标识包含在会话管理请求中向 UE 指示该专用承载链接到哪个默认承载、IP 地址和 PDN 的专用承载。

（6）UE 通过发送 RRC 连接重配置完成消息向 eNodeB 确认无线承载激活。

（7）eNodeB 通过承载建立响应消息向 MME 确认承载激活。eNodeB 指示是否可以分配请求的 EPS 承载 QoS。

（8）UE 建立包括 EPS 承载标识的会话管理响应，随后 UE 向 eNodeB 发送包括会话管理响应的直接传输消息。

（9）eNodeB 向 MME 发送上行 NAS 传送消息。

（10）在接收到承载建立响应（步骤 7）和会话管理响应（步骤 9）后，MME 通过发送承载建立响应来向 S-GW 确认承载激活。

（11）S-GW 通过发送承载建立响应来向 P-GW 确认承载激活。

（12）如果专用承载激活过程由 PCRF 触发，则 P-GW 向 PCRF 指示是否可以强制执行所请求的 QoS 策略，从而完成 PCRF 发起的 IP-CAN 会话修改过程。

详细信息请参阅 3GPP TS 23.401 [1] 和 3GPP TS 24.301 [2]。

A.2 3GPP 参考点

该列表包含本书中使用到的接口。

Bp　CDR 文件从 CGF 传输到计费域的参考点。详细信息参见 3GPP TS 32.251 [28]。

Cx　呼叫会话控制功能（CSCF）和基于 DIAMETER 的 HSS 之间的参考点。该参考点用于鉴权和授权 IMS 用户。详细信息请参阅 3GPP TS 29.228 [16] 和 3GPP TS 29.229 [17]。

Ga　用于基于 GTP 的 CDR 传输的服务 GPRS 支持节点（SGSN）和计费网关

功能（CGF）之间的参考点。详细信息参见 3GPP TS 32.295 [29]。

GC1　UE 和 GCS 应用程序服务器之间的参考点，一般用于应用层信令传输，如组管理和话权控制等，也可以用于中继从 BM-SC 接收的任何 MBMS 特定承载配置数据。3GPP 尚未进行规范。详细信息请参阅 TS 23.468 [35]。

Gm　UE 与 P-CSCF 之间的参考点，用于 SIP 信令消息交互。详细信息请参阅 3GPP TS 23.228 [5]。

Gx　PCRF 与 P-GW 中的 PCEF 间的参考点，用于传输 QoS、策略、计费规则等，采用 DIAMETER 协议。仅在 S5 接口使用 GTP 协议的时候提供 QoS 规则（另见 Gxc）。详细信息请参阅 3GPP TS 29.212 [12]。

Gxa　它用于从 PCRF 到受信任的非 3GPP 接入系统的 QoS 规则传输。它基于 DIAMETER 协议。详细信息请参阅 3GPP TS 29.212 [12]。

Gxb　它用于从 PCRF 到 ePDG 的 PCC 规则传输。该参考点目前尚未进行规范。

Gxc　当 S5 接口使用 PMIP 时，它用于从 PCRF 到 S-GW 传输 QoS 规则，因为在这种情况下，在 S-GW 替代 P-GW 时承载是有限的。它基于 DIAMETER。有关详细信息，请参阅 3GPP TS 29.212 [12]。S5 接口采用 GTP 协议时，Gxc 不再使用。

Gy　P-GW/PCEF 和 OCS 之间的参考点，用于实时授权使用网络资源并报告收费和资源使用信息（例如，在 UL 和 DL 中使用的数据量）。Gy 基于 DIAMETER（另见 Ro）。详细信息请参阅 3GPP TS 32.251 [28]。

Gz　P-GW/PCEF 和 OFCS 之间的参考点，在网络资源使用完成后提供费用相关数据（计费记录）。详细信息请参阅 3GPP TS 32.295 [29]。

ISC　S-CSCF 和 AS 之间的参考点，基于 SIP 协议在 IMS 中提供业务。有关详细信息，请参阅 3GPP TS 23.228 [5]。

M1　MBMS GW 和 eNodeB 之间的参考点，用于用户面数据包的 IP 多播传送。使用的协议是 GTPv1-U。有关详情请参阅 3GPP TS 36.300 [3] 和 3GPP TS 36.445 [33]。

M2　MCE 和 eNodeB 之间的参考点，用于多小区传输模式的 eNodeB 和 MBMS 会话控制信令中传送无线配置数据。M2 上使用的协议是 M2-AP（M2 应用协议）。详细信息请参阅 3GPP TS 36.300 [3] 和 3GPP TS 36.443 [31]。

M3　MME和MCE之间的参考点，用于MBMS会话控制信令传输。M3上使用的协议是M3-AP（M3应用协议）。详细信息请参阅3GPP TS 36.300［3］和3GPP TS 36.444［32］。

MB2　GCS AS和BM-SC之间的参考点，基于DIAMETER协议。MB2提供对MBMS承载业务的访问。它有一个控制平面（MB2-C）和用户平面（MB2-U）部分。详细信息请参阅3GPP TS 29.468［26］。

Mg　MGCF和CSCF之间的参考点，基于SIP协议，用于IMS与电路域网络之间交互会话消息。详细信息请参阅3GPP TS 23.228［5］。

Mw　两个CSCF（例如，P-CSCF/I-CSCF和S-CSCF）之间的参考点，用于交换SIP信令消息。详细信息请参阅3GPP TS 23.228［5］。

Mz　HPLMN的BM-SC域VPLMN的BM-SC之间的参考点。基于DIAMETER协议。Mz目前仅支持GPRS/UMTS，不支持EPS。详细信息请参阅3GPP TS 29.061［10］。

PC1　ProSe应用程序在UE和服务器之间的参考点。它是用于定义应用层信令需求，还没有在3GPP中进行规范。

PC2　ProSe AS和ProSe功能之间的参考点，用于EPC层发现。详细信息请参阅3GPP TS 29.343［23］。

PC3　UE和ProSe功能之间的参考点，用于授权ProSe Direct发现和EPC级ProSe发现。有关详细信息，请参阅3GPP TS 24.334［9］。

PC4a　HSS和ProSe功能之间的参考点。它用来提供订阅信息以授权访问ProSe Direct发现和ProSe直接通信。详情请参阅TS 29.344［24］。

PC4b　SUPL定位平台和ProSe功能之间的参考点。详情请参阅OMA LIF MLP［34］。

PC5　具有ProSe功能的UE之间的参考点。它用于ProSe Direct发现、ProSe Direct通信和ProSe UE到网络中继的控制面和用户面通信。详细信息请参阅3GPP TS24.334［9］。

PC6　在不同PLMN之间的或者HPLMN和本地PLMN间的ProSe功能的参考点。详细信息请参阅3GPP TS 29.345［25］。

PC7　在HPLMN与VPLMN键ProSe功能的参考点。它用于ProSe业务的HPLMN控制授权。详细信息请参阅3GPP TS 29.345［25］。

Rf 用于离线计费的参考点，例如，在 S-GW 或 BM-SC 处根据 DIAMETER Accounting 应用传送收费事件。详细信息请参阅 3GPP TS 32.240 [27]。

Ro 在线计费的参考点，例如 PCEF、TDF、ePDG、BM-SC 和 OCS 之间，根据 DIAMETER Credit 应用提供计费事件。Ro 包含为 Gy 定义的功能。有关详情请参阅 3GPP TS 32.240 [27]。

Rx Rx 参考点为 PCRF 提供应用层信息。例如，建立新的多媒体会话并转而采用适当的 EPS 承载。Rx 基于 DIAMETER 协议。详细信息请参阅 3GPP TS 29.214 [13]。

S1-MME 携带 eNodeB 与 MME 之间的控制面消息，例如承载管理、寻呼和切换信令；使用的协议为 S1-MME，也称为 S1-C，是 S1-AP（S1 应用协议）。详细信息请参阅 3GPP TS 36.413 [30]。

S1-U 为每个承载用户面隧道在 eNodeB 和 S-GW 之间携带用户面数据；S1-U 使用的协议是 GTPv1-U。详细信息请参阅 3GPPTS 29.281 [22]。

S2a/b/c 当 UE 附着到非 3GPP 接入系统时，这些参考点用于在交换控制和用户面业务。它们基于 PMIPv6 或 GTPv2（S2a 和 S2b）和 DSMIPv6（S2c）协议。详细信息请参阅 3GPP TS 29.274[20]，3GPP TS 29.275[21]，3GPP TS 24.303[7]，3GPP TS 24.304 [8]。

S5 该参考点用于在 S-GW 和 P-GW 之间为用户面数据建立隧道和管理隧道。S5 基于 GTPv2-C 或者 PMIPv6。然而，绝大多数运营商已经选择了 GTP 协议，主要是因为它已经在 2G/3G PS 域中使用并可以避免与其他网络发生互操作性问题。针对 GTP 详细信息请参阅 3GPP TS 29.274 [20]，针对 PMIP 请参阅 3GPP TS 29.275 [21]。

S6a MME 和 HSS 之间的接口，为了鉴权和授权用户接入 EPS，该接口用于传输订阅和用户鉴权数据。它基于 DIAMETER 协议。详细信息请参阅 3GPP TS 29.272 [18]。

S9 H-PCRF 和 V-PCRF 之间的参考点，从用户的归属网络到拜访网络提供策略和 QoS 相关的数据。它基于 DIAMETER 协议。详细信息请参阅 3GPP TS 29.215 [14]。

S10 MME 之间的参考点，用于 MME 重定位和信息传输，基于 GTPv2-C 协议。详细信息请参阅 3GPP TS 29.274 [20]。

S11　MME 和 S-GW 之间的参考点，用于管理新的或现有的会话，在切换时重新定位 S-GW，建立直接或间接转发隧道，并触发寻呼。S11 基于 GTPv2-C。详细信息请参阅 3GPP TS 29.274 [20]。

SBc　CBC 和 MME 之间的参考点，用于警告消息传递和控制功能。这个接口上使用的协议是 SBc 应用程序协议（SBc-AP）。详细信息请参阅 3GPP TS 29.168 [11]。

SGi　这是 P-GW 和 PDN 之间的参考点。该接口支持的协议有 IPv4、IPv6、RADIUS、DIAMETER 和 DHCP。详细信息请参阅 3GPP TS 29.061 [10]。

SGi-mb　BM-SC 和 MBMS GW 之间的参考点，用于通过 IP 单播或 IP 多播传输数据。详细信息请参阅 3GPP TS 29.061 [10]。

SGmb　BM-SC 和 MBMS GW 之间的参考点，用于 MBMS 会话和业务区域控制。它基于 DIAMETER 协议。详细信息请参阅 3GPP TS29.061 [10]。

Sm　用于 MBMS 会话控制的 MBMS GW 和 MME 之间的参考点。它基于 GTPv2-C。详细信息请参阅 3GPP TS 29.274 [20]。

Sp　PCRF 和 SPR 之间的参考点。在 3GPP 中没有标准化。

STa　这个参考点将可信的非 3GPP 接入系统与 3GPP AAA 服务器相连，并使用一种安全方式传输接入鉴权、授权和移动性参数以及以计费相关信息。该接口支持的协议是 DIAMETER（包括 DIAMETER EAP 和 NAS 应用程序）。详细信息请参阅 3GPP TS 29.273 [19]。

SWa　这个参考点将非可信的非 3GPP 接入系统与 3GPP AAA 服务器相连，并使用一种安全方式传输接入鉴权、授权和移动性参数以及以计费相关信息。该接口支持的协议是 DIAMETER（包括 DIAMETER EAP 和 NAS 应用程序）。详细信息请参阅 3GPP TS 29.273 [19]。

SWm　该参考点位于 3GPP AAA 服务器和 ePDG 之间，并且用于 AAA 信令（移动性参数、隧道鉴权和授权数据的传输）。这个参考点也包括了 MAC-AAA 接口功能。在这个接口上使用的协议是 DIAMETER（包括 DIAMETER EAP 和 NAS 应用）。详细信息请参阅 3GPP TS 29.273 [19]。

SWn　该参考点位于不可信的非 3GPP 接入系统和 ePDG 之间。该接口上的 UE 发起的隧道的数据包被路由到 ePDG。这是一个基于 IP 的接口。详细信息请参阅 3GPP TS 29.273 [19]。

SWu　这是UE和ePDG之间的直接参考点，用于建立和维护IPSec隧道。SWu的功能包括UE发起隧道建立、隧道内用户数据包传输和拆除隧道，以及在两个不可信的非3GPP IP接入系统发生切换时快速更新IPSec隧道。详细信息请参阅3GPP TS24.302［6］。

SWx　AAA服务器和HSS之间的参考点，用于提供使用PDN连接、APN和AAA服务器地址的相关信息给HSS。SWx基于DIAMETER协议。详细信息请参阅3GPP TS 29.273［19］。

Sy　PCRF和OCS之间的参考点。详细信息请参阅3GPP TS 29.219［15］。

参考文献

［1］ 3GPP TS 23.401："GPRS enhancements for E-UTRAN access".

［2］ 3GPP TS 24.301："Non-Access-Stratum（NAS）Protocol for Evolved Packet System（EPS）; Stage 3".

［3］ 3GPP TS 36.300："Evolved Universal Terrestrial Radio Access（E-UTRA）and Evolved Universal Terrestrial Radio Access（E-UTRAN）; Overall Description".

［4］ 3GPP TS 23.246："Multimedia Broadcast/Multicast Service（MBMS）; Architecture and Functional Description".

［5］ 3GPP TS 23.228："IP Multimedia Subsystem（IMS）".

［6］ 3GPP TS 24.302："Access to the 3GPP Evolved Packet Core（EPC）via non-3GPP access networks; Stage 3".

［7］ 3GPP TS 24.303："Mobility management based on Dual Stack Mobile IPv6; Stage 3".

［8］ 3GPP TS 24.304："Mobility management based on Mobile IPv4; User Equipment（UE）-foreign agent interface; Stage 3".

［9］ 3GPP TS 24.334："Proximity-services（Prose）User Equipment（UE）to Proximity-services（ProSe）Function aspects（PC3）; Stage 3".

［10］ 3GPP TS 29.061："Interworking between the Public Land Mobile Network（PLMN）supporting packet based services and Packet Data Networks（PDN）".

［11］ 3GPP TS 29.168："Cell Broadcast Centre interfaces with the Evolved Packet Core; Stage 3".

［12］ 3GPP TS 29.212："Policy and charging control（PCC）; Reference points".

［13］ 3GPP TS 29.214："Policy and charging control over Rx reference point".

［14］ 3GPP TS 29.215："Policy and charging control（PCC）over S9 reference point; Stage 3".

[15] 3GPP TS 29.219："Policy and charging control：Spending limit reporting over Sy reference point".

[16] 3GPP TS 29.228："IP Multimedia（IM）Subsystem Cx and Dx Interfaces；Signalling flows and message contents".

[17] 3GPP TS 29.229："Cx and Dx interfaces based on the Diameter protocol；Protocol details".

[18] 3GPP TS 29.272："Evolved Packet System（EPS）；Mobility Management Entity（MME）and Serving GPRS Support Node（SGSN）related interfaces based on Diameter protocol".

[19] 3GPP TS 29.273："Evolved Packet System（EPS）；3GPP EPS AAA interfaces".

[20] 3GPP TS 29.274："Evolved General Packet Radio Service（GPRS）Tunnelling Protocol for Control plane（GTPv2-C）".

[21] 3GPP TS 29.275："Proxy Mobile IPv6（PMIPv6）based Mobility and Tunnelling protocols；Stage 3".

[22] 3GPP TS 29.281："General Packet Radio System（GPRS）Tunnelling Protocol User Plane（GTPv1-U）".

[23] 3GPP TS 29.343："Proximity-services（Prose）Function to Proximity-services（ProSe）Application Server aspects（PC2）；Stage 3".

[24] 3GPP TS 29.344："Proximity-services（Prose）Function to Home Subscriber Server（HSS）aspects（PC4a）；Stage 3".

[25] 3GPP TS 29.345："Inter-Proximity-services（Prose）Function signalling aspects（PC6/PC7）；Stage 3".

[26] 3GPP TS 29.468："Group Communication System Enablers for LTE（GCSE_LTE）；MB2 Reference Point".

[27] 3GPP TS 32.240："Charging Architecture and Principles".

[28] 3GPP TS 32.251："Packet Switched（PS）domain charging".

[29] 3GPP TS 32.295："Telecommunication management；Charging management；Charging Data Record（CDR）transfer".

[30] 3GPP TS 36.413："S1 Application Protocol（S1AP）".

[31] 3GPP TS 36.443："Evolved Universal Terrestrial Radio Access Network（E-UTRAN）；M2 Application Protocol（M2AP）".

[32] 3GPP TS 36.444："Evolved Universal Terrestrial Radio Access Network（E-UTRAN）；M3 Application Protocol（M3AP）".

[33] 3GPP TS 36.445："Evolved Universal Terrestrial Radio Access Network（E-UTRAN）；M1 data transport".

[34] OMA LIF TS 101 v2.0.0，Mobile Location Protocol，draft v.2.0，Location Inter-operability Forum（LIF），2001.

[35] 3GPP TS 23.468："Group Communication System".

术　语

全　称	缩　写	中文译名
2nd Generation	2G	第二代移动通信
3rd Generation	3G	第三代移动通信
3rd Generation Partnership Program	3GPP	第三代合作伙伴计划
Authentication, Authorization, and Accounting	AAA	鉴权、授权和账户
Access Class Barring	ACB	接入等级禁止
Access Class Barring List	ACBL	接入等级禁止列表
Access Class Barring Time	ACBT	接入等级禁止时间
Australian Communications and Media Authority	ACMA	澳大利亚通信媒体管理局
Administration Function	ADMF	管理功能实体
Application Function	AF	应用功能
Authentication and Key Agreement	AKA	鉴权与密钥协商
Application Layer User ID	ALUID	应用层用户识别
Acknowledged Mode	AM	应答模式
Aggregate Maximum Bit Rate	AMBR	聚合最大比特速率
Access Network	AN	接入网
Access Network Discovery and Selection Function	ANDSF	接入网发现与选择功能
Application Protocol, Access Provider	AP	应用协议，接入提供商
Association of Public Safety Communications Officials	APCO	公共安全通信官员协会
Access Probability Factor	APF	接入概率因子
Application Programming Interface	API	应用程序接口
Access Point Name	APN	接入点名称
APN Aggregate Maximum Bit Rate	APN-AMBR	接入点聚合最大比特速率
Applications	Apps	应用服务

续表

全 称	缩 写	中文译名
Association of Radio Industries and Businesses	ARIB	日本无线电工业和商业协会
Address Resolution Protocol, Allocation and Retention Priority	ARP	地址解析协议,分配和保留优先级
Access Stratum, Application Server	AS	接入层,应用服务器
Alliance for Telecommunications Industry Solutions	ATIS	世界无线通信解决方案联盟
Authentication Center	AuC	鉴权中心
Attribute Value Pair	AVP	属性值对
Broadcast Channel	BCH	广播信道
Broadcast Control Channel	BCCH	广播控制信道
Billing Domain	BD	计费域
Broadcast Multicast Service Center	BM-SC	广播组播业务中心
Base Station Controller	BSC	基站控制器
Buffer Status Reports	BSR	缓冲区状态报告
Base Station System	BSS	基站子系统
Base Transceiver Station	BTS	基站
Capital Expenditure	CAPEX	资本支出
Cell Broadcast Center	CBC	小区广播中心
Cell Broadcast Entity	CBE	小区广播实体
Cell Broadcast Service	CBS	小区广播业务
Content of Communication	CC	通信内容
China Communication Standards Association	CCSA	中国通信标准化协会
Charging Data Function	CDF	计费数据功能
Code Division Multiple Access	CDMA	码分多址
Charging Data Record	CDR	计费数据记录
Charging Gateway Function	CGF	计费网关功能
Cell Identity	CI	小区身份
Commercial Mobile Alert System	CMAS	商用移动告警系统
Core Network	CN	核心网
Control Plane	CP	控制平面
Circuit Switched	CS	电路交换

续表

全　称	缩　写	中文译名
Circuit Switched Fall Back	CSFB	电路域回落
Charging Trigger Function	CTF	计费触发功能
Device-to-Device	D2D	设备到设备
Delivery Function	DF	传送功能
Dynamic Host Configuration Protocol	DHCP	动态主机配置协议
Pun on the name RADIUS (diameter is twice the circle radius)	DIAMETER	意味着DIAMETER协议是RADIUS协议的升级版本
Downlink	DL	下行链路
Device Management	DM	设备管理
Domain Name System	DNS	域名系统
Deep Packet Inspection	DPI	深度包检测
Discontinuous Reception	DRX	不连续接收
DiffServ Code Point	DSCP	差分服务代码点
Dual Stack Mobile IP	DSMIP	移动IP双协议栈
Datagram Transport Layer Security	DTLS	数据包传输层安全性协议
End-to-End	E2E	端到端
Emergency Context Resolution with Internet Technologies	ECRIT	互联网技术紧急情况解决方案
Enhanced Data Rates for GSM Evolution	EDGE	GSM增强数据率演进
Evolved High Rate Packet Data	eHRPD	高速分组数据演进
Equipment Identity Register	EIR	设备识别寄存器
EPS Encryption Algorithm	EEA	EPS加密算法
Equivalent Home PLMN	EHPLMN	等效归属PLMN
Evolved MBMS	eMBMS	演进的多媒体广播多播业务
eNodeB E-UTRAN NodeB, also referred to as Evolved NodeB	eNB	E-UTRAN NodeB，也称其为演进的NodeB
Evolved Packet Data Gateway	ePDG	演进的分组数据网关
EPS Connection Management	ECM	演进的分组系统连接管理
Evolved Packet System	EPS	核心分组网演进
EPS Mobility Management	EMM	EPS移动性管理

续表

全 称	缩 写	中文译名
EPC-level User ID	EPUID	EPC层用户标识
European Telecommunications Standards Institute	ETSI	欧洲电信标准化协会
ETSI Technical Committee TETRA and Critical Communications Evolution	ETSI TCCE	ETSI技术委员TETRA和关键通信发展委员会
Earthquake and Tsunami Warning System	ETWS	地震海啸预警系统
Evolved Universal Terrestrial Radio Access Network	E-UTRAN	演进的通用地面无线接入网络
European Public Warning System	EU-ALERT	欧洲公共预警系统
Flow-Based Charging	FBC	基于流的计费
Federal Communications Commission	FCC	联邦通信委员会
Frequency Division Duplex	FDD	频分双工
Generic Bootstrapping Architecture	GBA	通用引导架构
Guaranteed Bit Rate	GBR	保证比特速率
Group Call System Application Server	GCS AS	组呼系统应用服务器
Group Call System Enablers	GCSE	组呼系统引擎
GSM/EDGE Radio Access Network	GERAN	GSM/EDGE无线接入网
Gateway GPRS Support Node	GGSN	网关GPRS支持节点
Group Master Key	GMK	组主密钥
Group Owner	GO	组所有者
General Packet Radio Service	GPRS	通用分组无线业务
Global Positioning System	GPS	全球定位系统
Global Mobile Suppliers Association	GSA	全球移动供应商协会
Group Session Key	GSK	组会话密钥
Global System for Mobile Communications	GSM	全球移动通信系统
GSM Association	GSMA	全球移动通信系统协会
GSM for Railways	GSM-R	铁路数字移动通信系统
GPRS Tunneling Protocol	GTP	GPRS隧道协议
Globally Unique Temporary Identity	GUTI	全球唯一临时UE标识
Globally Unique Mobile Management Entity Identifier	GUMMEI	全球唯一的移动管理实体标识
Gateway	GW	网关

续表

全　称	缩　写	中文译名
Hybrid Adaptive Repeat and Request	HARQ	混合自动重传请求
Handover Interface	HI	切换接口
Home Location Register	HLR	归属位置寄存器
Home Public Land Mobile Network	HPLMN	归属公共陆地移动网络
High-Speed Downlink Packet Access	HSDPA	高速下行分组接入
High-Speed Packet Access（HSDPA+HSUPA）	HSPA	高速分组接入（高速下行链路分组接入+高速上行链路分组接入）
High-Speed Uplink Packet Access	HSUPA	高速上行分组接入
Home Subscriber Server	HSS	归属用户服务器
Hyper Text Transfer Protocol	HTTP	超文本传送协议
Incident Commander	IC	事故指挥
Interrogating Call Session Control Function	I-CSCF	协商呼叫会话控制功能
Immediate Event Charging	IEC	即时事件计费
Institute of Electrical and Electronics Engineers	IEEE	电气电子工程师学会
Internet Engineering Task Force	IETF	互联网工程任务组
International Mobile Equipment Identity	IMEI	国际移动设备识别码
IP Multimedia Subsystem	IMS	IP多媒体子系统
International Mobile Subscriber Identity	IMSI	国际移动用户标识
Isolated E-UTRAN Operation for Public Safety	IOPS	用于公共安全的独立E-UTRAN运行
Internet Protocol	IP	互联网协议
IP Connectivity Access Network	IP-CAN	IP连接接入网
IP Security	IPSec	IP安全
Intercept-Related Information	IRI	监听相关信息
Key Management System	KMS	密钥管理系统
Korean Public Alert System	KPAS	韩国公众预警系统
Layer 1	L1	第1层
Layer 2	L2	第2层
Layer 3	L3	第3层
Location Area	LA	位置区

续表

全　称	缩　写	中文译名
Location Area Identity	LAI	位置区标识
Linked EPS Bearer Identity	LBI	被关联的EPS承载标识
Law Enforcement Agency	LEA	执法机构
Law Enforcement Monitoring Facility	LEMF	执法监督设施
Location Interoperability Forum	LIF	位置互操作论坛
Local IP Access	LIPA	本地IP接入
Local Mobility Anchor	LMA	本地移动锚点
Land Mobile Radio	LMR	陆地移动无线电
Long-Term Evolution	LTE	长期演进
Machine-to-Machine	M2M	机器到机器
Medium Access Control	MAC	媒体接入控制
Mobile Access Gateway	MAG	移动接入网关
Multimedia Broadcast/Multicast Service	MBMS	多媒体广播/组播业务
Maximum Bit Rate	MBR	最大比特率
MBMS Single Frequency Network	MBSFN	多媒体广播/组播业务单频网络
Multicast Channel	MCH	组播信道
Multicast Control Channel	MCCH	组播控制信道
Multi-cell Coordination Entity	MCE	多小区协调实体
Mission Critical Push To Talk	MCPTT	关键任务对讲应用
Mobile Equipment	ME	移动设备
Media Gateway Control Function	MGCF	媒体网关控制功能
Master Information Block	MIB	主信息块
Message Integrity Check	MIC	消息完整性检查
Mobile IP	MIP	移动IP
Mobile Location Protocol	MLP	移动定位协议
Mobility Management Entity	MME	移动性管理实体
Mobile-Originated, Management Object	MO	移动发起的,管理对象
Mobile Switching Center	MSC	移动交换中心
MCH Scheduling Information	MSI	组播信道调度信息

续表

全　称	缩　写	中文译名
Mobile Subscriber ISDN Number	MSISDN	移动用户ISDN号码
MCH Scheduling Period	MSP	组播信道调度周期
Mobile Terminated	MT	移动端
Multicast Traffic Channel	MTCH	组播业务信道
Network Access Server（DIAMETER application）	NAS	网络接入服务器（DIAMETER应用）
Non Access Stratum	NAS	非接入层
NodeB	NB	基站
National Public Safety Broadband Network	NPSBN	国家公共安全宽带网
NPSBN User	NPSBN-U	国家公共安全宽带网络用户
Operation，Administration，and Maintenance	OA&M	运行、管理和维护
Online Charging System	OCS	在线计费系统
Offline Charging System	OFCS	离线计费系统
Orthogonal Frequency Division Multiplexing	OFDM	正交频分复用
Open Mobile Alliance	OMA	开放移动联盟
OMA Device Management	OMA DM	开放移动联盟设备管理
Operational Expenditure	OPEX	业务支出
Over-the-Air	OTA	空中下载技术
Over-the-Top	OTT	OTT业务
Project 25	P.25	Project 25数字系统
Peer-to-Peer	P2P	点对点
Priority Alarm Message	PAM	预警信息
Policy and Charging Control	PCC	策略与计费控制
Policy Charging Enforcement Function	PCEF	策略计费执行功能
Physical Cell ID	PCI	物理小区标识
Policy and Charging Rules Function	PCRF	策略和计费规则功能
Proxy Call Session Control Function	P-CSCF	代理呼叫会话控制功能
Primary D2D Synchronization Signal	PD2DSS	主设备到设备同步信号
Packet Data Convergence Protocol	PDCP	分组数据汇聚协议
Packet Data Network	PDN	分组数据网络

续表

全 称	缩 写	中文译名
Packet Data Protocol	PDP	分组数据协议
Protocol Data Unit	PDU	协议数据单元
ProSe Encryption Key	PEK	接近业务加密密钥
ProSe Function ID	PFID	ProSe业务功能标识
Packet Data Network Gateway (PDN-GW)	P-GW	分组数据网络网关
ProSe Group Key	PGK	ProSe组密钥
Public Land Mobile Network	PLMN	公共陆地移动网络
Physical Multicast Channel	PMCH	物理多播信道
Proxy Mobile IP	PMIP	代理移动IP
Pairwise Master Key	PMK	成对主密钥
Point of Attachment	PoA	附着点
Push To Talk over Cellular	PoC	蜂窝网络对讲业务
Proximity Services	ProSe	接近业务
Packet Switched, Public Safety	PS	分组交换,公共安全
Public Safety Answering Point	PSAP	公共安全应答点
Primary Synchronization Signal	PSS	主同步信号
Physical Layer Identity	PSSID	物理层标识
Public Switched Telephone Network	PSTN	公用电话交换网
ProSe Communication Shared Channel	PSCH	ProSe通信共享信道
ProSe Communication Traffic Channel	PTCH	ProSe通信业务信道
ProSe Traffic Key	PTK	ProSe通信业务密钥
Public Safety	PubS	公共安全
Public Warning System	PWS	公共警报系统
QoS Class Identifier	QCI	服务质量等级标识
Quality of Service	QoS	服务质量
Routing Area	RA	路由区
Radio Access Bearer	RAB	无线接入承载
Remote Authentication Dial-In User Service	RADIUS	远程用户拨号认证业务
Radio Access Network	RAN	无线接入网

续表

全　称	缩　写	中文译名
Radio Access Type	RAT	无线接入类型
Release	Rel	版本
Radio Link Control	RLC	无线链路控制
Radio Network Controller	RNC	无线网络控制器
Radio Resource Control	RRC	无线资源控制
Real-Time Control Protocol	RTCP	实时控制协议
Real-Time Transport Protocol	RTP	实时传输协议
Scheduling Assignment	SA	调度分配
System Architecture Evolution	SAE	系统架构演化
Serving Call Session Control Function	S-CSCF	服务呼叫会话控制功能
Stream Control Transmission Protocol	SCTP	流控制传输协议
Secondary D2D Synchronization Signal	SD2DSS	次D2D同步信号
Service Data Flow	SDF	业务数据流
Session Description Protocol, Service Delivery Platform	SDP	会话描述协议,业务传送平台
Serving GPRS Support Node	SGSN	通用分组无线业务支持节点
Serving Gateway	S-GW	服务网关
System Information Broadcast	SIB	系统信息广播
Subscriber Identity Module	SIM	用户识别模块
Session Initiation Protocol	SIP	会话发起协议
Selective IP Offload	SIPTO	选择性IP迁移
Short Message Service	SMS	短消息业务
Short Message Service Center	SMSC	短消息业务中心
Service Level Agreement	SLA	服务级别协议
SUPL Location Platform	SLP	SUPL定位平台
Scheduling Request	SR	调度请求
Secure RTCP	SRTCP	安全实时控制协议
Secure RTP	SRTP	安全实时传输协议
Service Set Identifier	SSID	服务集标识
Secondary Synchronization Signal	SSS	次同步信号

续表

全　称	缩　写	中文译名
Tracking Area, Timing Advance	TA	跟踪区域,定时推进
Tracking Area Identity	TAI	跟踪区标识
Tracking Area Update	TAU	跟踪区更新
MSG Technical Committee Mobile Standards Group	TC	移动标准技术委员会
Total Cost of Ownership	TCO	总体拥有成本
Transmission Control Protocol	TCP	传输控制协议
Time Division Duplex	TDD	时分双工
Terminal Equipment	TE	终端设备
Tunnel Endpoint Identifier	TEID	隧道终端标识
Terrestrial Trunked Radio	TETRA	陆上集群无线电
Traffic Flow Template	TFT	业务流模板
Telecommunications Industry Association	TIA	美国通信工业协会
Transparent Mode	TM	透明模式
Temporary Mobile Group Identity	TMGI	临时移动组标识
Temporary Mobile Subscriber Identity	TMSI	临时移动用户标识
Technical Report	TR	技术报告
Technical Specification	TS	技术规范
Telecommunications Technology Association	TTA	韩国电信技术协会
Telecommunication Technology Committee	TTC	日本电信技术委员会
Trusted WLAN Access Gateway	TWAG	可信的无线局域网接入网关
Trusted WLAN Access Network	TWAN	可信的无线局域网接入网
User Datagram Protocol	UDP	用户数据报协议
User Equipment	UE	用户设备
Universal Integrated Circuit Card	UICC	通用集成电路卡
Uplink	UL	上行
Unacknowledged Mode	UM	非确认模式
Universal Mobile Telecommunications System	UMTS	通用移动电信系统
User Plane	UP	用户面
Uniform Resource Identifier	URI	统一资源标识符
United States of America	USA	美国

续表

全　称	缩　写	中文译名
Universal Subscriber Identity Module	USIM	全球用户识别卡
Coordinated Universal Time	UTC	协调世界时间
Universal Terrestrial Radio Access Network	UTRAN	通用陆地无线接入网
Version 4	v4	版本4
Version 6	v6	版本6
Visited Public Land Mobile Network	VPLMN	访问公共陆地移动网
Wideband Code Division Multiple Access	WCDMA	宽带码分多址技术
Wireless Local Area Network	WLAN	无线局域网
WLAN Control Protocol	WLCP	无线局域网控制协议
WLAN Link Layer ID	WLLID	无线局域网链路层标识
World Radio Conference	WRC	世界无线电大会

译者序

移动通信网络的升级换代正在如火如荼地进行中，作为目前最成功的第四代移动通信系统，LTE 的发展与演进成为了移动通信领域瞩目的焦点。作为一种当前主流的移动通信系统，LTE 具有带宽灵活、频谱利用率高、数据速率高、覆盖范围广、使用成本低、业务实时性好、业务承载能力强等优点，同时支持高速移动、具有较好的业务安全性，其不仅可以为普通电信用户提供优质的多媒体业务，其演进后也可以为垂直行业的用户，如公共安全、广播电视、轨道交通、电力、航空、航运等，提供各种具有良好体验质量的专用多媒体通信业务。

为了满足各国政府公共安全的需求，如政务、警务、急救、应急处置等各部门的集中调度指挥和集群通信的需求，全球多数国家都在全国范围内部署了公共安全网络。而随着全球公共安全事业的进一步发展需求，简单的语音和数据通信已无法满足，因此亟需发展公共安全宽带移动通信网络。为满足达到以上目标，作为目前全球最成功的通信标准化组织，3GPP 早已经开始关注公共安全宽带移动通信系统的研究。截止 2015 年 4 月，3GPP 已经完成了其第一个基于 LTE 技术的公共安全宽带移动通信系统的标准版本。

《面向公共安全的宽带移动通信系统》是一本能够系统全面的介绍基于 LTE 的公共安全移动通信系统的基本特征、网络架构、关键技术、业务实现方法、协议流程以及系统部署等内容的权威专著，而不是简单的进行协议的罗列和介绍，以便读者能够全面的理解基于 LTE 的公共安全移动通信系统。全书共分为 6 章。第 1 章从 LTE 的历史、核心网标准化进程、网络架构及特殊子系统等几方面介绍了 LTE 网络结构的演进过程。第 2 章主要阐述了公共安全网络的业务需求及特征。第 3 章分析了如何基于当前的 LTE 技术设计公共安全宽带移动通信系统。第 4 章阐述了终端直通业务的实现方法。第 5 章阐述了基于 LTE 系统的组通信业务的实现方法。这两项业务都是公共安全业务的主要需求。第 6 章对全书进行了总结和展望。

本书的作者均都就职于全球顶级专用通信网络设备制造商诺基亚网络，在电信产业界有 10 余年的工作经验，是本领域的资深专家。这些作者长期参加 3GPP 技术标准的研讨和制定工作，对基于 LTE 的公共安全移动通信系统有深刻的理解和掌握。这本书是集体智慧的结晶，每一部分都由该领域的资深专家来完成，对科研和技术人员全面理解基于 LTE 的公共安全移动通信系统起到很好的参考作用。

本书读者对象可涵盖研究、开发、系统设计、网络运营等移动通信领域的相关从业人员，同时对公共安全网络的电信从业人员，对政务、电力、轨道交通等其他垂直行业的电信从业人员也有很大的参考价值。此外，无线通信领域的高年级本科生和研究生也可将本书作为学习用书。

译者简介

林思雨，北京交通大学电子信息工程学院教授、博士生导师。2013 年毕业于北京交通大学，获博士学位。2013—2014 年在新加坡科技与设计大学进行博士后研究。发表 SCI、EI 论文 80 余篇，在宽带移动通信及行业专用通信系统领域有超过 10 年的研究和工程经验，长期从事行业专用宽带移动通信系统的关键技术研究与测试工作。主持和参与国家重点研发计划和国家自然基金等国家级科研课题多项。

蔡杰，通信标准工程师，毕业于北京邮电大学，硕士学位。工作领域为移动通信和集群通信，参与多项 LTE、宽带集群领域国家标准和通信行业标准的制定。2009 年起从事宽带集群通信的研究和标准化工作，申请发明专利 40 余篇，现任宽带集群产业联盟技术组副组长，全程参与了"基于 LTE 技术的宽带集群通信（B-TrunC）系统"系列标准的制定工作，对集群通信尤其是基于 LTE 的宽带集群通信系统有深刻的理解。参与"863"和国家重大专项等科研项目数项。

乔晓瑜，通信标准工程师，毕业于北京交通大学，获博士学位。2011—2012 年在美国加州大学戴维斯分校进行访问研究。从事移动通信领域工程和研究工作，参与多项"863"和国家重大专项等科研项目，发表 SCI、EI 收录论文 20 余篇，担任 3GPP 标准组织报告人等工作，参与多项国际标准和通信行业标准的制定。目前主要从事 4G 和 5G 系统关键技术研究和标准制定工作。

宋甲英，现任职于中国电子学会，从事科学期刊编辑工作。2012 年毕业于北京交通大学通信与信息系统专业，获博士学位。2012—2013 年在新加坡南洋理工大学能源研究所进行博士后研究。2015 年在美国劳伦斯伯克利国家实验室进行访问研究。在电子信息领域有超过 10 年的研究和工程经验。